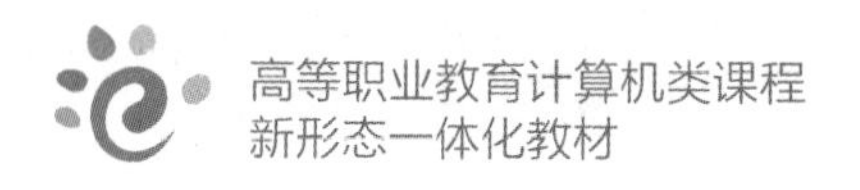

XINXI JISHU JICHU

信息技术基础（WPS Office）（第2版）

主　编　朱世谊　林书新　李少敏
副主编　吴忠秀　谭东清　符小明

高等教育出版社·北京

内容提要

本书以《高等职业教育专科信息技术课程标准（2021 年版）》为依据，兼顾《全国计算机等级考试一级 WPS Office 考试大纲（2021 年版）》，由长期从事计算机基础教学、经验丰富的一线教师编写而成。本书结合教学案例操作，通过案例训练，融基础知识和基本技能于一体，培养学生信息技术基础和实操技能与应用能力，紧跟主流技术，介绍目前主流的 Windows 7 操作系统和 WPS Office 2019 办公软件的操作方法和操作技巧，主要内容包括计算机基础知识、Windows 7 操作系统、WPS 2019 文字、WPS 2019 表格、WPS 2019 演示、计算机网络与网络信息应用、新一代信息产业技术。

本书配套建设微课视频、课程标准、授课计划、授课用 PPT、案例素材等数字化学习资源。与本书配套的数字课程已在“智慧职教”平台（www.icve.com.cn）上线，学习者可以登录平台进行课程的学习，授课教师可以调用本课程构建符合自身教学特色的 SPOC 课程，详见“智慧职教”服务指南。读者可登录网站进行资源的学习及获取，也可发邮件至编辑邮箱 1548103297@qq.com 获取相关资源。

本书可作为高等职业院校“信息技术基础”或“计算机应用基础”公共基础课程教材，也可作为全国计算机等级考试一级 WPS Office 及各类培训班的教材。

图书在版编目（C I P）数据

信息技术基础：WPS Office / 朱世谊，林书新，李少敏主编．--2 版．--北京：高等教育出版社，2021.11

ISBN 978-7-04-057233-9

Ⅰ．①信… Ⅱ．①朱… ②林… ③李… Ⅲ．①电子计算机-高等职业教育-教材 Ⅳ．①TP3

中国版本图书馆 CIP 数据核字（2021）第 216200 号

策划编辑 吴鸣飞　责任编辑 吴鸣飞　封面设计 贺雅馨　版式设计 徐艳妮
插图绘制 于 博　责任校对 吕红颖　责任印制 存 怡

出版发行 高等教育出版社
社　　址 北京市西城区德外大街 4 号
邮政编码 100120
印　　刷 鸿博昊天科技有限公司
开　　本 787 mm×1092 mm 1/16
印　　张 17.5
字　　数 420 千字
购书热线 010-58581118
咨询电话 400-810-0598
网　　址 http://www.hep.edu.cn
　　　　 http://www.hep.com.cn
网上订购 http://www.hepmall.com.cn
　　　　 http://www.hepmall.com
　　　　 http://www.hepmall.cn
版　　次 2018 年 9 月第 1 版
　　　　 2021 年 11 月第 2 版
印　　次 2021 年 11 月第 1 次印刷
定　　价 49.50 元

物 料 号 57233-00

“智慧职教”服务指南

“智慧职教”是由高等教育出版社建设和运营的职业教育数字教学资源共建共享平台和在线课程教学服务平台，包括职业教育数字化学习中心平台（www.icve.com.cn）、职教云平台（zjy2.icve.com.cn）和云课堂智慧职教 App。**用户在以下任一平台注册账号，均可登录并使用各个平台。**

- **职业教育数字化学习中心平台（www.icve.com.cn）：为学习者提供本教材配套课程及资源的浏览服务。**

登录中心平台，在首页搜索框中搜索“信息技术基础（WPS Office）”，找到对应作者主持的课程，加入课程参加学习，即可浏览课程资源。

- **职教云（zjy2.icve.com.cn）：帮助任课教师对本教材配套课程进行引用、修改，再发布为个性化课程（SPOC）。**

1．登录职教云，在首页单击“申请教材配套课程服务”按钮，在弹出的申请页面填写相关真实信息，申请开通教材配套课程的调用权限。

2．开通权限后，单击“新增课程”按钮，根据提示设置要构建的个性化课程的基本信息。

3．进入个性化课程编辑页面，在“课程设计”中“导入”教材配套课程，并根据教学需要进行修改，再发布为个性化课程。

- **云课堂智慧职教 App：帮助任课教师和学生基于新构建的个性化课程开展线上线下混合式、智能化教与学。**

1．在安卓或苹果应用市场，搜索“云课堂智慧职教”App，下载安装。

2．登录 App，任课教师指导学生加入个性化课程，并利用 App 提供的各类功能，开展课前、课中、课后的教学互动，构建智慧课堂。

“智慧职教”使用帮助及常见问题解答请访问 help.icve.com.cn。

前言

随着互联网技术的迅猛发展和日益广泛的应用，“互联网+”时代已经进入了人们的生活，计算机已成为人们工作、学习、生活的基本工具，运用计算机进行信息处理已成为每位大学生必备的基本能力。信息技术基础的一体化教程和 MOOC 学习平台结合，为高职高专学生提供了良好的学习条件，以培养学生信息技术的实际应用能力。

2020 年，《国家职业教育改革实施方案》提出了“三教（教师、教材、教法）改革”，教材是基础，以教学案例一体化编写的教材深得师生的好评。编者在本书第 1 版的基础上，在广泛听取意见和建议的基础上，在软件大环境的驱动下，以《高等职业教育专科信息技术课程标准（2021 年版）》为依据，兼顾《全国计算机等级考试一级 WPS Office 考试大纲（2021 年版）》，以 Windows 7+WPS Office 2019 为平台编写了本书。

全书共 7 章。第 1 章计算机基础知识，介绍计算机发展历史与趋势、计算机系统组成与功能、计算机系统的日常维护、计算机的数制与转换等内容；第 2 章 Windows 7 操作系统，以 Windows 7 操作系统为蓝本介绍操作系统概念及其基本操作方法；第 3 章 WPS 2019 文字，讲解 WPS 文字的基础操作、编辑排版、图文混排、表格制作、拼写检查、邮件合并、目录生成等内容；第 4 章 WPS 2019 表格，讲解 WPS 2019 表格的基础操作、表格内容的录入与编辑、数据运算、图表、打印表格等内容；第 5 章 WPS 2019 演示，讲解 WPS 2019 演示的基础操作、幻灯片美化、幻灯片动画设置、幻灯片切换设置、应用幻灯片母版、创建和编辑超链接、放映演示文稿、打印和输出演示文稿等内容；第 6 章计算机网络与网络信息应用，介绍计算机网络的基础知识及 Internet 的主要应用；第 7 章新一代信息产业技术，介绍大数据、人工智能、区块链的基本概念、应用及发展等内容。书中提供了案例项目微课视频，读者可使用手机扫描书中的二维码观看微课视频，可以边实践、边学习、边思考、边总结、边建构，增强读者处理同类问题的能力，积累工作经验，养成良好的工作习惯。

本书的主要特点如下：

（1）为了与全国计算机等级考试一级“计算机基础及 WPS Office 应用”衔接，结合计算机等级考试要求，书中的教学案例均与考试相关，第 3～5 章安排了与等级考试类似的任务要求，并配备了微课视频。

（2）注重学生的计算机基础实操能力培养。融基础知识和基本技能于一体，注重培养学生的应用能力、实践能力和职业能力。

本书配套建设微课视频、课程标准、授课计划、授课用 PPT、案例素材等数字化学习资源。与本书配套的数字课程已在“智慧职教”平台（www.icve.com.cn）上线，学习者可以登录平台进行课程的学习，授课教师可以调用本课程构建符合自身教学特色的 SPOC 课程，详见“智慧职教”服务指南。读者可登录网站进行资源的学习及获取，也可发邮件至编辑邮箱 1548103297@qq.com 获取相关资源。

由于编者水平有限，书中疏漏之处在所难免，欢迎批评指正。

编　者

2021 年 7 月

目录

第 1 章　计算机基础知识

本章要点

- 计算机的发展历史、软件系统和硬件系统的组成与功能。
- 计算机网络基础、计算机信息安全和操作系统知识。
- 数制的基本概念、数制转换方法。
- 计算机系统组装与维护，简单的故障诊断与排除。
- 使用计算机进行日常办公。
- 使用键盘和鼠标进行中英文字符输入。

计算机俗称“电脑”。20 世纪 80 年代，IBM 公司推出以英特尔（Intel）的 x86 硬件架构及微软公司（Microsoft）的 MS-DOS 为操作系统的个人计算机（PC），并制定以 PC/AT 为个人计算机的标准。之后，个人计算机的发展历史分别由英特尔微处理器的发展以及微软 Windows 操作系统的发展组成，最终，Wintel 架构（指由 Windows 操作系统与 Intel CPU 所组成的个人计算机）全面取代了 IBM 公司在个人计算机领域的主导地位。随着科技的发展，现在出现了一些新型计算机，如生物计算机、光子计算机、量子计算机等。

1.1　计算机发展的历史与趋势

计算机发展的历史与趋势

计算机是 20 世纪最伟大的科学技术发明之一，它的出现大大推动了科学技术的发展，同时也给人类社会带来了日新月异的变化。计算机的发展经历了从手工式、机械式计算机到电子计算机的发展过程。通过本节的学习，将了解计算机的发展历史、各个阶段的特点及发展趋势。

1.1.1　计算机发展历史及其特点

计算机的发展历史符合事物发展的基本规律，从简单到复杂，每个阶段都有其鲜明的特点和应用范畴。通过本节的学习，将对计算机的发展历史和规律有一个全面系统的认识。

人们根据计算机使用元器件的不同，将计算机的发展划分为 4 个阶段，每个阶段的特点见表 1-1。

（1）第一代计算机：电子管计算机（1946—1958 年）

第一代计算机的逻辑器件采用电子管作为基本元件。这一代计算机的运算速度只有几千次到几万次每秒的基本运算，内存容量只有几千字节。由于体积大、功耗大、造价高、使用不便，主要用于军事和科学研究的数值计算。

（2）第二代计算机：晶体管计算机（1958—1964 年）

第二代计算机的逻辑器件采用晶体管，内存储器为磁心，外存储器出现了磁带和磁盘。这一代计算机体积缩小，功耗减小，可靠性提高，运算速度加快，达到几十万次每秒的基本运算，内存容量扩大到几十万字节。同时，计算机软件技术也有了很大发展，出现了高级程序设计语言，大大方便了计算机的使用。因此，它的应用从数值计算扩大到数据处理、工业过程控制等领域，并开始进入商业领域。

（3）第三代计算机：集成电路计算机（1964—1970 年）

第三代计算机的基本元件采用中小规模集成电路，内存储器为半导体集成电路器件。这一代计算机的特点是小型化、耗电少、可靠性高、运算速度快，运算速度提高到几十万到几百万次每秒的基本运算，在存储器容量和可靠性等方面都有了较大的提高。同时，计算机软件技术的进一步发展，尤其是操作系统的逐步成熟是第三代计算机的显著特点。这个时期的另一个特点是小型计算机的应用。这些特点使得计算机在科学计算、数据处理、实时控制等方面得到了更加广泛的应用。

（4）第四代计算机：大规模集成电路计算机（1970 年至今）

第四代计算机的特征是以大规模集成电路来构成计算机的主要功能部件，出现了微处理器（CPU）。主存储器采用集成度很高的半导体存储器，运算速度可达几百万次每秒甚至几万亿次每秒的基本运算。在软件方面，出现了数据库系统、分布式操作系统等，应用软件的开发已逐步成为一个庞大的现代产业。微型计算机问世并迅速得到推广，逐渐成为现代计算机的主流。

表 1-1 各个阶段的计算机特点

阶段	年 份	器 件	软 件	应 用
第一代	1946—1958	电子管	机器语言、汇编语言	军事和科学研究
第二代	1958—1964	晶体管	高级语言	科学计算、数据处理、事务处
第三代	1964—1970	集成电路	操作系统	科学计算、数据处理、事务处图形处理等
第四代	1970 至今	大规模集成电路	数据库、网络等	社会的各个领域

1.1.2 计算机发展趋势

随着人类社会的制造技术和工艺的不断进步，以及应用需求的扩大，计算机正在现有技术基础上不断地向前发展，成为一种源源不断推动社会进步的动力。通过本节的学习，将了解到计算机未来发展的方向和趋势。

计算机的发展方向可分为以下 4 个趋势：

① 巨型化。由一级大型计算机发展为巨型计算机。巨型机每秒运算 5000 万次以上，加速其发展，能促进科技领域的变革性进步。

② 微型化。从一般计算机发展为小型计算机，以至微型计算机。微型计算机的特点主要是体积小、价格便宜、灵活性高。

③ 网络化。使计算机的使用方式发生很大改变。目前国际上大量涌现的各种计算机网络，不受国家、距离和地理位置的限制，范围十分广泛。

④ 智能化及多媒体化。用计算机模拟人的智能是自动化发展的最高阶段。智能模拟包括模式识别、数学定理的证明、自然语言的理解和智能机器人等。人工智能计算机的发展对于进一步解放人类智力、促进社会进步具有重要意义。

1.2 计算机系统组成与功能

计算机系统组成与功能

计算机系统包括硬件系统和软件系统，两者不可分割。目前，计算机之所以能够推广应用到各个领域，正是由于其丰富多彩的软件能够出色地完成各种

不同的任务。当然，计算机硬件是支持软件工作的基础，没有良好的硬件配置，软件再好也没有用武之地。同样没有软件的支持，再好的硬件配置也是毫无价值的。通过本节的学习，将掌握计算机系统的主要组成部分，初步了解软硬件系统的协同工作框架。

1.2.1 硬件系统

硬件是指计算机系统中的各种物理装置，是计算机系统的物质基础，如 CPU、存储器、输入/输出设备等。熟悉计算机硬件系统组成及功能是掌握计算机知识的重要步骤。以下主要介绍计算机硬件系统的组成，主要硬件部件及其特点。计算机系统分类如图 1-1 所示。

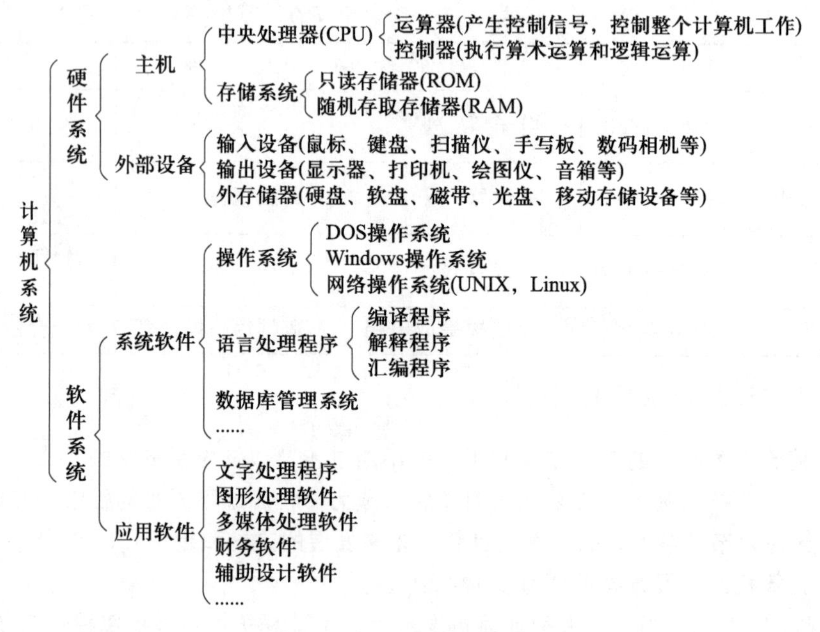

图 1-1　计算机系统分类

1. 中央处理器

中央处理器（Central Processing Unit，CPU）是一台计算机的运算核心，由控制器和寄存器以及实现它们之间联系的数据、控制及状态的总线构成，如图 1-2 所示。

2. 主板

主板又称为主机板（Mainboard）、系统板（Systemboard）或母板（Motherboard），它安装在机箱内，是计算机最基本也是最重要的部件之一。主板为矩形电路板，上面集成了组成计算机的主要电路系统，主要有 BIOS 芯片、I/O 控制芯片、键盘和面板控制开关接口、指示灯插接件、扩充插槽、主板及插卡的直流电源供电接插件等元件，如图 1-3 所示。

图 1-2　中央处理器（CPU）

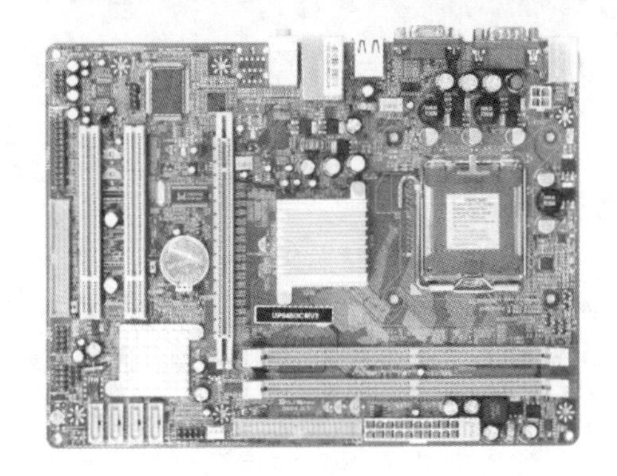

图 1-3　计算机主板

3．内存条

内存条（Memory）是计算机中重要的部件之一，它是与 CPU 进行沟通的桥梁。计算机中所有程序的运行都是在内存条中进行的，所以内存条的功能强弱对计算机性能的影响非常大。内存条也被称为内存储器，其作用是用于暂时存放 CPU 中的运算数据和与硬盘等外部存储器交换的数据。只要计算机在运行中，CPU 就会把需要运算的数据调到内存条中进行运算，当运算完成后 CPU 再把结果传送出来。内存条的正常运行与否也决定了计算机的稳定运行与否。内存条是由内存芯片、电路板、金手指等部分组成的，如图 1-4 所示。

4．显卡

显卡的全称为显示接口卡（Video Card，Graphics Card），又称为显示适配器（Video Adapter），是个人计算机最基本的组成部分之一。显卡的用途是用计算机系统就所得的显示信息进行转换驱动，并向显示器提供行扫描信号，控制显示器的正确显示，承担输出显示图形的任务。显卡对于从事专业图形设计的用户来说非常重要。显卡如图 1-5 所示。

图 1-4　内存条

图 1-5　显示适配器（显卡）

5．硬盘

硬盘（Hard Disk）是计算机的主要存储媒介，由一个或者多个铝制或者玻璃制的碟片组成。硬盘如图 1-6 所示。

6．光驱

光盘驱动器（Optical Driver，简称光驱）是一个结合光学、机械及电子技术的产品。

在光学和电子结合方面，激光光源来自于一个激光二极管，它能够产生波长约 0.54～0.68 μm 的光束，通过处理后光束更集中且能精确控制，光束首先打在光盘上，再由光盘反射回来，通过光检测器捕获信号。

光盘上有两种状态，即凹点和空白，它们的反射信号相反，通过光检测器识别。光检测器所得到的信息只是光盘上凹凸点的排列方式，驱动器中有专门的部件把它转换并进行校验。光盘在光驱中高速地转动，激光头在伺服电动机的控制下前后移动读取数据。光驱如图 1-7 所示。

图 1-6　硬盘

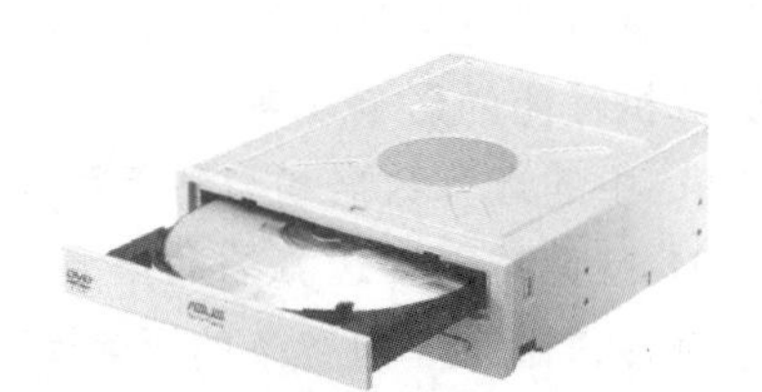

图 1-7　光驱

7．调制解调器

调制解调器能够把计算机中的数字信号转换成可沿电话线传送的模拟信号，而这些模拟信号又可被线路另一端的另一个调制解调器接收，并转换成计算机可懂的语言，这一简单过程即完成了两台计算机间的通信。调制解调器如图 1-8 所示。

8．路由器

路由器（Router）是连接 Internet 中各局域网、广域网的设备，它会根据情况自动选择和设定路由，以最佳路径按前后顺序发送信号。路由器如图 1-9 所示。

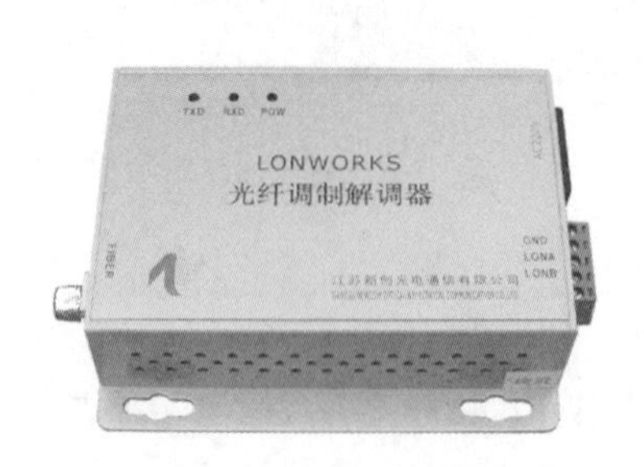

图 1-8　调制解调器

图 1-9　路由器

9．键盘

计算机键盘是把文字信息、控制信息等输入计算机的设备，由英文打字机键盘演变而来。键盘上的键可以根据功能划分为若干组。

（1）键入（字母数字）键

这些键与传统打字机上的字母、数字、标点符号和符号键相同。

（2）控制键

这些键可单独使用或者与其他键组合使用来执行某些操作。以下是常用控制键的作用。

Windows 徽标键：打开“开始”菜单。

Esc 键：取消当前任务。

Shift 键：同时按 Shift 键与某个字母键，将输入该字母的大写字母。同时按 Shift 与另一个键，将键入在该键上半部分显示的符号。

Caps Lock 键：按一次 Caps Lock 键，所有字母都将以大写键入，再按一次 Caps Lock 键将关闭此功能。键盘可能有一个指示 Caps Lock 键是否处于打开状态的指示灯。

Tab 键：按 Tab 键会使光标移动到表单上的下一个文本框。

Enter 键：按 Enter 键将光标移动到下一行开始的位置。在对话框中，按 Enter 键将选择突出显示的按钮。

Space 键：即空格键，按 Space 键会使光标向后移动一个空格。

Backspace 键：按 Backspace 键将删除光标前面的字符或选择的文本。

（3）功能键

功能键用于执行特定任务。功能键标记为 F1、F2、F3 等，一直到 F12。这些键的功能因应用程序不同而有所不同。以下是各应用程序默认的功能键功能。

F2 键：对选定的文件或文件夹重命名。

F3 键：对某个文件夹中的文件进行搜索。

F4 键：打开 IE 浏览器中的地址栏列表。

F5 键：用来刷新 IE 浏览器或资源管理器中当前窗口的内容，在 WPS 文字中会出现查找和替换页面。

F12 键：在 WPS 文字中，按下该键会快速弹出“另存文件”对话框。

（4）导航键

使用导航键可以移动光标、在文档和网页中移动以及编辑文本。表 1-2 列出了常用导航键的功能。

表 1-2　常用导航键的功能

按键名称	功　能
Home	将光标移动到行首，或者移动到网页顶端
End	将光标移动到行末，或者移动到网页底端
Ctr1+Home	移动到文档的顶端
Ctrl+End	移动到文档的底端
Page Up	将光标或页面向上移动一个屏幕
Page Down	将光标或页面向下移动一个屏幕
Delete	删除光标后面的字符或选择的文本；在 Windows 中，删除选择的项目，并将其移动到回收站
Insert	关闭或打开“插入”模式。当“插入”模式处于打开状态时，在光标处插入键入的文本。当“插入”模式处于关闭状态时，键入的文本将替换现有字符

（5）数字键盘

数字键盘由排列数字 0～9、算术运算符“+”（加）、“-”（减）、“*”（乘）和“/”（除）以及在计算器或加法器上显示的小数点组成。当然，这些字符在键盘其他地方会有重复，但数字键盘的集中排列方式可使用户只用一只手即可迅速地输入数字数据或数学运算符。

使用数字键盘输入数字。若要使用数字键盘来输入数字，则按 Num Lock 键。大多数键盘都有一个标识 Num Lock 处于打开还是关闭状态的指示灯。当 Num Lock 键处于关闭状态时，数字键盘将作为第 2 组导航键运行（这些功能印在键上面的数字或符号旁边）。

使用数字键盘操作计算器。可以通过数字键盘使用计算器执行简单计算。具体步骤如下：

① 打开“计算器”软件。

② 检查键盘指示灯，查看 Num Lock 是否处于打开状态。如果不是，则按 Num Lock 键。

③ 使用数字键盘，键入计算的第 1 个数字。

④ 在数字键盘上键入“+”“-”“*”或“/”分别执行加法、减法、乘法或除法运算。

⑤ 键入计算的下个数字。

⑥ 按 Enter 键完成计算。

（6）3 个特殊的键

分别为 Print screen 键、Scroll Lock 键和 Pause/Break 键。

Print Screen 键：以前，该键实际上是用于将当前屏幕的文本发送到打印机。现在，按 Print screen 键将捕获整个屏幕的图像（“屏幕快照”），并将其复制到计算机内存中的剪贴板。可以从剪贴板将其粘贴（按 Ctrl+V 组合键）到 Microsoft 画图或其他程序中，并通过该程序打印（如果需要）。按 Alt+Print

Screen 组合键将只捕获活动窗口而不是整个屏幕的图像。

Scroll Lock 键：在大多数程序中按 Scroll Lock 键都不起作用。在少数程序中按 Scroll Lock 键将更改箭头键、Page Up 键和 Page Down 键的行为；按这些键将滚动文档，而不会更改光标或选择的位置。

Pause/Break 键：一般不使用该键。在一些旧程序中，按该键将暂停程序，或者同时按 Ctrl 键停止程序运行。

（7）键盘快捷方式

键盘快捷方式是使用键盘来协助执行操作的方式。因为有助于加快工作速度，从而将其称作快捷方式。事实上，可以使用鼠标执行的绝大多数操作或命令都可以使用键盘上的一个或多个键更快地执行。在帮助主题中，两个或多个键之间的加号“+”表示应该一起按这些键。例如，Ctrl+A 表示按住 Ctrl 键，然后再按 A 键。Ctrl+ Shift+A 表示按住 Ctrl 键和 Shift 键，然后再按 A 键。现主要介绍以下两种键盘快捷方式。

① 查找程序快捷方式。可以在大多数程序中使用键盘来执行操作。若要查看哪些命令具有键盘快捷方式，请打开菜单，快捷方式（如果有）显示在菜单项的旁边。

② 选择菜单、命令和选项。可以使用键盘来打开菜单、选择命令及其他选项。只要看到对话框中某个选项附带有下画线的字母，则表示可以同时按 Alt 键和该字母来选择该选项。例如，按 Alt+F 键将打开“文件”菜单，然后按 P 键将选择“打印”命令。此技巧在对话框中也有效。

常用快捷键的功能见表 1-3。

表 1-3　常用快捷键的功能

按键名称	功　　能
Alt+Tab	在打开的程序或窗口之间切换
Alt+ F4	关闭活动项目或者退出活动程序
Ctrl+S	保存当前文件或文档（在大多数程序中有效）
Ctrl+C	复制选择的项目
Ctrl+X	剪切选择的项目
Ctrl+V	粘贴选择的项目
Ctrl+Z	撤销操作
Ctrl+A	选择文档或窗口中的所有项目

1.2.2　软件系统

程序总是要通过某种物理介质来存储和表示的，如磁盘、磁带、程序纸、穿孔卡等，但软件并不是指物理介质，而是指那些看不见、摸不着的程序本身。可靠的计算机硬件如同一个人的强壮体魄，有效的软件如同一个人的聪颖思维。

计算机的软件系统可分为系统软件和应用软件两部分。系统软件是负责对整个计算机系统资源的管理、调度、监视和服务。应用软件是指各个不同领域的用户为各自的需要而开发的各种应用程序。

1. 计算机软件系统

① 操作系统是系统软件的核心，它负责对计算机系统内各种软、硬资源的管理控制和监视。

② 数据库管理系统负责对计算机系统内全部文件、资料和数据的管理和共享。

③ 编译系统负责把用户使用高级语言所编写的源程序编译成机器所能理解和执行的机器语言。

④ 网络系统负责对计算机系统的网络资源进行组织和管理，使得在多台独立的计算机间能进行相互的资源共享和通信。

⑤ 标准程序库是按标准格式所编写的一些程序的集合，这些标准程序包括求解初等函数、线性方程组、常微分方程和数值积分等计算程序。

⑥ 服务性程序也称实用程序。为增强计算机系统的服务功能而提供的各种程序，包括对用户程序的装载、连接、编辑、查错、纠错和诊断等功能。

2. 常见应用程序

① 办公软件：WPS Office、Microsoft Office 系列等。

② 图形图像软件：Photoshop、Illustrator、CorelDraw 等。

③ 数据库管理软件：MySQL、SQL Server、VB、Access 等。

④ 网页制作软件：Dreamweaver 等。

⑤ 二维动画制作软件：Flash 等。

1.3 计算机系统的日常维护

计算机系统的日常维护

计算机已经成为人们日常工作的伙伴，学会通过正确的计算机硬件和软件维护方法能有效延长计算机使用寿命，提升计算机运行的稳定性。通过本节的学习，掌握计算机硬件维护和软件维护的常用方法。

1.3.1 计算机硬件维护

本节将介绍计算机主要硬件部件的维护知识，使读者掌握基本的维护技能。

1. 计算机的工作环境

（1）工作温度与防尘

计算机一般应工作在 20℃～25℃的环境，若有条件，计算机所在房间最好安装空调，以保证计算机正常运行时所需的环境温度。同时湿度不能过高，计算机在工作状态下应保持通风良好，否则计算机内的线路板很容易被腐蚀，使板卡过早老化。除此之外，如果长时间不使用计算机，每个月也应该通电 1～2

次。温度过高或过低，湿度太大，都容易使计算机的板卡变形而产生接触不良等故障，使计算机不能正常地工作，尤其在我国南方的梅雨季节时更应该注意。

由于计算机各组成部件非常精密，如果计算机工作在灰尘较多的环境下，就有可能堵塞计算机的各种接口，使计算机不能正常工作，因此，不要将计算机放置于粉尘高的环境中，如确实需要安装，应做好防尘工作。最好能一个月清理一下计算机机箱内部的灰尘，做好机器的清洁工作，以保证计算机的正常工作。

（2）电源与防静电工作

电压不稳很容易对计算机电路和部件造成损害，由于市电供应存在高峰期和低谷期，在电压经常波动的环境下，最好能够配备一个稳压器，以保证稳定的电源。

静电有可能造成计算机芯片的损坏，所以在打开计算机机箱前应当用手接触暖气管或水管等可以放电的物体，将本身的静电放掉后再接触计算机的配件。此外，在安放计算机时应将机壳用导线接地，可起到防静电效果。不要穿纤维布料的衣服和在有地毯的地方进行维修，维修地点最好洒上点水以增加湿度，这样做可有效地减少静电的产生，从而避免静电击穿元件的人为故障发生。

（3）防止震动和噪声

震动和噪声会造成计算机部件的损坏，因此计算机不能工作在震动和噪声很大的环境中，如确实需要将计算机放置在震动和噪声大的环境中，应考虑安装防震和隔音设备。

2．主板维护

主板在计算机中的作用是不容忽视的，它的性能好坏在一定程度上决定了计算机性能的好坏，有很多的计算机硬件故障都是因为计算机的主板与其他部件接触不良或主板损坏所产生的，做好主板的维护，可以延长计算机的使用寿命，能更好地保证计算机的正常运行，完成日常的工作。计算机主板的日常维护主要是防尘和防潮。此外，在组装计算机的时候，固定主板的螺钉时不要拧得太紧，如果拧得太紧也容易使主板产生形变。

3．CPU 维护

要想延长 CPU 的使用寿命，保证计算机正常、稳定地工作，首先要保证 CPU 工作在正常的频率下。通过超频来提高计算机的性能是不可取的，在计算机正常工作时，尽量让 CPU 工作在额定频率下。另一方面，作为计算机的一个发热比较大的部件，CPU 的散热问题也不容忽视，如果 CPU 不能很好地散热，就有可能引起系统运行不正常、机器无缘无故重新启动、死机等故障，所以用户要给 CPU 选择一款好的散热风扇，并且要定期给 CPU 风扇去除灰尘，防止灰尘积累过多而导致风扇转速减低，使其散热效果下降。

4. 内存条维护

在升级内存条时，尽量要选择和以前品牌、外频相同的内存条来和以前的内存条搭配使用，这样可以避免系统发生运行不正常等故障。要注意内存条的工作电压是否一致。一般适配卡和内存条的金手指（指内存条上与内存插槽之间的连接部件，由众多金黄色的导电触片组成）只是一层铜箔，时间长了将发生氧化。可用橡皮擦来擦除金手指表面的灰尘、油污或氧化层。切不可用砂纸类东西来擦拭金手指，否则会损伤极薄的镀层。

5. 显卡和声卡维护

显卡也是计算机的一个发热器件。现在的显卡都单独带有一个散热风扇，平时要注意显卡风扇的运转是否正常，是否有噪声、运转不灵活等现象，如发现有上述问题，则要及时更换显卡的散热风扇，以延长显卡的使用寿命。对于声卡来说，要注意的是在插拔麦克风和音箱时，一定要关闭电源，以免损坏其他配件。

6. 硬盘维护

硬盘正在进行读、写操作时不可突然断电，现在的硬盘转速很高，通常为 5400 r/min 或 7200 r/min，如突然断电，可能会使磁头与盘片之间猛烈摩擦而损坏硬盘。硬盘是种精密设备，当计算机正在运行时最好不要搬动它。

7. 显示器的日常维护

显示器如使用不当，不仅性能会快速下降，且寿命也会大大缩短，因此一定要注意显示器的日常维护。不要经常性地开关显示器，做好防尘防潮，防磁场干扰，同时防强光，保持显示器清洁。不要用手指清理显示器上的污渍，应使用专业清洁工具进行清理。

8. 鼠标和键盘维护

液体洒到键盘上会造成接触不良、腐蚀电路而损坏键盘。同时使用按键要注意力度，更换键盘时不要带电插拔。带电插拔带来的危害很多，轻则损坏键盘，重则损坏计算机的其他部件。

鼠标分为光学鼠标和机械鼠标，使用鼠标时避免摔碰和强力拉拽导线，单击鼠标时不要用力过度，以免损坏弹性开关，同时最好配一个专用的鼠标垫。

9. U 盘维护

U 盘体积小、容量大、工作稳定、易于保管。U 盘抗震性较好，但对电很敏感，不正确的插拔和静电损害是它的“杀手”，使用中尤其注意的是要正确退出 U 盘程序后再拔盘。

1.3.2 计算机软件维护

本节将介绍计算机系统备份和常用的信息安全知识。

1. 备份

在使用计算机的时候，有时难免会遇到各种故障，有的故障很容易解决，而有的故障严重时会导致操作系统的损坏，使计算机不能正常启动。这时就比较麻烦了，要重新安装操作系统。如果幸运的话，选用覆盖安装可以修复损坏的文件，操作系统就可以正常运行了；如果覆盖安装不能使操作系统正常启动的话，就要将安装有操作系统的分区进行格式化后再重新安装操作系统，安装完后还要安装各种硬件的驱动程序和常用的应用软件，等到计算机恢复到能够正常使用时，时间也过去了一个多小时。如果维修的是以前的旧机器，机器的性能又是不太好的情况下，那么将会浪费更多的时间。如果之前做好了系统备份，一旦机器出现了故障，只要用做好的备份来还原就可以了。常用的系统备份软件是 Ghost，用 Ghost 做好备份以后，即使是一个计算机的初学者，也不怕系统崩溃了。只要机器一有故障，而自己又处理不了的话，用 Ghost 恢复出了问题的系统是个不错的办法。

2. 数据备份

人们都希望自己的计算机在使用的时候不出现任何问题，但是在实际的应用过程中，总会有各种故障来困扰人们。如果不幸遇到计算机病毒，辛辛苦苦保存的重要数据丢失，将会造成不可挽回的损失。因此，重要的数据一定要做好备份，备份的方法是把数据存储到 U 盘、移动硬盘和光盘等外部存储器上。

3. 防病毒软件

计算机病毒是通过某种途径潜伏在计算机存储介质（或程序）里，当达到某种条件即被激活的具有对计算机资源进行破坏作用的一组程序或指令集合。计算机病毒是一个程序，一段可执行代码。就像生物病毒一样，计算机病毒具有独特的复制能力，可以很快地蔓延，又常常难以根除。它们能把自身附着在各种类型的文件上，当文件被复制或从一个用户传送到另一个用户时，它们就随着文件一起蔓延开来，降低计算机的性能。因此，为了保证计算机系统的稳定和重要数据不因病毒的侵蚀而丢失，一定要安装防病毒软件，最大限度地保护计算机。

4. 安装网络防火墙软件

近年来，网络犯罪不断发生，随着大量黑客网站的诞生，使人们不得不注重网络的安全性问题。防火墙对网络的安全起到了一定的保护作用，要做到防患于未然，安装网络防火墙软件是保护好计算机的一种行之有效的方法。所谓

“防火墙”，是指一种将内部网和公众访问网分开的方法，实际上是一种隔离技术。防火墙是在两个网络通信时执行的一种访问控制，它能允许用户“同意”的人和数据进入用户的网络，同时将用户“不同意”的人和数据拒之门外，最大限度地阻止黑客来访问用户的网络，防止他们更改、复制、毁坏用户的重要信息。

5. 清理垃圾文件

Windows 在运行中会囤积大量的垃圾文件，且 Windows 无法自动清除。它不仅占用大量磁盘空间，还会拖慢系统，使系统的运行速度变慢，所以垃圾文件必须清除。垃圾文件有两种：一种是临时文件，主要存在于 Windows 的 Temp 目录下。随着计算机使用时间的增长，使用软件的增多，Windows 操作系统会越来越庞大，主要就是这些垃圾文件的存在。对于 Temp 目录下的临时文件，只要进入这个目录用手动删除就可以了；另一种是上网时 IE 的临时文件，可以采用下面的方法来手动删除：打开 IE 浏览器，选择“工具”→“Internet 选项”命令，打开“Internet 选项”对话框，在“常规”选项卡中单击“删除”按钮，在打开的对话框中选中所需删除内容的复选项，单击“确定”按钮即可。此外，单击“设置”按钮，在打开的“网站数据设置”对话框“历史记录”选项卡中设置“在历史记录中保存网页的天数”为 1 天，最多不要超过 5 天。

1.4 计算机中的数制与转换

计算机的数制与转换

进制也就是进位制，是人们规定的一种进位方法。对于任何一种进制——R 进制，在表示某一位置上的数值运算时是逢 R 进一位。本节重点介绍常用的进制，理解计算机中二进制概念以及多种进制数值之间的转换。

1.4.1 数制

数制是用一组固定的数字符号和统一的规则来表示数值的方法。数制的表示主要有数码、基数和位权 3 个基本要素。

① 数码：数制中表示基本数值大小的不同数字符号。例如，十进制有 10 个数码，分别为 0、1、2、3、4、5、6、7、8、9。

② 基数：数制中允许使用的基本数字符号的个数称为基数。常用 *R* 表示，称 *R* 进制。例如，二进制的数码是 0、1，则基数为 2。

③ 位权：表示一个数码所在的位。数码所在的位不同，代表数的大小也不同。例如，在十进制数 537.6 中，5 表示的是 500，即 5×10^2，位权为 10^2；3 表示的是 30，即 3×10^1，位权为 10^1；7 表示的是 7，即 7×10^0，位权为 10^0；6 表示的是 0.6，即 6×10^{-1}，位权为 10^{-1}。

常用的数制有二进制、八进制、十进制和十六进制。计算机中不同计数制的基数、数码、进位关系和表示方法见表 1-4。在数字后面加写相应的英文字母作为标识。例如，B（Binary）表示二进制数；O（Octonary）表示八进制数；

D（Decimal）表示十进制数，通常其后缀可以省略；H（Hexadecimal1）表示十六进制数。

表 1-4 计算机中不同计数制的基数、数码、进位关系和表示方法

计数制	数码	基数	进位关系	位权	表示方法
二进制	0、1	2	逢二进一	2^i	1011B 或 $(1011)_2$
八进制	0、1、2、3、4、5、6、7	8	逢八进一	8^i	247O 或 $(247)_8$
十进制	0、1、2、3、4、5、6、7、8、9	10	逢十进一	10^i	123D 或 $(123)_{10}$
十六进制	0、1、…、9、A、B、C、D、E、F（其中 A、B、C、D、E、F 分别表示数码 10、11、12、13、14、15）	16	逢十六进一	16^i	72FH 或 $(72F)_{16}$

二进制和十六进制都是计算机中常用的数制，所以需要在一定数值范围内直接写出它们之间的对应表示。表 1-5 列出了 0～15 这 16 个十进制数与其他 3 种数制的对应表示关系。

表 1-5 各进制之间的对应关系

十进制	二进制	八进制	十六进制	十进制	二进制	八进制	十六进制
0	0000	0	0	8	1000	10	8
1	0001	1	1	9	1001	11	9
2	0010	2	2	10	1010	12	A
3	0011	3	3	11	1011	13	B
4	0100	4	4	12	1100	14	C
5	0101	5	5	13	1101	15	D
6	0110	6	6	14	1110	16	E
7	0111	7	7	15	1111	17	F

1.4.2 数制转换

1. 非十进制数转换成十进制数

利用按权展开的方法，可以把任意数制的一个数转换成十进制数。下面是将二进制、八进制和十六进制数转换为十进制数的例子。

【例 1-1】 将二进制数 111010.1011 转换成十进制数。

$$
\begin{aligned}
(111010.1011)_2 &= 1\times2^5+1\times2^4+1\times2^3+0\times2^2+1\times2^1+0\times2^0+1\times2^{-1} \\
&\quad +0\times2^{-2}+1\times2^{-3}+1\times2^{-4} \\
&=32+16+8+2+0.5+0.125+0.0625 \\
&=58.6875
\end{aligned}
$$

【例 1-2】 将八进制数 12367 转换成十进制数。

$(12367)_8=1\times8^4+2\times8^3+3\times8^2+6\times8^1+7\times8^0$

$=4096+2\times512+2\times64+6\times8+7$

$=5367$

【例 1-3】 将十六进制数 16FC 转换成十进制数。

$(16FC)_{16}=1\times16^3+6\times16^2+15\times16^1+12\times16^0$

$=4096+1536+240+12$

$=5884$

由上述例子可见，只要掌握了数制的概念，那么将任意进制的数转换成十进制数的方法都是相同的。

2．十进制数转换成二进制、八进制、十六进制数

通常，一个十进制数包含整数和小数两部分。转换过程中分成整数部分和小数部分分别进行，其中，整数部分：用除 R 取余法，直到商为 0 为止，最先得到的余数为最低位，最后得到的余数为最高位；小数部分：用乘 R 取整法，直到积为 0 或达到有效精度为止，最先得到的整数为最高位，最后得到的整数为最低位。

【例 1-4】 将十进制整数 17 转换成二进制整数。

如图 1-10（a）所示，使用“除 2 取余法”，每次都除以 2，直到商为 0，所得的余数就是二进制整数各位上的数字。最后一次得到的余数是最高位，第 1 次得到的余数是最低位。

结果为$(17)_{10}=(10001)_2$

用类似于将十进制数转换成二进制数的方法，可将十进制整数转换成八进制、十六进制整数，只是所使用的除数分别以 8、16 去替代 2 而已。

【例 1-5】 将十进制整数 5436 转换成八进制整数。

转换的过程如图 1-10（b）所示，结果为：$(5436)_{10}=(12474)_8$

【例 1-6】 将十进制整数转换成十六进制整数。

转换的过程如图 1-10（c）所示，结果为：$(80591)_{10}=(13ACF)_{16}$

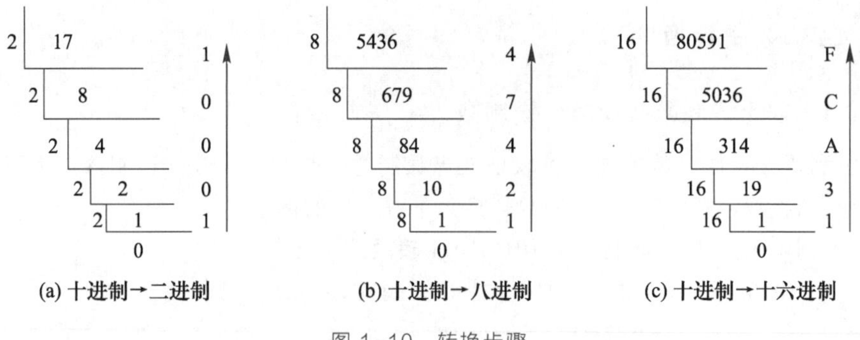

图 1-10　转换步骤

第 2 章　Windows 7 操作系统

本章要点

- Windows 7 的基本操作。
- Windows 7 的文件管理和磁盘管理。
- 控制面板。

2.1 操作系统的基础知识

操作系统的基础知识

操作系统是最基本的系统软件，是使用与管理计算机系统资源的软件，它提供了用户和计算机之间的接口。安装完成计算机硬件之后，接着就要安装操作系统。如果没有操作系统，用户就无法使用计算机。安装好操作系统后，用户可根据自己的需要，再安装其他的软件，如 Office 办公自动化软件等。计算机硬件、操作系统和其他软件之间的关系如图 2-1 所示。

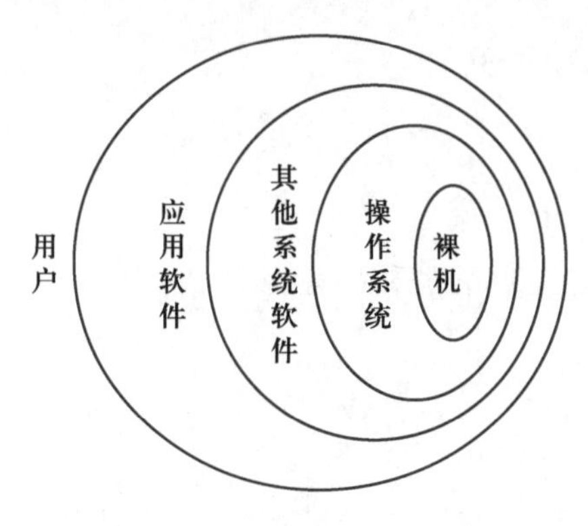

图 2-1 用户、软件和硬件的关系

2009 年 10 月，美国微软公司正式发布了 Windows 7。从早期的 Windows 3.X 到后来的 Windows 95/98/2000，一直到 Windows XP、Windows Vista 以及 Windows 7、Windows 10 等，由于具有优秀的人机交互界面、简单方便的多任务并行操作方式、多媒体应用以及网络通信等功能，Windows 因此成为个人计算机中应用最广泛的操作系统。

本章以 Windows 7 为例，介绍 Windows 操作系统平台上的一些基本操作。

2.2 Windows 7 的基础知识和基本操作

Windows 7 的基础知识和基本操作

2.2.1 Windows 7 的基础知识

1. 启动和退出 Windows 7

（1）启动 Windows 7

Windows 7 的启动过程即是计算机的开机过程。通常，如果计算机只安装了一个 Windows 7 操作系统，那么开机后稍等片刻，系统会自动进入 Windows 7 的登录界面；如果用户安装了两个以上的操作系统，系统启动时则会提示用户选择一种操作系统，使用键盘上的方向键选中需要启动的 Windows 7，然后按 Enter 键，即可启动 Windows 7 操作系统。

提示

如果用户不进行任何操作，等待一定时间后，系统会自动进入菜单中排列最前的一个操作系统。

（2）退出 Windows 7

关闭所有已经打开的文件和应用程序，用鼠标单击桌面左下角的“开始”按钮，接着单击“开始”菜单中的“关机”按钮，即可安全关闭计算机，如图 2-2 所示。

图 2-2　“关机”按钮

提示

单击“关机”右侧的按钮，在弹出的“关机”菜单中选择“睡眠”命令之后，计算机将进入休眠状态，显示器和硬盘都被自动关闭，但是内存中的信息仍然被保存着。如果要想唤醒休眠中的计算机，只需要移动一下鼠标或按键盘上的任意键后，计算机就会回到正常工作状态。

若选择“重新启动”命令，系统将关闭当前运行的所有程序，然后重新启动计算机。

2．Windows 7 的桌面

启动 Windows 7 后，首先出现的是 Windows 7 桌面。Windows 7 桌面是用户工作的平台，称为 Desktop。在默认情况下，Windows 7 的桌面最为简洁。用户可以在桌面上设置一些程序的快捷方式图标，如图 2-3 所示。

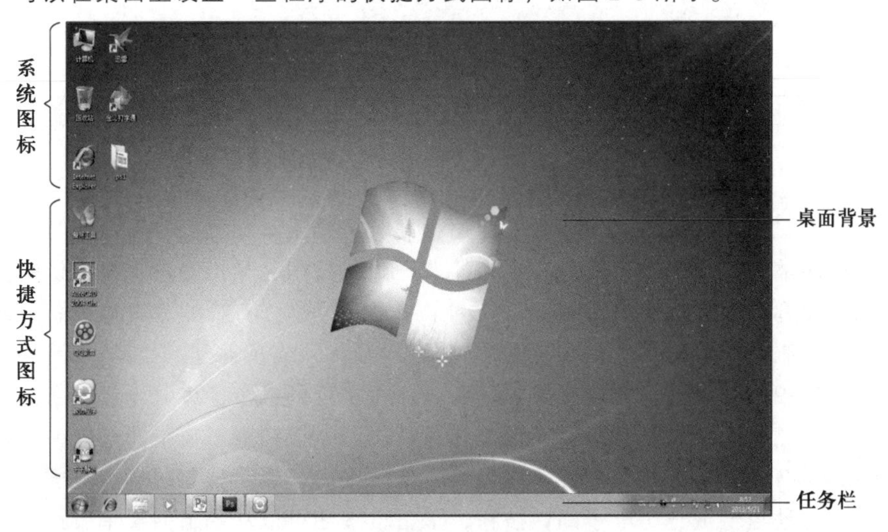

图 2-3　用户定制的桌面窗口界面

Windows 7 桌面的主要组成部分如下：

（1）桌面图标

桌面上的小型图片称为图标，包括系统图标和快捷图标。图标是 Windows 7 操作系统的重要特征，可以将它们看作是到达计算机上存储的文件和程序的入口。将鼠标放在图标上，将出现文字，标识其名称和内容。若要打开文件或程序，可双击该图标。桌面上的主要图标如下：

① 计算机：主要对计算机的资源进行管理，包括磁盘管理、文件管理、配置计算机软件和硬件环境等。

② 回收站：暂存用户从硬盘上删除的文件、文件夹和快捷方式等对象，当需要的时候，可以将其还原或删除。

③ 网络：当用户的计算机连接到网络时，通过它与局域网内的其他计算机进行信息交换。

④ Internet Explorer：用于启动 Internet Explorer 浏览器，浏览 Internet 的信息。

快捷方式图标由图像左下角的小箭头标识。通过这些图标可以访问程序、文件、文件夹、磁盘驱动器、网页、打印机和其他计算机等。快捷方式图标仅仅提供到所代表的程序或文件的链接，添加或删除该图标都不会影响实际的程序或文件。

对图标最基本的操作是鼠标指向、单击、双击与右击。

- 鼠标指向：将鼠标移至欲操作的对象。
- 单击图标：图标呈反色显示，说明选中该对象。
- 双击图标：双击后将打开一个窗口。
- 右击图标：右击图标会弹出一个快捷菜单，里面列出了与该图标所代表对象相关的一些常用命令供用户选择使用，这是常用的一种操作。

（2）任务栏

初始的任务栏在屏幕的底部，是一长方条，如图 2-4 所示。

图 2-4　Windows 7 桌面中的任务栏

任务栏为用户提供了快速启动应用程序、文档及其他已打开窗口的方法。任务栏的最左边是带有微软窗口标志的“开始”按钮，紧接着是几个默认的快速启动图标，分别代表 Internet Explorer 浏览器等；任务栏的最右边为系统通知区（传统上称为系统托盘），通知区上有声音、当前时间等指示器；任务栏的中间部分显示的是应用程序列表，每次打开一个窗口时，代表它的按钮就会在此出现，关闭窗口后，该按钮将消失。当按钮太多或系同一软件时，Windows 7 通过合并按钮使任务栏保持整洁。例如，表示独立的多个电子邮件按钮将自动组合成一个电子邮件按钮，单击该按钮可以从弹出的菜单中选择具体的邮件。

在应用程序列表中某一按钮呈“按下”状态，表示该程序为前台程序（当前窗口），其余为后台程序。

（3）桌面背景

屏幕上主体部分显示的图像称为桌面背景，它的作用是美化屏幕，图 2-3 是 Windows 7 主题的背景图像。用户可以根据自己的喜好来选择不同图案和不同色彩的背景来修饰桌面。

提示

可以在桌面背景上右击，在快捷菜单中选择“个性化”命令，打开“个性化”窗口，在“Aero 主题”中选择“Windows 7”主题，主题是计算机上图片、颜色和声音的组合，包括桌面背景、屏幕保护程序、窗口边框颜色和声音方案。

3.“开始”菜单

任务栏的最左端就是“开始”按钮，单击此按钮，弹出“开始”菜单，如图 2-5 所示。通过“开始”菜单，几乎可以完成计算机的任何操作，以下仅列举其中的几项。

（1）启动程序

单击“开始”按钮，弹出“开始”菜单，将鼠标指针指向“开始”菜单左边的最常用程序，单击可以启动应用程序。

（2）打开文档

在“开始”菜单中选择“文档”选项，在弹出的列表中选择要打开的文档名称，可以迅速打开文档，这种方式称为文档驱动。

（3）搜索对象

在“开始”菜单中的搜索框来查找存储在计算机上的文件、文件夹、程序和电子邮件。

单击“开始”按钮，然后在搜索框中输入字词或字词的一部分，与之匹配的内容将出现在“开始”菜单中，如图 2-6 所示。

图 2-5 “开始”菜单

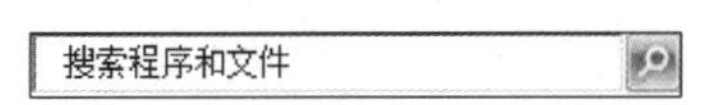

图 2-6 “搜索”文件

（4）打开“运行”窗口

在“开始”菜单中选择“运行”选项，可以打开“运行”窗口。可以通过

“运行”窗口运行应用程序、打开文件（文件夹）和使用 Internet 上的资源。

提示

用户在使用“运行”窗口运行程序之前必须先知道相应的 Windows 命令或可执行的文件名及其路径。

（5）注销界面

在“开始”菜单中单击“关机”按钮右侧的按钮，在弹出的“关机”菜单中选择“注销”命令，计算机进入“注销 Windows”界面，系统退出当前用户运行的程序，并准备由其他用户使用该计算机。

“开始”菜单上的一些项目带有向右箭头，这意味着其第二级菜单上还有更多的选项。鼠标指针放在有箭头的项目上时，另一个菜单将出现。

2.2.2 Windows 7 的窗口及操作

1. 窗口的类型和组成

窗口是指当用户启动应用程序后打开文档时，桌面屏幕上出现并已定义的一个矩形工作区，用于查看应用程序或文档的信息。在 Windows 7 中，窗口的外形基本一致，可以分为应用程序窗口、文档窗口和对话框窗口 3 类。

（1）应用程序窗口

应用程序窗口是一个应用程序运行时的人机界面，如图 2-7 所示为 Windows 7 的一个应用程序窗口。

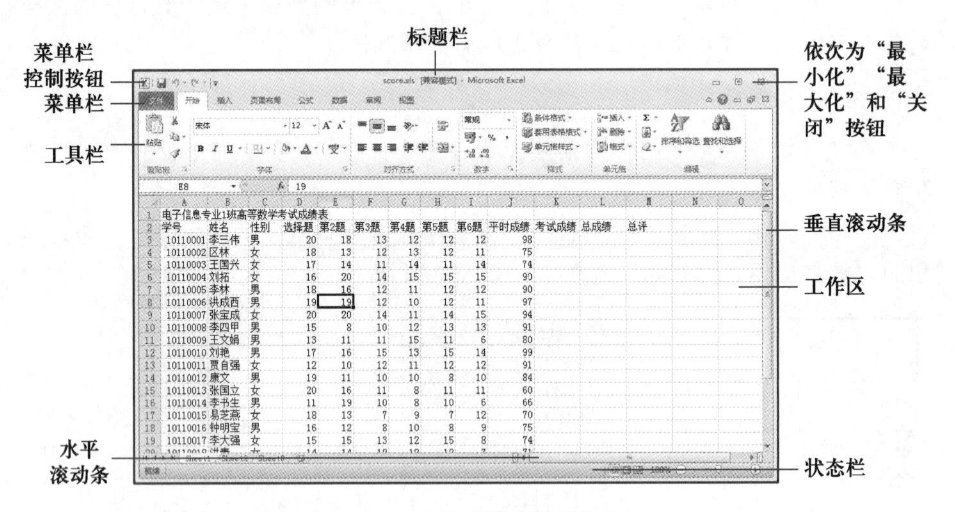

图 2-7 一个典型的应用程序窗口

窗口通常由以下部分组成：

① 标题栏：位于窗口的最上部，它标明了当前窗口的名称，左侧有菜单栏控制按钮，右侧依次为“最小化”“最大化”或“向下还原”以及“关闭”按钮。

② 菜单栏：位于标题栏的下面，它提供了用户在操作过程中要用到的各种访问途径。

③ 工具栏：工具栏中包括了一些常用功能按钮，当需要使用的时候，直接单击就可以执行。

④ 状态栏：它在窗口的最下方，标明了当前有关操作对象的一些基本情况。

⑤ 工作区：工作区指窗口中用户可以使用的部分。

⑥ 滚动条：滚动条分为垂直滚动条和水平滚动条两种，利用滚动条可以浏览工作区的内容。

（2）文档窗口

文档是 Windows 7 应用程序所生成的文件。文档窗口是指在应用程序运行时向用户显示文档文件内容的窗口，文档窗口是出现在应用程序窗口之内的窗口。文档窗口不包含菜单栏，它与应用程序窗口共享菜单栏。

（3）对话框窗口

对话框是 Windows 7 系统中的一类特殊窗口，也是 Windows 7 系统中的重要工作界面。如图 2-8 所示，是一个“打印”对话框窗口。

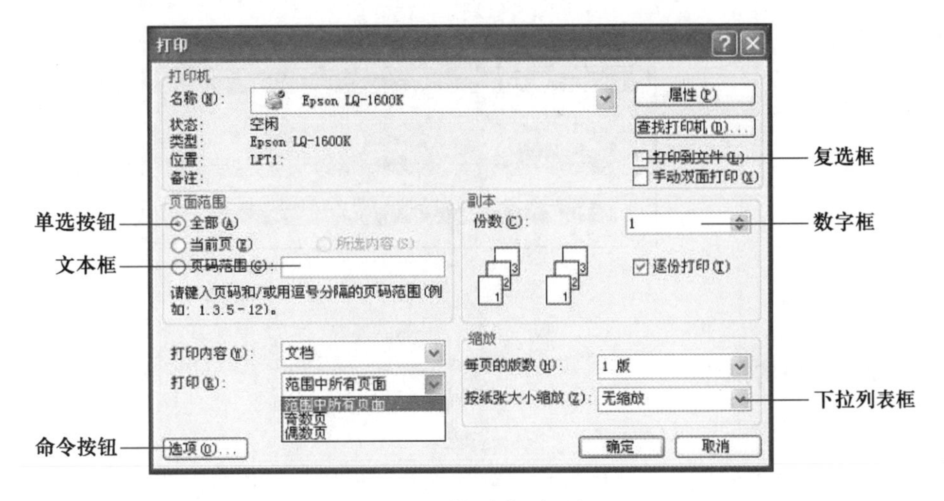

图 2-8 “打印”对话框

对话框与应用程序窗口相似，也有标题栏、“关闭”按钮，可以移动和关闭对话框。但是对话框没有“最大化”按钮和“最小化”按钮等。不同的对话框差别较大，但通常都有文本框、列表框、命令按钮和选择按钮等对象，以下分别进行说明。

- 文本框：文本框是用户输入文字的空白区域。文本框内有时不是空白的，系统提供了一个默认值，若要修改则需要重新输入，否则将保留默认值。
- 列表框：列表框显示出可供选择的选项，当选项过多而列表框装不下时，可使用列表框的滚动条进行选择。
- 下拉列表框：下拉列表框和列表框相似，都包含有一系列可供选择的选择项，不同的是下拉列表框最初看起来像一个普通的矩形框，显示了当前的选项，打开下拉列表框后，才能看到所有的选项。

● 复选框：复选框一般位于选项的左边，用于确定某选项是否被选定。若该项被选定，则选择框用“√”符号表示，否则选择框是空白的。

● 命令按钮：在对话框中，每个命令按钮代表一个可立即执行的命令，一般位于对话框的右方或下方，当单击命令按钮时，就立即执行相应的功能。例如“确定”“取消”等都是命令按钮。若在命令按钮后面带有省略号，则单击此按钮后可以打开另一个对话框。若在命令按钮后带有“》”，则单击此按钮后可扩展当前的对话框。

● 单选按钮：单选按钮是一组互相排斥的功能选项，每次只能选定一项，被选中的标志是：选项前面的圆圈中显示一个黑点。若要选定某个单选按钮，只需用鼠标单击它即可。

● 数字框：要改变数字时，可通过“增加”或“减少”按钮增加或减小输入值。也可以在数字框中直接输入数值。

● 标签：也称选项卡。对于设置内容较多的对话框，常通过标签组织设置内容。单击标签，便可打开此标签。如图 2-9 所示是“文本服务和输入语言”对话框中的“常规”标签。

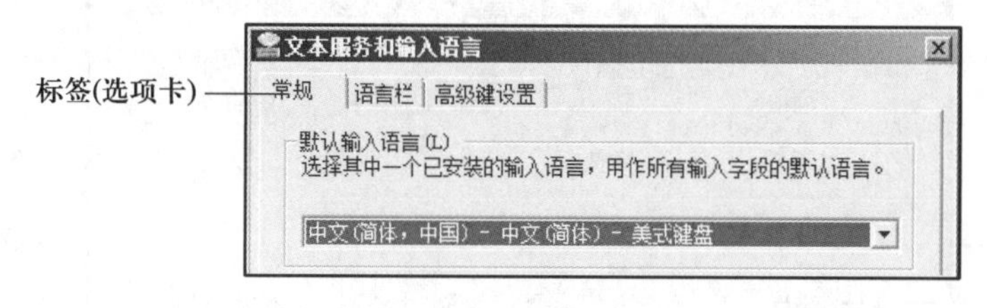

图 2-9　标签

2. 窗口的操作

对窗口最常见的操作如下：

（1）通过拖动方式移动窗口：单击标题栏，同时按住鼠标，在计算机屏幕移动鼠标指针来移动窗口。窗口只有在没有达到最大化时才能移动。

（2）单击位于标题栏右上角的“最小化”按钮，收缩窗口。此操作将窗口减小成任务栏上的按钮。

（3）单击位于“最小化”按钮右侧的“最大化”按钮，最大化窗口。此操作使窗口充满桌面。再次单击该按钮（此时已变成“向下还原”按钮）可使窗口恢复到原始大小。

（4）更改窗口大小：要更改窗口大小，可单击窗口的边缘，将边界拖动到想要的大小。

（5）在窗口中，浏览菜单，查看可使用的不同命令和工具。当找到所需的命令时，只需单击它即可。

如果程序在完成命令前需要某些信息时，将出现对话框。若要输入信息，用户可能需要：

- 单击文本框并键入文本。
- 通过单击箭头按钮显示列表，然后选择需要的项目，即在列表中进行选择。
- 通过单击单选按钮，选择单个选项。
- 在一个或多个需要的选项旁边的复选框中，做出复选标记。

如果文件的内容在窗口中的位置不恰当，可在窗口侧部和（或）底部拖动滚动条或者单击滚动按钮，向上、向下或水平移动内容。

3. 窗口中的菜单

菜单是提供一组相关命令的清单。大部分应用程序窗口都包含“文件”菜单、“编辑”菜单、“查看”菜单和“帮助”菜单。用户通过执行菜单命令完成特定的任务。如图 2-10 所示是 Windows 7 系统提供的“我的文档”窗口菜单。

（1）菜单类型

Windows 7 的菜单主要有下拉式菜单、快捷菜单和级联式菜单 3 种。

① 下拉式菜单：下拉式菜单是从菜单中“拉下”的菜单，这种菜单是目前应用程序中最常用的菜单类型。

② 快捷菜单：在 Windows 7 中，右击任何目标都可以弹出一个菜单，此菜单的弹出和使用都非常方便，称为快捷菜单。快捷菜单中列出了所选目标在当前状态下可以进行的常用操作命令。

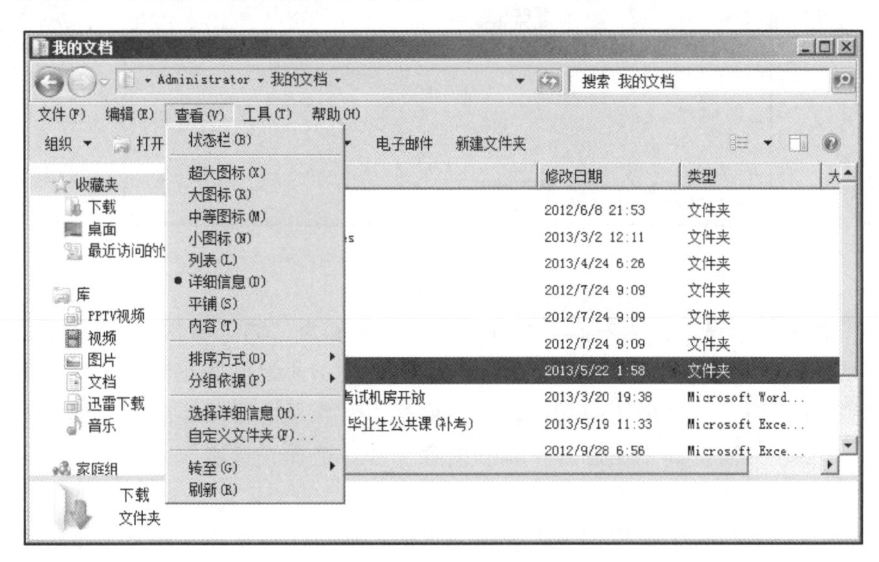

图 2-10 窗口菜单

③ 级联式菜单：有的菜单命令项右侧有一个实心三角符号“▸”，该符号表示该菜单项还有级联式菜单（又称子菜单）。

（2）菜单操作

在 Windows 7 下，所有的菜单操作都可以通过两条途径实现：鼠标和键盘。

菜单操作包括执行菜单命令、关闭菜单和弹出快捷菜单。

① 执行菜单命令：单击菜单项打开菜单，然后选择可使用的命令。

② 关闭菜单：单击菜单以外的任何位置，即可关闭该菜单。

③ 弹出快捷菜单：右击任何目标都可以弹出一个快捷菜单，然后选择可使用的命令。

2.2.3 “计算机”文件夹

在 Windows 7 中，“计算机”是最重要的窗口。该窗口的主要功能是可以访问各个位置，如硬盘、CD 或者 DVD 驱动器和外部硬盘以及 USB 闪存驱动器。通过其窗口左边的文件树型结构，用户可以方便地在各个文件夹和盘符之间切换，可以方便地将文件从一个地方复制或移动到另外一个地方。

“计算机”是 Windows 7 提供管理计算机资源的有力工具之一。可查看计算机中所有的内容(包括本机硬件和软件资源)，从而实现对文件夹或文件的管理。双击桌面上“计算机”图标，即可打开“计算机”窗口，如图 2-11 所示。

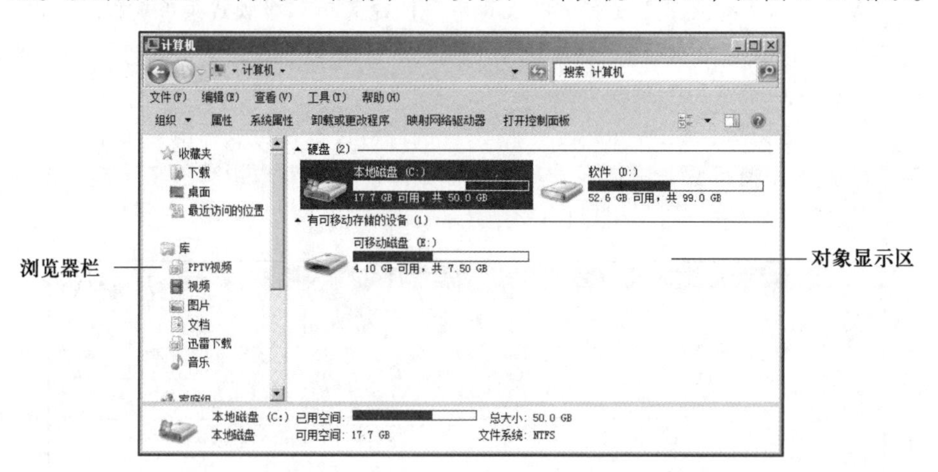

图 2-11　“计算机”窗口

“计算机”窗口分为左右两个窗格，左窗格称为“浏览器栏”，还有“计算机”“库”“搜藏夹”和“网络”4 个基本超链接。通过这些超链接，用户可以方便地在不同窗口之间进行切换；右侧窗格为对象显示区域，显示视图方式包含：图标、列表、详细信息、平铺和内容 5 种。选择“查看”菜单中的相应命令即可对显示方式进行更换。

在“计算机”窗口中浏览文件或对象时，按层次关系逐层打开显示计算机内所有文件的详细图表。可以更方便地实现浏览、查看、移动和复制文件或文件夹等操作。用户可以不必打开多个窗口，而只在一个窗口中就可以浏览所有的磁盘和文件夹。双击文件时，如果文件类型已经在系统中注册，Windows 7 将会使用与之关联的程序去打开这些文件；如果文件类型没有在系统中注册，则会弹出如图 2-12 所示的提示窗口，提示用户不能打开这种类型的文件，需要指定打开文件的方式。

选中“从已安装程序列表中选择程序”单选按钮，然后单击“确定”按钮，打开如图 2-13 所示的“打开方式”对话框，从中选择一个打开该文件的程序后打开文件。

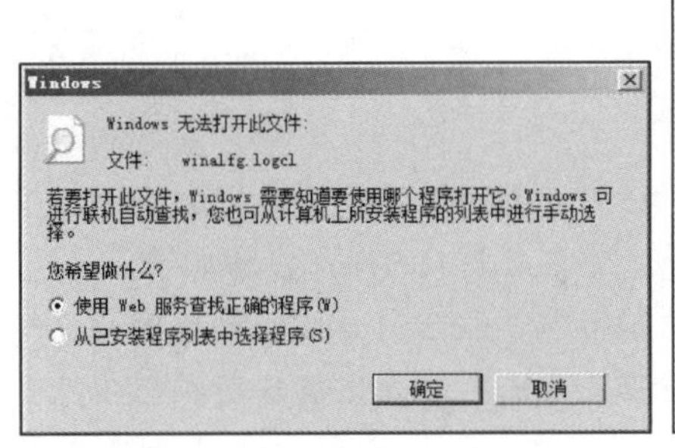

图 2-12 Windows 提示窗口

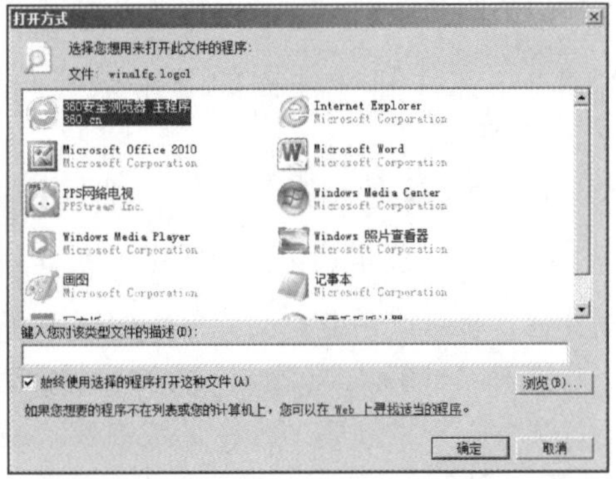

图 2-13 “打开方式”对话框

在左边的窗格中，若驱动器或文件夹前面有“+”号，表明该驱动器或文件夹有下一级子文件夹。单击“+”按钮可展开其所包含的子文件夹，当展开驱动器或文件夹后，“+”号会变成“-”号，表明该驱动器或文件夹已展开；单击“-”按钮，可折叠已展开的内容。例如，单击左侧窗格中“计算机”前面的“+”按钮，将显示“计算机”中所有的磁盘信息，单击磁盘前面的“+”按钮，将显示该磁盘中所有的内容。

2.3 Windows 7 的文件管理

对文件的管理是 Windows 7 操作系统的基本功能之一。文件管理主要包括文件和文件夹的建立、复制、移动、重命名和删除等内容。在介绍具体的文件管理操作之前，先了解有关文件管理的基础知识。

2.3.1 文件和文件夹的基本概念

1. 文件

文件是一组按一定格式存储在计算机外存储器中的相关信息的集合。一个程序、一幅画、一篇文章、一个通知等都可以是文件的内容。它们都可以用文件名的形式存放在磁盘上和光盘上。从计算机的角度看，文件可分为程序文件、程序辅助文件和数据文件 3 种。

2. 文件夹

文件夹是集中存放计算机相关资源的场所。在日常的公文管理中，经常把多份公文分类装入公文袋，多个公文袋装入文件柜。计算机中的文件就如同公文，文件夹就如同公文袋与文件柜。文件夹中既可以存放文件也可以存放文件夹。

在 Windows 7 中，文件夹可以被认为是分类管理各种不同资源的容器。它的大小由系统自动分配。计算机资源可以是文件、硬盘、键盘及显示器等。将计算机资源统一通过文件夹来管理，可以规范资源的管理：用户不仅通过文件夹来组织管理文件，也可以用文件夹管理其他资源。

2.3.2　文件和文件夹的基本操作

1. 新建文件（夹）

文件通常是由相应的程序来创建的，在“计算机”窗口中可以创建空的文档文件，也可以创建空文件夹。创建一个空文件（夹）的操作步骤如下：

打开“计算机”窗口，选中一个驱动器符号，双击打开该驱动器窗口。执行“文件”→“新建”命令（或在窗口空白处右击，在弹出的快捷菜单中选择“新建”命令），在下一级菜单中选择要新建的文件类型或文件夹，如图 2-14 所示。

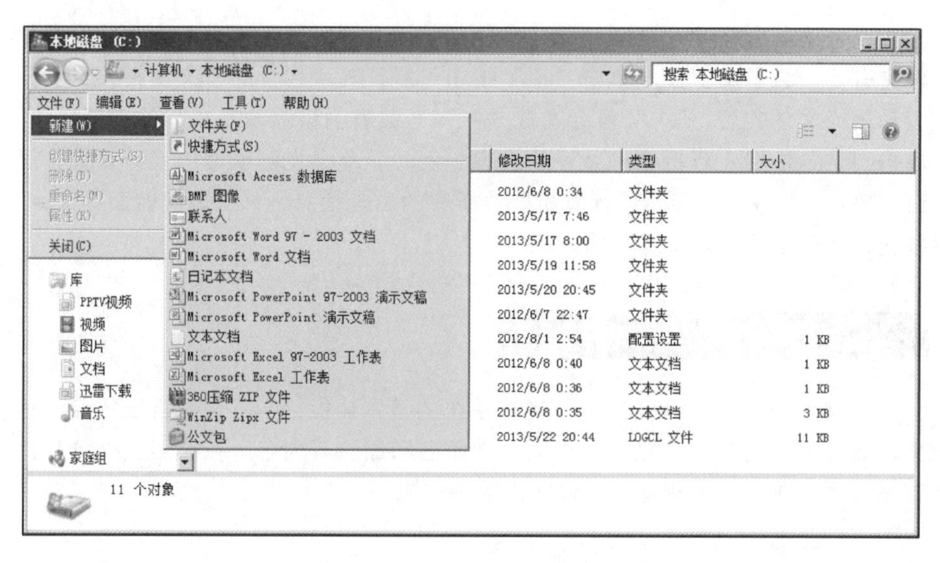

图 2-14　新建一个文件或文件夹

2. 文件（夹）的重命名

新建文件（夹）时，系统会自动为该文件（夹）取一个名字，系统默认的文件名为“新建文件夹”“新建文件夹（2）”等；如果是一个新建文本文档，则其默认文件名为“新建 文本文档”“新建 文本文档（2）”等。如果用户觉得不太满意，可以重新给文件夹或文件修改名称，重命名的操作方法如下：

方法 1：单击要重新命名的文件（夹），依次执行“文件”→“重命名”命令，如图 2-15（a）所示，在文件（夹）名称输入框处有一不断闪动的竖线（称为插入点），直接输入名称，按 Enter 键，或在其他空白处单击一下鼠标即可。

方法 2：在文件（夹）名称处右击，在弹出的快捷菜单中选择“重命名”

命令，如图 2-15（b）所示。

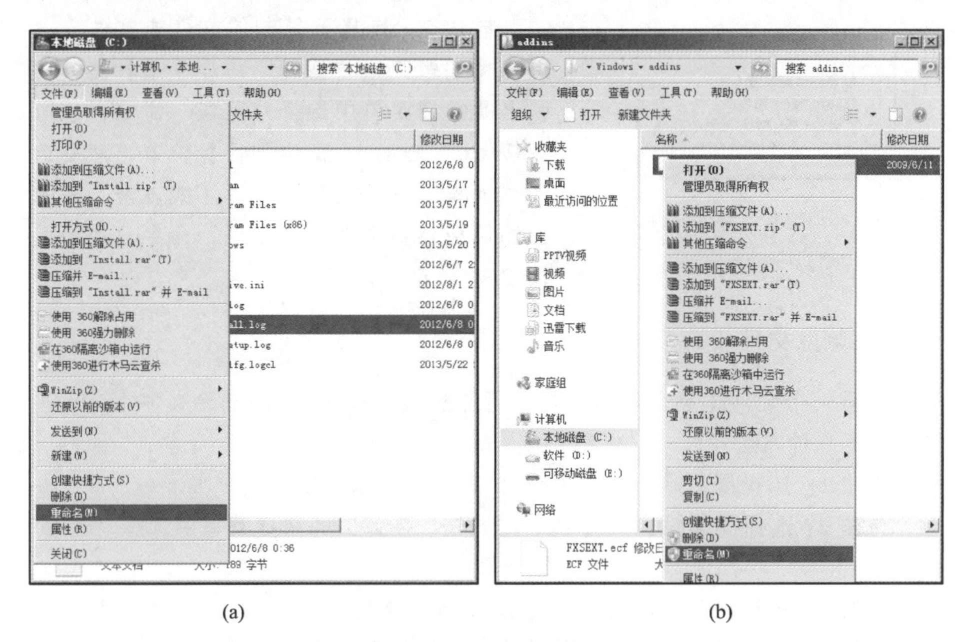

(a) (b)

图 2-15 文件（夹）的重命名

方法 3：将鼠标指向某文件（夹）名称处，单击一下鼠标后，直接按 F2 功能键。

3. 复制与移动文件（夹）

若要对文件（夹）进行备份或将一个文件（夹）从一个地方移动到另一个地方，则需要使用复制与移动文件（夹）的功能。

（1）复制文件或文件夹

复制文件或文件夹主要有以下几种方法：

方法 1：选择要复制的文件或文件夹，按住 Ctrl 键拖动到目标位置。

方法 2：选择要复制的文件或文件夹，按住鼠标右键并拖动到目标位置，松开鼠标，在弹出的快捷菜单中选择“复制到当前位置”命令，如图 2-16 所示。

方法 3：选择要复制的文件或文件夹，选择“编辑”→“复制”命令（或右击，在弹出的快捷菜单中选择“复制”命令，也可按 Ctrl+C 键）。定位到目标位置，然后选择“编辑”→“粘贴”命令（或右击，在弹出的快捷菜单中选择“粘贴”命令，或直接按 Ctrl+V 键）。

（2）移动文件或文件夹

移动文件或文件夹主要有以下几种方法：

方法 1：选择要移动的文件或文件夹，然后用鼠标左键直接拖动到目标位置。

方法 2：选择要移动的文件或文件夹，按住鼠标右键并拖动到目标位置，松开鼠标，在弹出的快捷菜单中选择“移动到当前位置”命令，如图 2-16 所示。

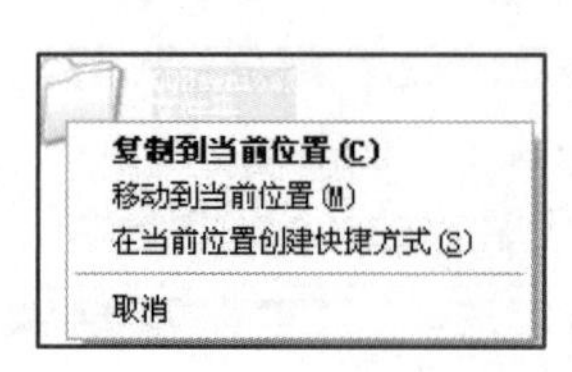

图 2-16　拖动复制、移动文件（夹）

方法 3：选择要复制的文件或文件夹，选择“编辑”→“剪切”命令（或右击，在弹出的快捷菜单中选择“剪切”命令，也可以按 Ctrl+X 键）。定位到目标位置，然后选择“编辑”→“粘贴”命令（或右击，在弹出的快捷菜单中选择“粘贴”命令，也可以按 Ctrl+V 键）。

4．删除文件（夹）

如果一个文件（夹）不再使用，可删除该文件（夹）。删除文件（夹）主要有以下几种方法：

方法 1：选择要删除的文件（夹），直接按 Delete 键。

方法 2：选择要删除的文件（夹），右击，在弹出的快捷菜单中选择“删除”命令。

方法 3：选择要删除的文件（夹），选择“文件”→“删除”命令。

采用以上 3 种方法删除文件（夹），在执行上述操作后，系统会弹出如图 2-17 所示的“删除文件（夹）”对话框中，单击“是”按钮即可完成删除操作，单击“否”按钮取消删除操作。

回收站中文件（夹）可以单击“清空回收站”或者“还原所有项目”按钮实现永久性删除或者还原回原位置。

若选择要永久性地删除的文件（夹），按住键盘上的 Shift 键不放，然后按 Delete 键，出现如图 2-18 所示的“删除文件（夹）”对话框，单击“是”按钮，则被删除的文件（夹）不送到回收站，而是直接从磁盘中删除。

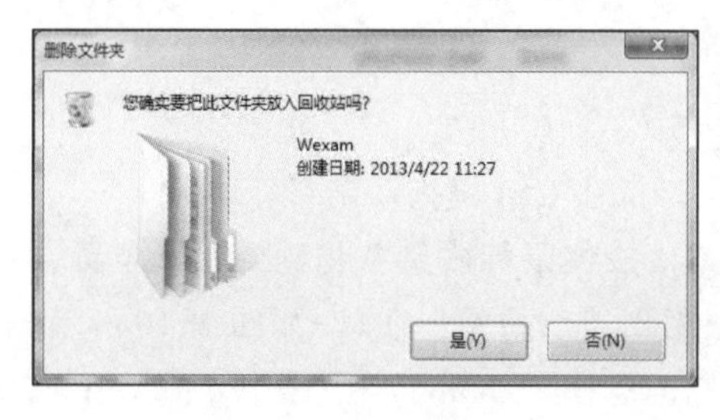

图 2-17　“删除文件（夹）”对话框（送回收站）

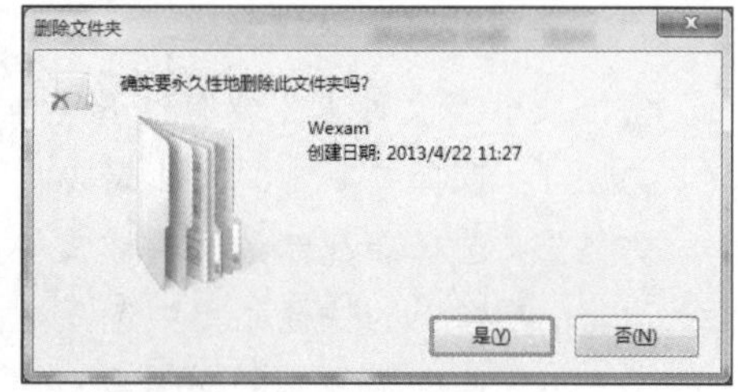

图 2-18　“删除文件（夹）”对话框（直接删除）

5．文件（夹）的属性

每一个文件（夹）都有一定的属性，不同文件类型的“属性”对话框中的信息也各不相同，如文件夹的类型、文件路径、占用的磁盘、修改和创建时间等。

选定要查看属性的文件（夹），选择“文件”→“属性”命令，打开文件（夹）的“属性”对话框，如图 2-19 所示。一个文件（夹）通常包含只读、隐藏等属性。文件（夹）的“属性”对话框的“常规”选项卡中各元素的基本含义如下：

- 类型：显示所选文件（夹）的类型，如果类型为快捷方式，则显示项目快捷方式的属性，而非原始项目文件的属性。
- 位置：显示文件（夹）在计算机中的位置。
- 大小：以数字（字节）的形式显示文件（夹）的大小。
- 创建时间/修改时间/访问时间：显示文件（夹）的创建时间/修改时间/访问时间。
- 属性：如果文件（夹）设置为“只读”，表示文件不能删除，“隐藏”表示文件不可见，“高级”中设置“存档”表示文件可进行备份。

隐藏的文件（夹）可以通过在菜单栏中选择“工具”→“文件夹选项”命令，在打开的对话框中选择“查看”选项卡，在其中设置显示或不显示隐藏的文件（夹），如图 2-20 所示。

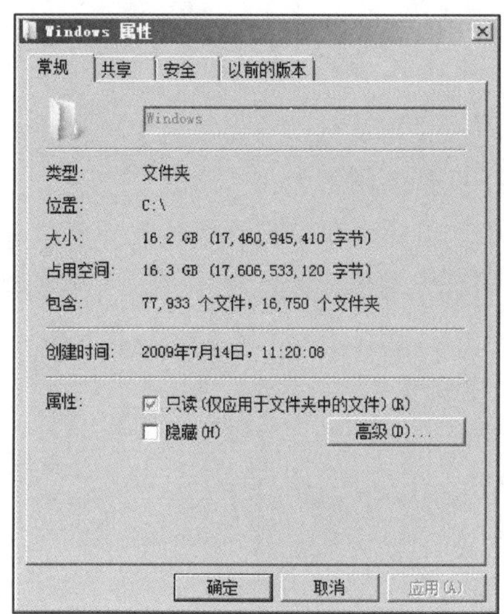

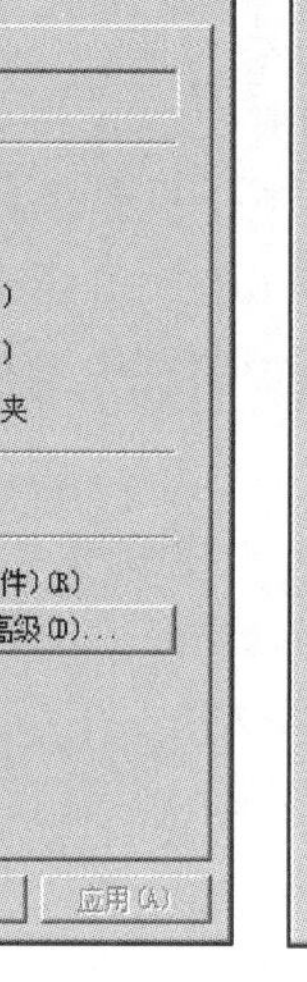

图 2-19 文件（夹）“属性”对话框

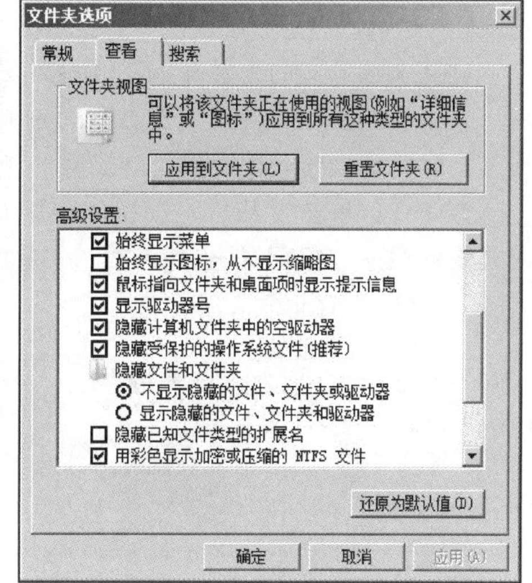

图 2-20 “文件夹选项”对话框

提示

“查看”选项卡中除隐藏文件和文件夹功能外，还有隐藏已知文件类型的扩展名等诸多选项，依此扩展名可判定文件类型。

6. 文件和文件夹快捷方式的创建

快捷方式的创建是为了方便用户快速地启动程序，在桌面上显示了许多程序的快捷方式。如果图标的左下角有一个向上的箭头，该图标就是某个程序的快捷方式，如图 2-21 所示。除了计算机、网络、IE 这 3 个 Windows 7 系统特有的图标以及一个“ps1”文件夹不是快捷方式外，其他的图标都是快捷方式。

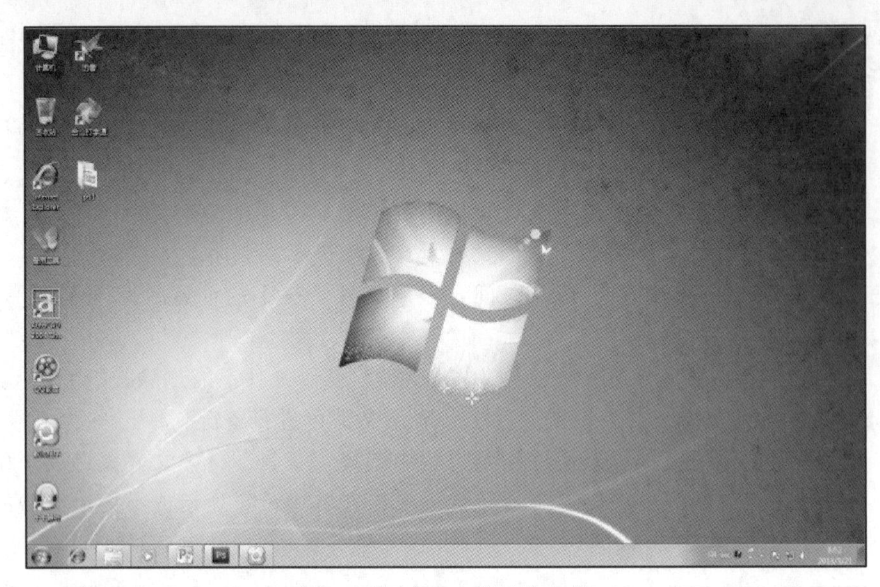

图 2-21　桌面上的快捷方式

创建快捷方式的主要有以下几种方法：

方法 1：鼠标右击桌面空白处，在弹出的快捷菜单中选择“新建”→“快捷方式”命令，然后按照提示的步骤一步一步完成。

方法 2：单击“开始”按钮，在弹出的“开始”菜单把鼠标移至要创建快捷方式的程序，鼠标右击，在弹出的快捷菜单中选择“发送到”→“桌面快捷方式”命令，如图 2-22 所示。

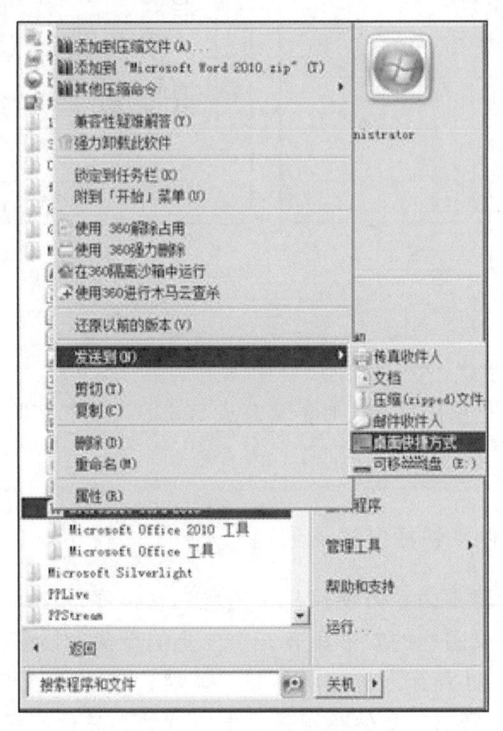

图 2-22　创建桌面快捷方式

方法 3：在“计算机”窗口中找到要创建快捷方式的程序，鼠标右击，在弹出的快捷菜单中选择“创建快捷方式”命令。

方法 4：在“计算机”窗口中找到要创建快捷方式的程序，鼠标右击，在快捷菜单中选择“发送到桌面快捷方式”命令。

2.3.3　文件（夹）的搜索

在使用 Windows 7 的过程中，有时不知道某个文件（夹）或对象在什么地方，可利用 Windows 7 中提供的“搜索”功能来进行查找。Windows 7 中的“搜索”功能十分强大，不但可以搜索文件（夹），还可搜索到各类文档、计算机、用户名称以及在网上进行查询等。这里仅介绍对文件（夹）或对象的搜索。

要进行“搜索”，必须打开搜索窗口，打开搜索窗口的方法如下：

方法 1：单击“开始”按钮，然后在搜索框中输入字词或字词的一部分；与之匹配的内容将出现在“开始”菜单中，如图 2-23 所示。与之匹配的内容将出现在菜单中。

方法 2：打开“计算机”窗口，选中一个搜索的驱动器或者文件夹，然后在搜索框中输入字词或字词的一部分，如图 2-24 所示。如果要查找的文件位于某个特定文件夹或库中，如文档或图片文件夹/库。浏览文件可能意味着要查看数百个文件和子文件夹。为了节省时间和精力，使用已打开窗口顶部的搜索框更方便。

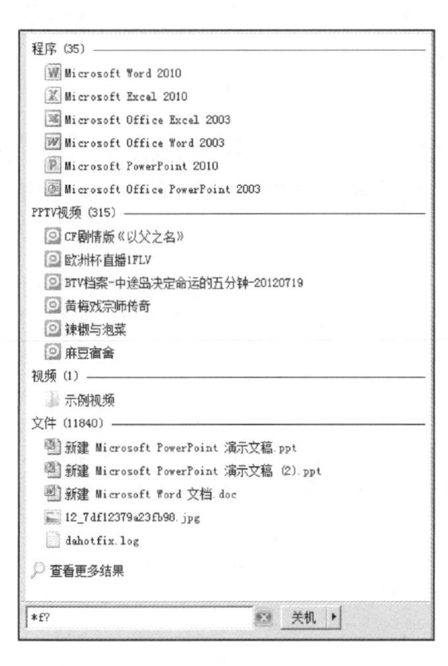

图 2-23　“开始”菜单中的搜索

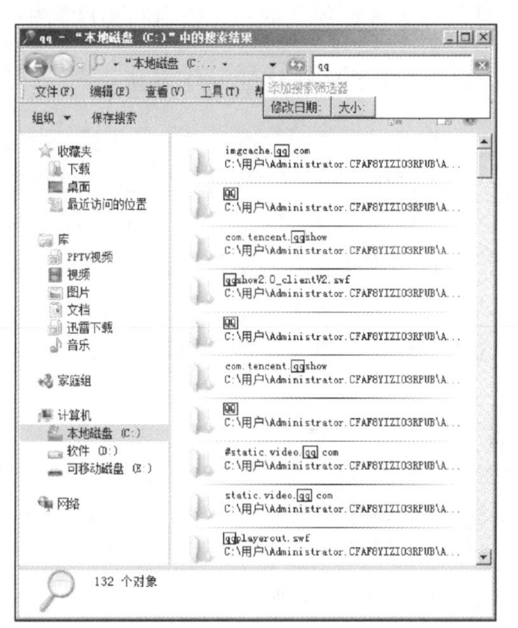

图 2-24　“计算机”窗口搜索

方法 2 还有修改日期、大小、类型和种类等各种按钮选项提供多方位搜索。

搜索时，既可以通过文件包含的方式（在图 2-24 中输入 qq），也可以使用两种通配符（在图 2-23 中输入*f ?）：其中“*”表示任意多个字符，“?”表示一个字符。例如，所有文本文件，表示为*.txt（在图 2-25 中输入*.txt）。所有第 3 个字母是 A 的文件，表示为??A*.*（在图 2-26 中输入??A*.*）。

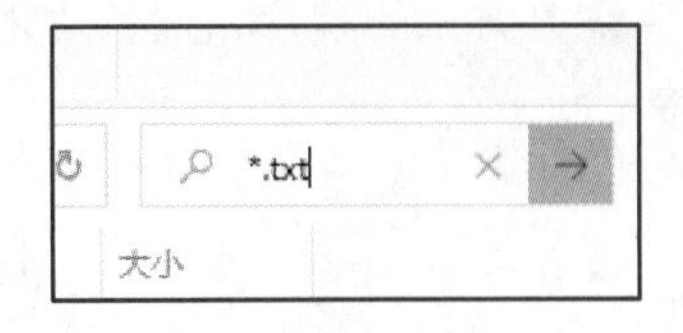

图 2-25　搜索所有文本文件

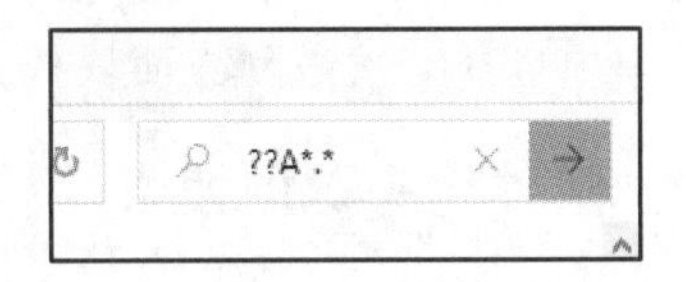

图 2-26　搜索第 3 个字母是 A 的文件

2.4　Windows 7 的磁盘管理

Windows 7 的磁盘管理

Windows 7 系统为用户提供了多种管理磁盘的工具。利用这些工具，用户可方便、高效地使用磁盘。

2.4.1　格式化磁盘

1. 磁盘格式化的基本概念

一般来说，一张新的磁盘在第 1 次使用之前一定要进行格式化。所谓格式化，是指在磁盘上正确建立文件的读写信息结构。对磁盘进行格式化实际上就是对磁盘进行划分磁面、磁道和扇区等相关操作。

2. 磁盘格式化的操作方法

打开“计算机”窗口，选择要进行格式化的磁盘；在菜单栏中选择“文件”→“格式化”命令（或右击要格式化的磁盘，然后在弹出的快捷菜单中选择“格式化”命令），打开“格式化”对话框。

在“格式化”对话框中，确定磁盘的容量大小、设置磁盘卷标名、确定格式化选项（如快速格式化），格式化设置完毕后，单击“开始”按钮，磁盘格式化命令开始格式化所选定的磁盘。

提示

如果磁盘上的文件已打开，磁盘的内容正在显示或者磁盘包含系统，引导分区等，则该磁盘不能进行格式化操作。

2.4.2　磁盘清理

1. 磁盘清理程序的功能

在计算机的使用过程中，由于多种原因，系统将会产生许多“垃圾文件”，如“回收站”中的删除文件、系统使用的临时文件、Internet 缓存文件以及一些可安全删除的不需要的文件等。这些垃圾文件越来越多，它们占据了大量的磁盘空间，影响计算机的正常运行，因此必须定期清除。磁盘清理程序是为清理垃圾文件而提供的一个实用程序。

2．磁盘清理程序的使用方法

单击“开始”按钮，在“开始”菜单中选择“所有程序”→“附件”→“系统工具”→“磁盘清理”命令，打开如图 2-27 所示的“磁盘清理：选择驱动器”对话框；单击“驱动器”右侧的下拉列表框，在下拉列表中选择要清理的驱动器符号（如 C:），单击“确定”按钮，打开如图 2-28 所示的“磁盘清理”对话框。

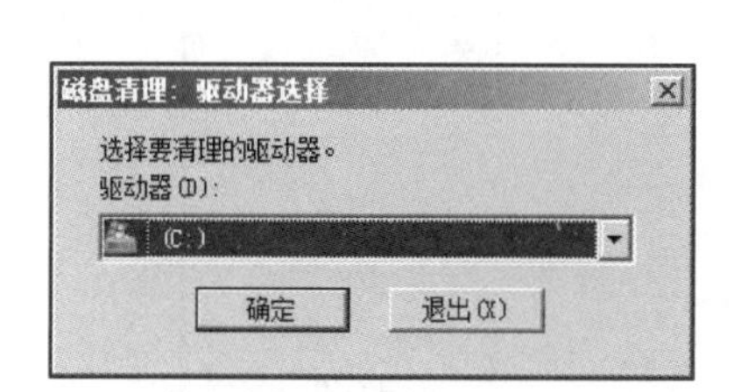

图 2-27 “磁盘清理：驱动器选择”对话框

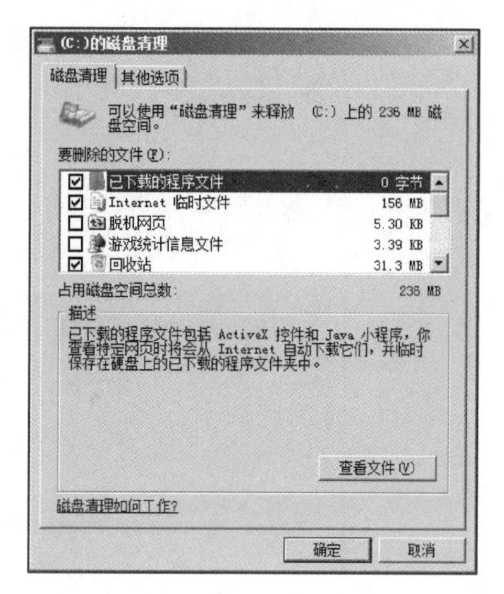

图 2-28 “磁盘清理”对话框

在“磁盘清理”对话框中，选择要清理的文件（夹），如果单击“查看文件”按钮，用户可以查看文件中的详细信息。单击“确定”按钮，打开“(C:)的磁盘清理”确认对话框，单击“是”按钮，系统开始清理并删除不需要的垃圾文件（夹）。

2.4.3 磁盘碎片整理

磁盘存储文件的最小单元是扇区，一个扇区可容纳 512 B。通常一个文件的大小都超过了一个扇区的容量，所以，一个文件在磁盘上存储时是分散在不同的扇区里，而这些扇区在磁盘物理位置上可以是连续的，也可以是不连续的。一个文件的存放无论是连续的，还是不连续的，计算机系统都能找到并读取，但速度不一样。

1．“磁盘碎片整理程序”的功能

“磁盘碎片整理程序”的作用是重新安排计算机磁盘的文件、程序以及未使用的空间，以便程序运行、文件打开和读取速度更快。

2. “磁盘碎片整理程序”的使用方法

单击“开始”按钮，在“开始”菜单中选择“所有程序”→“附件”→“系统工具”→“磁盘碎片整理程序”命令。打开“磁盘碎片整理程序”窗口。

选中要分析或整理的磁盘，如选择（C:）盘，单击“碎片整理”按钮，系统开始整理磁盘，如图 2-29 所示。磁盘碎片整理的时间比较长，因此在整理磁盘前一般要先进行分析以确定磁盘是否需要进行整理。若单击“分析”按钮，系统将开始对当前磁盘进行分析，分析完成后出现磁盘分析对话框，用户可以看到分析结果，决定是否对磁盘进行整理。

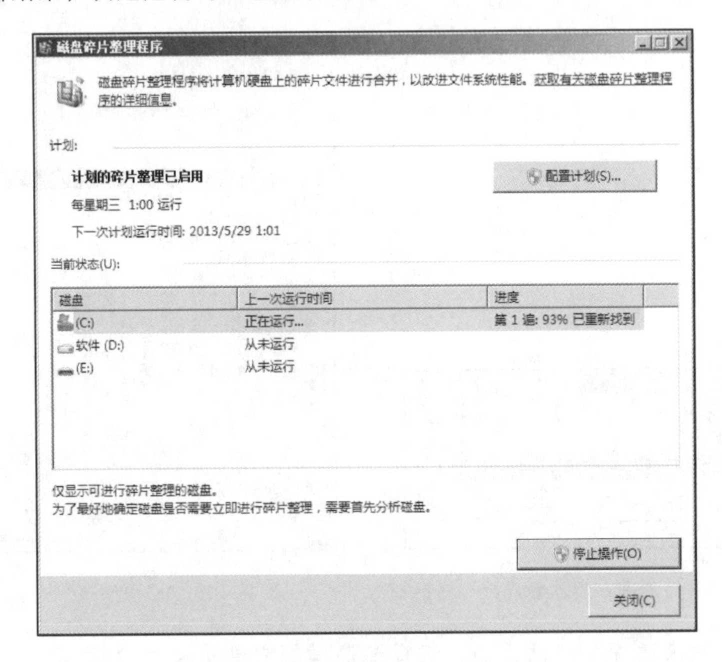

图 2-29 “磁盘碎片整理程序”窗口

2.5 Windows 7 的控制面板

Windows 7 的控制面板

2.5.1 控制面板概述

1. 控制面板的功能

“控制面板”提供了专门用于更改 Windows 7 的外观和行为方式的工具。有些工具可用来调整计算机的设置，从而使得操作计算机更加个性化。例如，可将标准鼠标指针替换为可以在屏幕上移动的动画图标，或通过“声音和音频设备”将标准的系统声音替换为自己选择的声音。有些工具可将 Windows 7 设置得更容易使用。例如，对于左手习惯的人，可以利用“鼠标”工具进行设置以便利用右按钮执行选择和拖放等操作。

2. 打开控制面板

打开“计算机”窗口，在浏览栏上单击“打开控制面板”按钮即可打开“控制面板”窗口。打开后，用户将看到“控制面板”中最常用的项目，这些项目按照分类进行组织。要查看某一项目的详细信息，可用鼠标指针指向该项目图标或名称，然后阅读显示的文本，如图 2-30 所示。

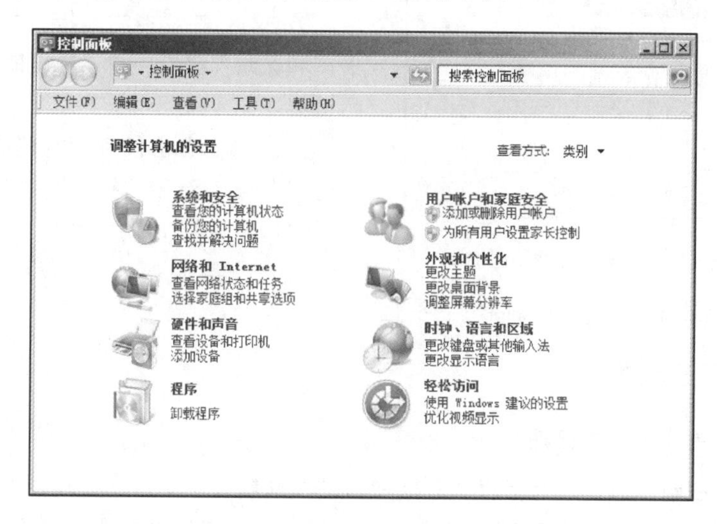

图 2-30 “控制面板”分类视图

3. 打开控制面板中的项目

要打开控制面板中的某个分类项，可单击该分类项图标或名称。打开后某些分类项下会显示可执行的任务列表。例如，单击“外观和个性化”图标时，将显示如图 2-31 所示的任务列表。单击某一任务，用户可根据屏幕提示进行相关的设置。

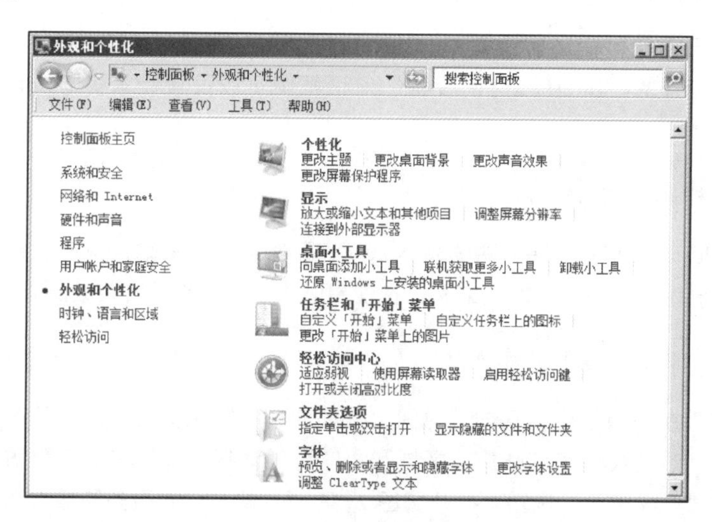

图 2-31 “外观和个性化”窗口

2.5.2 调整机器时间

如果系统的日期和时间不正确或用户在某些时候有意更改，就需要调整日期和时间。调整的步骤如下：

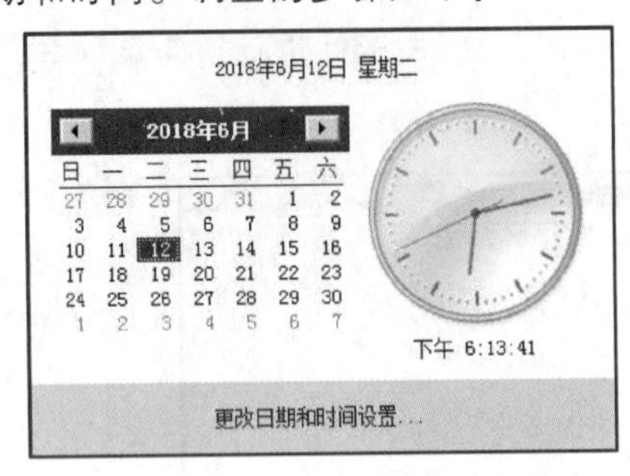

图 2-32 “日期和时间”对话框

1. 打开“日期和时间”对话框

方法 1：在“控制面板”中“时钟、语言和区域”窗口中单击“日期和时间”超链接。

方法 2：右击任务栏右侧的“日期和时间”通知区，在弹出的快捷菜单中，选择“调整日期/时间”命令。

按以上某种方法操作后，打开如图 2-32 所示的“日期和时间”对话框。

2. 设置参数

（1）更改系统的日期

在“日期和时间”对话框“日期和时间”选项卡中单击“更改日期和时间”按钮，在打开的“日期和时间设置”对话框日历列表框中选中需要设置的日期值，然后单击“确定”按钮，返回“日期和时间”对话框，单击“确定”按钮。

（2）更改系统的时间

在“日期和时间设置”对话框时间表盘下的时间文本框中调整时、分或秒数值，单击微调按钮的上下箭头改变相应的数值，或者单击时间微调框中的某处数字，直接输入相应的数值即可。

（3）更改其他选项

在“日期和时间”对话框的“Internet 时间”选项卡中，单击“更改设置”按钮，在打开的“Internet 时间设置”对话框中可以设置计算机与 Internet 时间服务器同步。

2.5.3 输入法的设置

Windows 7 提供了多种中文输入法。但不管哪种中文输入法都必须使键盘处于小写字母输入状态才能输入中文。在使用时可以根据需要安装或删除输入法。

1. 添加和删除中文输入法

在“控制面板”中，双击“时间、语言和区域”图标，单击“更改键盘或其他输入法”超链接，在打开的“区域和语言”对话框中选择“键盘和语言”选项卡，单击“更改键盘”按钮，打开如图 2-33 所示的“文本服务和输入语言”对话框。中文输入法的添加、删除和设置输入法的属性操作都在此对话框中完成。

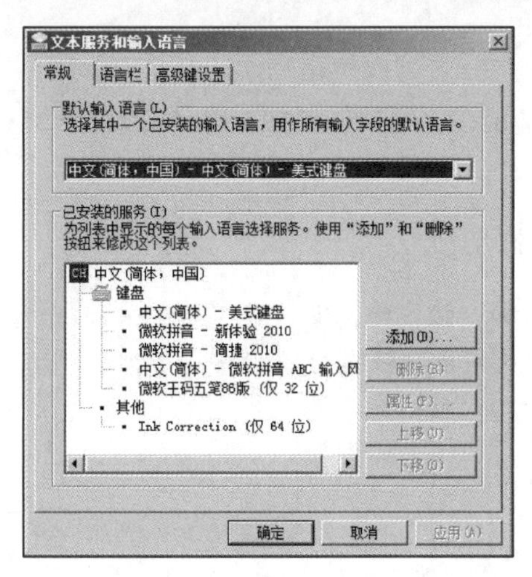

图 2-33　“文本服务和输入语言”对话框

（1）添加中文输入法

单击对话框中部的“添加”按钮，打开如图 2-34 所示的“添加输入语言”对话框。选择其中希望添加的输入法，单击“确定”按钮，完成输入法添加工作。

（2）删除中文输入法

如图 2-35 所示，在“文本服务和输入语言”对话框“常规”选项卡中，选定需删除的输入法，然后单击“删除”按钮即可。

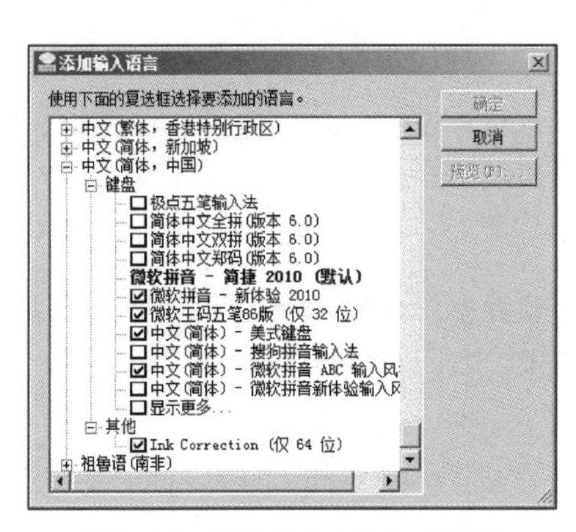

图 2-34　“添加输入语言”对话框

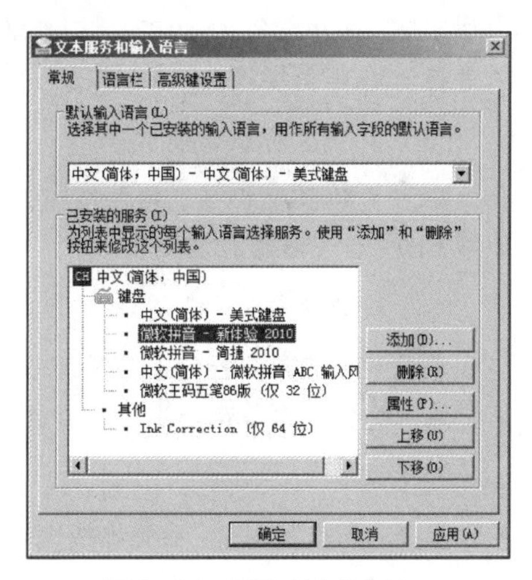

图 2-35　删除中文输入法

2．输入法的选定

输入法的选定可以分别用鼠标和键盘两种方式进行。

（1）鼠标方式

用鼠标单击“任务栏”上的“输入法指示器”按钮，弹出系统已安装的输入法菜单，从中选择需要的输入法，如图 2-36 所示。

（2）键盘方式

在 Windows 7 环境下，可以同时按 Crtl+Shift 组合键在英文和各种中文输入法之间进行切换。

3．输入法的状态切换

以搜狗输入法为例，选定输入法后，屏幕上会出现一个如图 2-37 所示的中文输入法状态框。从左至右依次为：

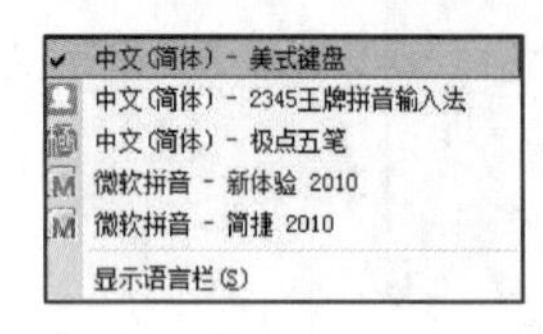

图 2-36 输入法菜单

图 2-37 中文输入法状态框

（1）中/英文切换

单击“中/英文切换”按钮，可以在中文和英文输入法之间进行切换。也可以按 Shift 或 Ctrl+Space 组合键进行切换。

（2）全角/半角切换

单击“全角/半角切换”按钮，可以切换全角和半角输入法状态。英文字符、数字和其他一些非控制字符有全角和半角之分，但对汉字没有影响。全角字符占 2 字节，半角字符占 1 字节，汉字总是占 2 字节。也可以按 Shift+Space 组合键进行全角/半角切换。

（3）中/英文标点切换

单击“中/英文标点切换”按钮，可以切换中文、英文标点符号输入。也可以按 Ctrl+.组合键进行切换。

（4）软键盘

单击“软键盘”按钮，屏幕出现一个软键盘，单击软键盘上的按键，可以实现输入操作，再单击一次“软键盘”按钮，就可以关闭软键盘。

（5）菜单

单击“菜单”按钮，会弹出搜狗输入法菜单，在此菜单中可进行相应的设置。

4．常用汉字输入法

（1）五笔字型输入法

五笔字型输入法是以笔画的拆分和组合为基础的一种汉字输入法。需要记忆的内容较多，但掌握后，打字速度快，适合专业打字人员使用。

（2）全拼输入法

全拼输入法是以汉语拼音为基础的一种汉字输入法。简单易学，使用较普通。只要会说普通话，一般比较容易掌握。

（3）搜狗拼音输入法

搜狗拼音输入法基于搜索引擎技术，特别适合网民使用，用户可以通过互联网备份自己的个性化词库和配置信息。

（4）智能 ABC 输入法

智能 ABC 输入法是集全拼和双拼输入法优点的输入方法，具有智能记忆功能。

（5）微软拼音输入法

微软拼音输入法是基于语句的智能型的拼音输入法，为一些地区的用户着想，提供了模糊音设置，对于那些说话带口音的用户，不必担心微软拼音输入“听不懂”非标准普通话。

2.5.4 键盘与鼠标的设置

1. 键盘的设置

计算机键盘是用户向计算机输入数据或命令的最基本的设备。通常 101 键盘是 PC 机的标准键盘，而 104 键盘基本采用 101 键盘布局，但增设了 3 个用于 Windows 系统的控制键，是目前的主流键盘。

在大图标方式显示的“控制面板”窗口中单击“键盘”图标，打开“键盘属性”对话框，在其中调整相应数值，如调整重复延迟速度、字符重复率和光标闪烁频率等，如图 2-38 所示。

2. 鼠标的设置

在 Windows 中，鼠标是一种重要的输入设备，鼠标性能的好坏直接影响工作效率。鼠标的设置是在“控制面板”中单击“鼠标”图标，然后在打开的“鼠标 属性”对话框中调整相应数值，如图 2-39 所示。

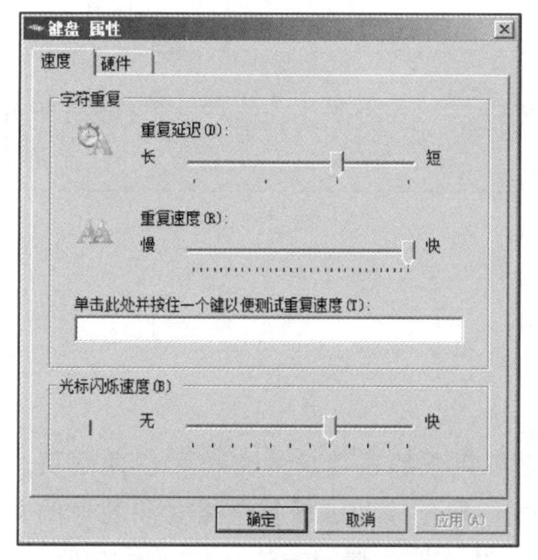

图 2-38 “键盘 属性”对话框

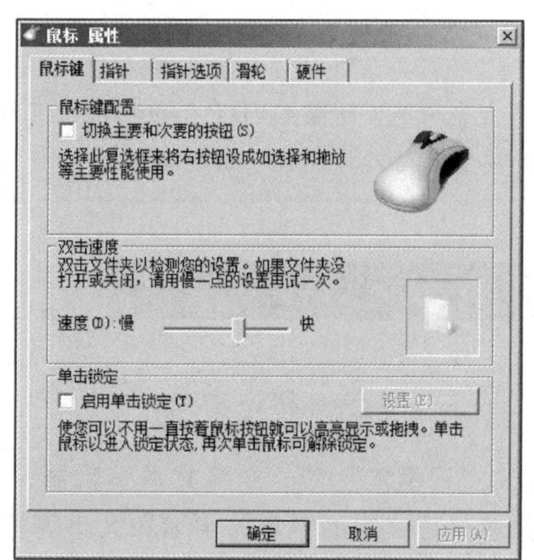

图 2-39 “鼠标 属性”对话框

2.5.5　卸载或更改程序

“控制面板”提供了一个卸载或更改程序的工具。该工具的优点是保持 Windows 7 对程序卸载、更改或修复的控制，不会因为误操作而造成对系统的破坏。

使用“卸载或更改程序”工具的方法如下：

在类别方式显示的“控制面板”窗口中单击“程序”图标，打开“程序”窗口，在其中单击“程序和功能”图标，打开如图 2-40 所示的“程序和功能”窗口。从列表中选中软件名称，然后单击窗口上方的“卸载”按钮、“更改”按钮或“修复”按钮。

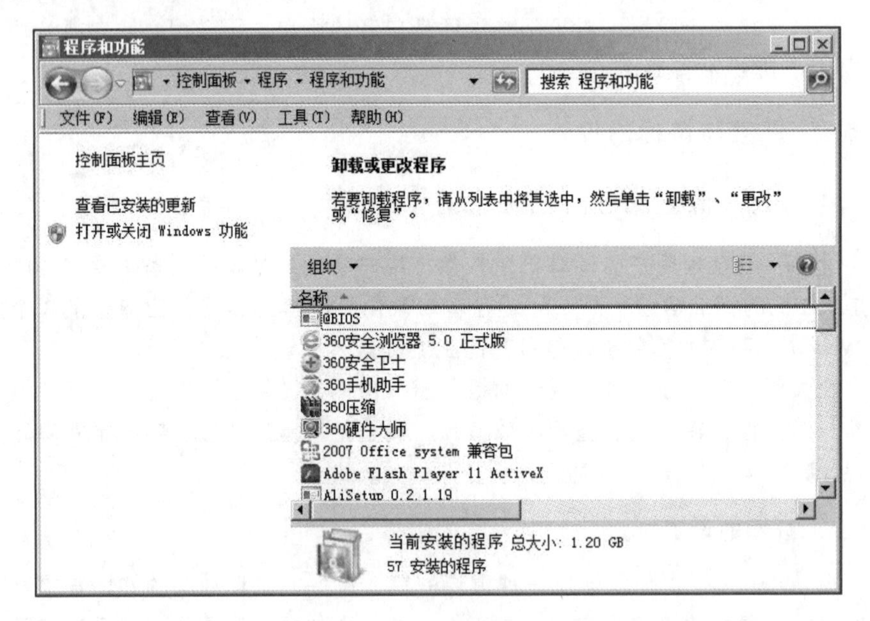

图 2-40　“程序和功能”窗口

提示

安装程序主要由从 CD 或 DVD（有的时候也可以是 U 盘）安装程序及从 Internet 安装程序两种方法。安装的时候按照说明进行操作即可。

2.6　Windows 7 的附件

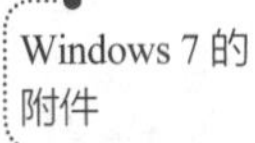

2.6.1　写字板和记事本

“记事本”是一个纯文本编辑器，它可用于编辑简单的文档和创建网页，只能处理文字的字体、字形和大小等格式。要创建和编辑复杂格式和图形的文件，可以使用“写字板”，这里仅介绍“记事本”的使用方法。其操作如下：

单击“开始”按钮，在“开始”菜单中选择“所有程序”→“附件”→“记事本”命令，打开“记事本”窗口。在“记事本”编辑区中输入文字，如图 2-41 所示。选择“文件”→“保存”或“另存为”命令，可以保存输入的信息。

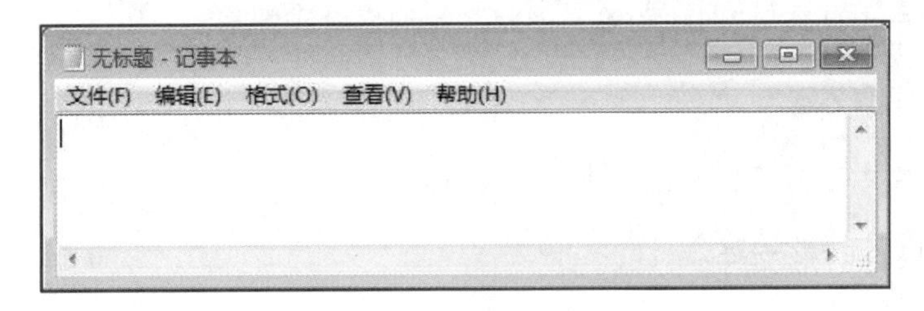

图 2-41 “记事本”窗口

2.6.2 画图

“画图”是 Windows 7 中的一项功能，可用于在空白绘图区域或在现有图片上创建绘图。利用“画图”或“画板”，用户可以创建商业图形、公司标志等；也可以使用 OLE（对象链接和嵌入）技术把画板中的图形添加到其他应用程序中。

1. 启动“图画”程序

单击“开始”按钮，在“开始”菜单中选择“所有程序”→“附件”→“画图”命令，打开“画图”窗口。也可以在资源管理器中，找到一个位图文件，双击打开该文件，如图 2-42 所示。

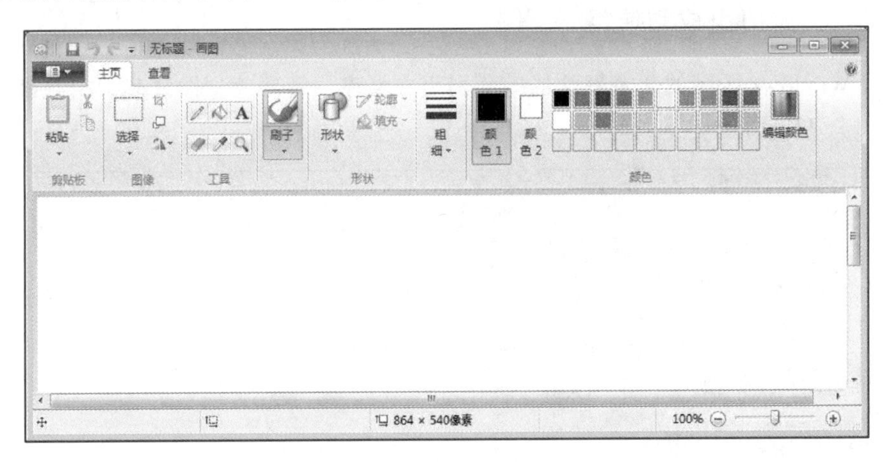

图 2-42 “画图”窗口

2. 处理颜色

以颜料盒中的“颜色 1”为前景色，“颜色 2”为背景色。工具功能区中使用“颜料选取工具”可以设置前景色及背景色。使用“用颜色填充”工具可以为整个图片或者封闭的图形填充颜色，使用颜色功能区中“编辑颜色”可以选取更多颜色。

3．绘制线条及其他形状

“画图”中使用的“铅笔”“刷子”工具可以绘制不同外观的直线或者曲线，也可以使用“直线”“曲线”等“形状”绘制出各种图形。

4．添加文本

使用文本工具可以在图片中输入文本。

5．保存图形文件

对绘制的图形，可通过选择“文件”→“保存”命令来保存。

Windows 7 的库

2.7　Windows 7 的库

2.7.1　库的基本概念

库是 Windows 7 新增功能，是一个集合，类似一个文件夹，用于管理文档、音乐和视频等其他文件。在以前版本的 Windows 中，管理文件意味着在不同的文件夹和子文件夹中组织这些文件。在 Windows 7 中，增加了使用库组织和访问文件，而不管其存储位置如何的这种方式。

库可以收集不同位置的文件，将其显示为一个集合，无须关心其存储位置。

2.7.2　库的组成和使用

Windows 所带的 4 个默认的库分别为文档库、音乐库、图片库和视频库，如图 2-43 所示。

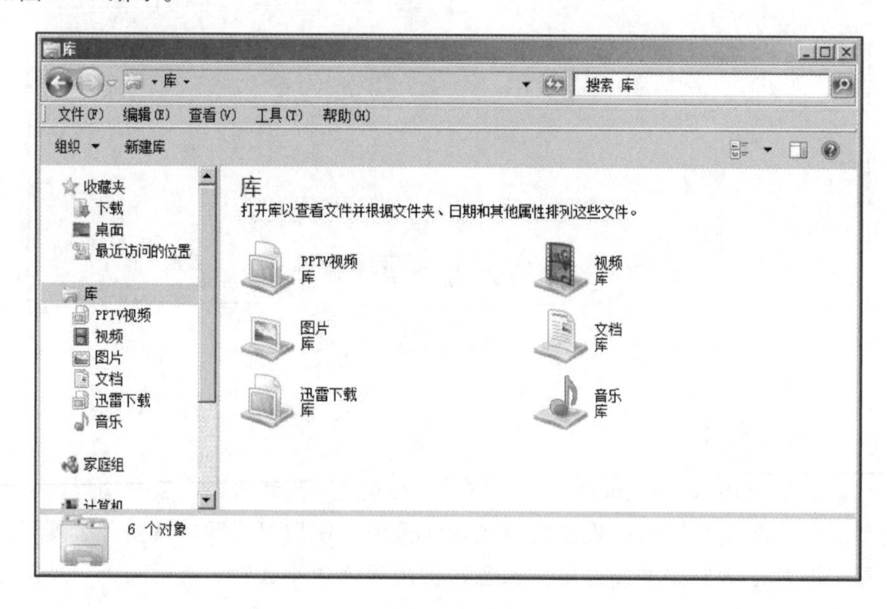

图 2-43　库

根据用户的需要可以新建库。单击“开始”按钮，单击用户名，然后选择窗格中的“库”。在“库”的工具栏上，单击“新建库”按钮，再对库的名称进行更改。

可根据文件夹、日期或其他属性排列这些文件。库来自很多不同位置的文件夹，其中包含本地硬盘、外部硬盘、USB 闪存驱动器，网络及家庭组其他计算机。

第3章　WPS 2019 文字

本章要点

- 文字录入。
- 插入图片和图表。
- 制作表格。
- 编辑排版。
- 页面设置。
- 打印文档。

WPS 2019 是金山公司推出的一款免费且功能强大的软件，使用其中的 WPS 文字模块可以轻松地输入和编排文档。

文字的录入、修改及保存

3.1 文字的录入、修改及保存

在完成 WPS 2019 的安装之后，可以通过以下几种方法启动 WPS 2019，利用其中的 WPS 文字模块开始文档的编辑。

方法 1：快捷方式启动。在安装时或者安装后手动设置了 WPS 2019 的快捷方式，可以在桌面或者设定的位置双击该快捷方式图标启动 WPS 2019。

方法 2：在程序菜单中启动。单击“开始”按钮，在“开始”菜单中选择“所有程序”→“WPS Office”→“WPS Office”命令。

方法 3：启动已保存的文档。双击已经保存的 WPS 文字文档，启动 WPS 文字，开始编辑操作，也可以继续创建新的文档。

方法 1 和方法 2 启动的是 WPS 2019 主界面，在该界面中单击左侧的“新建”按钮，在打开的窗口中切换到“W 文字”选项卡，单击其中的“新建空白文档”图标，打开 WPS 文字的编辑界面，如图 3-1 所示。

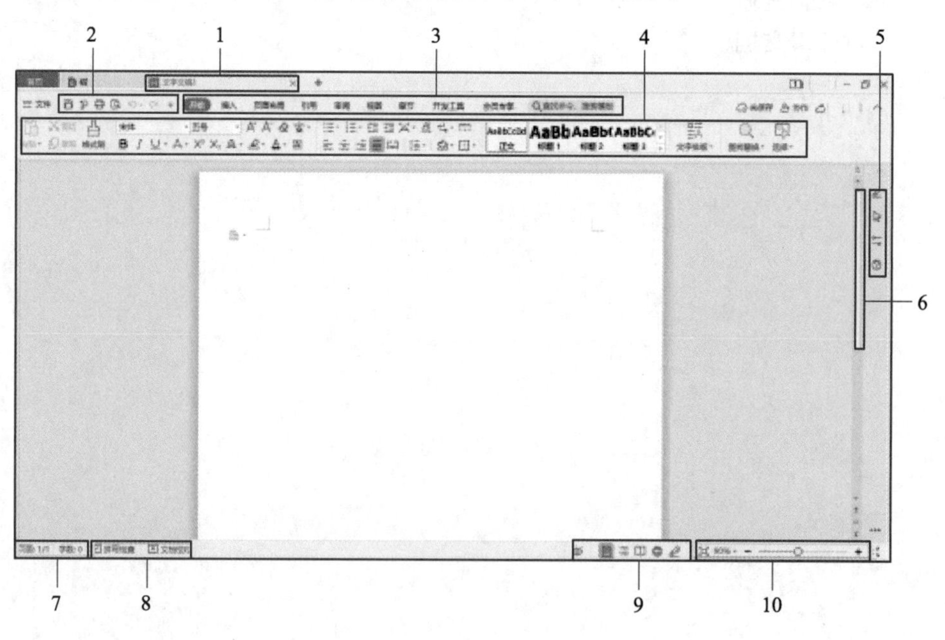

图 3-1 WPS 文字界面

图 3-1 中各序号说明如下：

① 文档标签：完整显示文档名称和扩展名。

② 快速访问工具栏：在其中直接单击可以快捷地使用相关命令，如“保存”“输出为 PDF”“打印”“打印预览”和“撤销”等命令。

③ 选项卡：将用于文档的各种操作，包括“开始”“插入”“页面布局”“引用”“审阅”“视图”“章节”“开发工具”“会员专享”，默认显示为 9 个选项卡。

④ 选项卡功能区：单击某选项卡名称，可以看到该选项卡的功能区，功能区分成各功能组，功能组是在选项卡大类下的功能分组。

⑤ 任务窗格：打开相应的任务窗口。

⑥ 滚动条：可用于更改正在编辑的文档的显示位置。

⑦ 定位快捷按钮：打开“定位”“数字统计”等对话框。

⑧ 审阅快捷按钮：用于“拼写检查”“文档校对”设置。

⑨ 视图快捷按钮：可用于更改正在编辑的文档的显示模式。

⑩ 显示比例按钮：可用于更改正在编辑的文档的显示比例设置。

3.1.1 在 WPS 文字中创建、打开文档

WPS 文字在启动时会自动创建一个新文档，并暂时命名为“文字文稿 1”。如果用户需要在 WPS 文字已启动的情况下创建一个新文档，可单击“文件”按钮，在下拉菜单中选择“新建”命令，在打开窗口中切换到“W 文字”选项卡，单击其中的“新建空白文档”等类型的文档图标。在新建文档时，系统按顺序自动为文档命名，用户可以在保存文件时根据需要更改文档名称。

提示

文档的名称要好记且贴近文档内容，以方便查找文件。

如果需要打开已有文档，则单击“文件”按钮后，在下拉菜单选择“打开”命令，在打开的“打开文件”对话框中双击要打开的文档名即可。

提示

打开已有文档首先要知道文档名及所在驱动器及文件夹的位置。

3.1.2 文字的录入及修改

在文档中录入文字时，需先确定文字的插入点，使用鼠标可以将光标定位在要插入文字的位置，然后输入内容。录入的文字包括字母、汉字、数字和符号等。

1. 录入字母、汉字

在英文输入法状态下，可以通过键盘直接录入英文字母。如果需要录入汉字，则需要将输入法切换为中文输入法，当前常用的汉字输入法有五笔输入法、拼音输入法和区位输入法等，用户可以根据自己的喜好或习惯进行选择。

录入文字到一行的结尾时，系统会自将光标换行定位到下一行的行首，如果在录入文字的过程中按下 Shift+Enter 键，也会使光标换行到下一行的行首。而按 Enter 键，则使光标换到下一段落的开头。

如果录入的文字有错误需要修改或删除，则将光标定位到要修改的文字

处，然后按 Backspace 键可以删除光标前的一个文字，使用 Del 键可以删除光标后的一个文字。

如果需要插入文字，则将光标定位到插入文字处，直接插入文字即可。

2. 录入数字

当输入普通的 1、2、3…数字时，只需按键盘上的数字键，直接输入即可。但如果需要录入其他格式的数字，则需要在“插入”功能区中单击“编号”按钮，打开如图 3-2 所示的“插入编号”对话框，在“数字”文本框中输入数字，在“数字类型”列表框中选择一种数字格式，单击“确定”按钮后即可将该格式的数字录入到文档的光标处。

3. 录入符号

普通符号如引号、逗号、句号及分号等可以直接通过键盘录入，只是在中文输入法下录入符号的时候，要区分全角状态和半角状态。有时候在编辑文档时需要录入一些特殊的符号，这时可以通过如下方法实现：

（1）使用“符号”对话框

将光标定位于要插入特殊符号的位置，在“插入”功能区的“符号”分组中单击“符号”按钮，在下拉菜单中选择“其他符号”命令，打开如图 3-3 所示的“符号”对话框，从中选择要插入的符号后单击“插入”按钮即可。

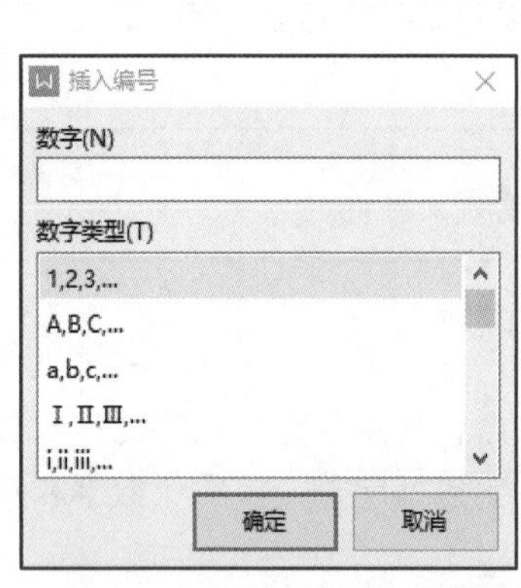

图 3-2　“插入编号”对话框

图 3-3　“符号”对话框

（2）使用软键盘

一些常用的特殊符号在中文输入法提供的软键盘中也有收录，方便使用，方法是：鼠标右击输入法状态栏中的按钮可以打开如图 3-4 所示的软键盘菜单，从中选择一种软键盘类型后，即可在打开的软键盘上选出所需的特殊符号，如图 3-5 所示。

图 3-4 软键盘菜单

图 3-5 “单位符号”软键盘

提示

不同的输入法提供的软键盘类型会有不同，但操作方法都大同小异。单击输入法状态栏中标准的按钮可以打开或关闭软键盘。

3.1.3 文档的保存

文档编辑完毕后，单击“文件”按钮，在下拉菜单中选择“保存”命令即可保存文档，或直接单击“快速访问工具栏”中的“保存”按钮保存，WPS文档的默认扩展名是 wps。

提示

如果是初次新建一个文档并在完成后进行保存操作，系统会弹出如图 3-6 所示的“另存文件”对话框，在“位置”选项中选择要保存的位置，在“文件名”文本框中输入文件名后单击“保存”按钮即可，这里应注意“保存”命令与“另存为”命令的区别。

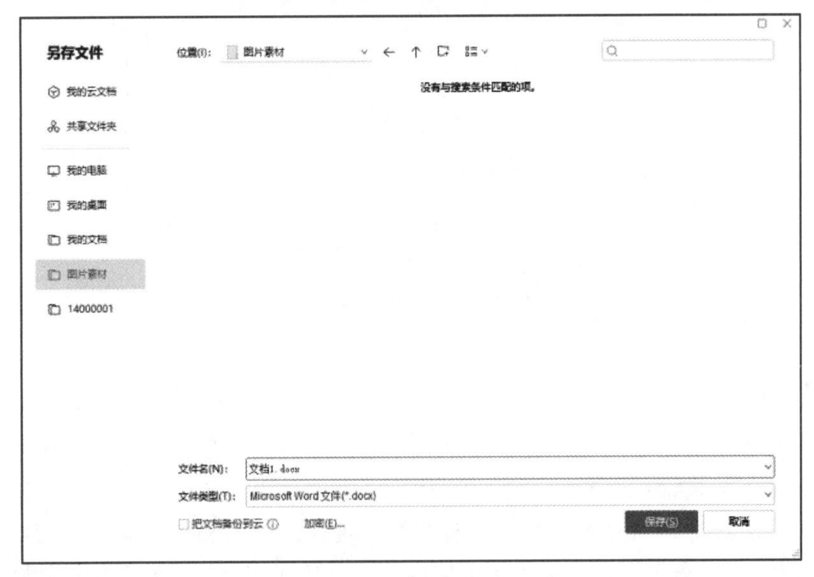

图 3-6 “另存文件”对话框

编辑排版

3.2　编辑排版

优秀的文档不仅要内容全面、条理清晰、文笔流畅，同时也要美观大方、层次分明，所以，文档制作后期的修饰排版是必经的一道程序。在这里需要对文档中的文字、段落和页面等进行格式设置，以使制作出来的文档更专业。

3.2.1　文字的格式化

对输入文档的文字，需要进行字体、字形、字号、效果和颜色等方面的设置和修饰。选中需要设置格式的文字，在“开始”功能区的“字体”分组中，单击“对话框启动器”按钮，可打开如图 3-7 所示的“字体”对话框，在其中即可进行文字格式的各项设置。

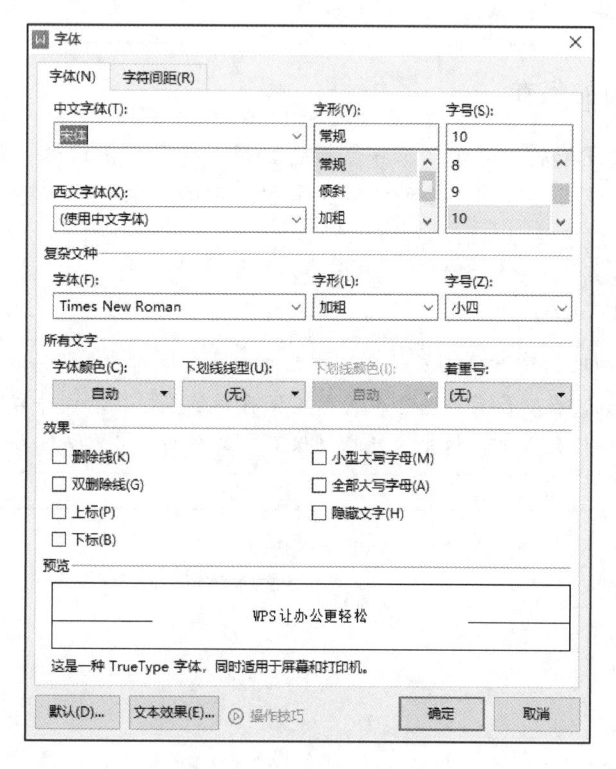

图 3-7　“字体”对话框

1. 设置字体

字体设置选项中包括字体、字形、字号、颜色、下划线和效果等格式设置项。字体主要包括中文字体及西文字体，分别在“中文字体”列表和“西文字体”列表中选择，常见的中文字体有宋体、楷体、黑体和隶书等，默认中文字体为宋体；“字号”列表定义的是文字的大小，默认是五号，可根据需要放大或缩小。在“字形”列表中可以选择常规、倾斜和加粗中的一种字形，设定文字的排列形状。“下划线线型”列表中可以选择给文字加下划线的类型。“字体颜色”列表可为文字设置颜色。

字体设置时可以参照“预览”窗口显示出的效果图，调整完毕后单击“确定”按钮，即可完成文字字体的设置。

2. 设置字符间距

有时由于编辑的需要，要在一行内增加字符数或减少字符数，就需要对字符间距进行调整，其方法是：选定要调整的文字，打开“字体”对话框，选择“字符间距”选项卡，如图 3-8 所示。

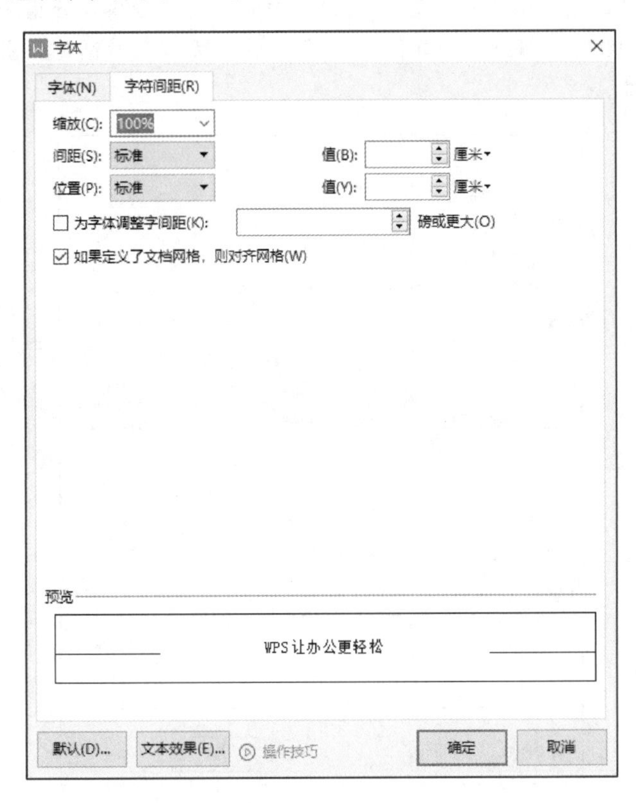

图 3-8 WPS 文字“字符间距”选项卡

在“字符间距”选项卡中可根据需要选择缩放字符的比例、加宽或紧缩字符间距，上升或下降字符在一行中相对于水平线的位置等，设置的效果在“预览”窗口显示，调整完毕后单击“确定”按钮即可。

※视频案例要求：

打开 Word3.2-1.docx 文件完成以下操作要求：

1. 将标题段文字“2010 南非世界杯”设置为楷体、四号、倾斜加粗。

2. 将正文文字“第十九届世界杯足球赛……以外围赛争取参加决赛周的席位。”中文设置为楷体、五号，西文设置为 Times New Roman、五号。

微课
WPS 文字 3.2-1

微课
WPS 文字 3.2-2

※视频案例要求：

打开 Word3.2-2.docx 文件完成以下操作要求：

1. 将第 1 段文字“买不起房子的白领”设置为字符间距加宽 3 磅。

2. 将第 2 段文字加黄色文字底纹。

3. 将第 3 段文字“项目名称”加“圆点型”着重号，“平均价格（元/m^2）”中的“2”设置为上标。

3.2.2　段落格式化

选定要设置格式的段落，在“开始”功能区的“段落”分组中单击“对话框启动器”按钮，即可打开如图 3-9 所示的“段落”对话框，进行段落格式化的有关设置。

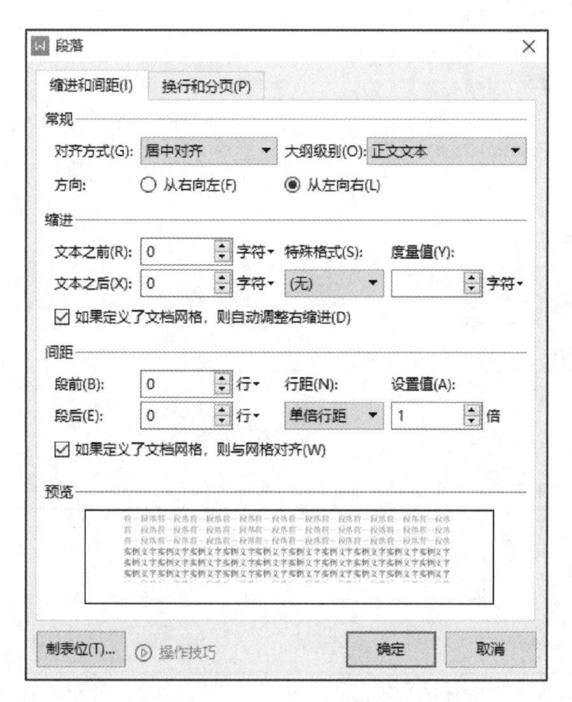

图 3-9　WPS 文字“段落”对话框

1. 缩进

使用“缩进”项可以对选定段落中的文字设置缩进值。

- “文本之前”“文本之后”选项：调整段落文字与页面左右边界之间的距离。
- “特殊格式”选项：设置段落中第 1 行文字的缩进位置，“无”表示应用默认值；“首行缩进”表示第 1 行的起始位置要向右缩进，缩进的度量值默认为 2 个字符，可以根据需要进行修改；“悬挂缩进”表示除第 1 行外的所有行均向右缩进，度量值默认 2 个字符，可以修改。

2. 间距

使用“间距”项可以调整段落与段落之间及段落中行与行之间的距离。

- “段前”“段后”选项：设置选定段落的第 1 行之上、最后一行之下应留出的距离。
- “行距”选项：设置选定段落中行与行之间的距离。

3. 对齐方式

设置段落中文本的水平对齐方式，包括左对齐、居中对齐、右对齐、两端对齐和分散对齐 5 种方式。设置段落格式的过程中，可以通过“预览”窗口观察设置结果，随时进行调整，设置完毕后单击“确定”按钮即可生效。

格式设置除了打开相应的对话框之外，WPS 文字“开始”功能区也提供了常用格式选项，如字体、字号、字形、颜色和对齐方式等，如图 3-10 所示，使用起来也很方便。

图 3-10 “开始”功能区

※视频案例要求：

打开 Word3.2-3.docx 文件完成以下操作要求：

1. 将第一段“最低生活保障标准再次调高”居中，添加 1.5 磅蓝色（标准色）方框，并应用于“文字”。
2. 将第 2 段首行缩进 2 字符、段前间距 0.5 行，1.4 倍行距。
3. 将第 3 段文本之前和文本之后各缩进 2 个字符，行距为 15 磅。

微课
WPS 文字 3.2-3

3.2.3 边框和底纹

有时为了修饰编排，需要对文档中的某些文字、某个段落或某页加上边框或底纹，以使文档更加醒目、美观。

1. 设置文字和段落边框

选定需要设置边框的文字或段落，在“页面布局”功能区单击“页面边框”按钮，打开如图 3-11 所示对话框，在“边框”选项卡中进行设置。

- 边框类型：WPS 文字提供的边框类型有无边框、方框、全部、网络及自定义 5 种。
- 边框线型：WPS 文字提供了实线、虚线、单线、双线、直线和曲线等 20 余种线型。

- 边框颜色：设置边框线条的颜色。
- 边框宽度：设置边框的宽度，从 0.25 磅到 6 磅。

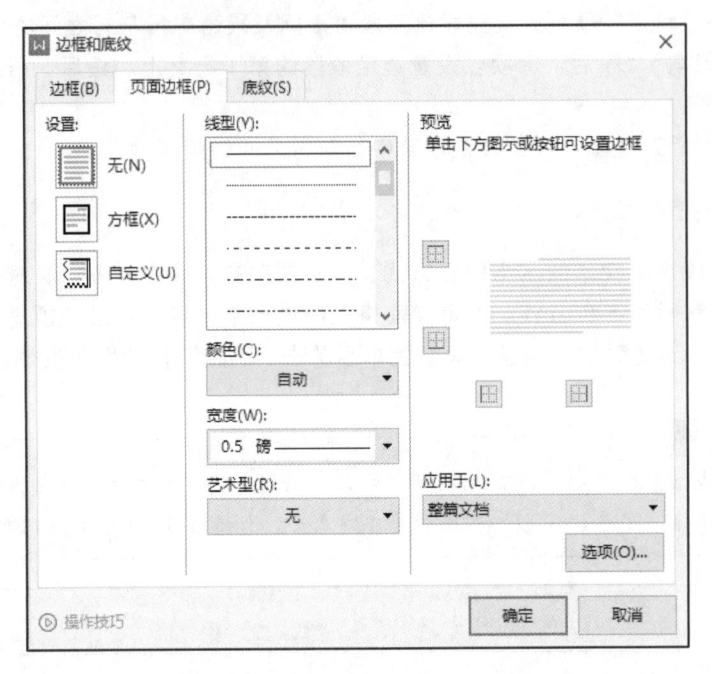

图 3-11　WPS 文字“边框和底纹”对话框

- 应用范围：如果是为文字设置边框，则“应用于”选择“文字”；如果是为段落设置边框，则“应用于”选择“段落”。
- 自定义边框：如果是需要在某些边加边框，可以在“设置”栏中选择“自定义”边框类型，然后单击“预览”窗口周围的、等按钮来设置或取消某一边的边框。

2. 设置页面边框

在“页面布局”功能区单击“页面边框”按钮，打开如图 3-11 所示对话框，在“页面边框”选项卡中进行设置。其中的各项设置与“边框”选项卡相同，只是增加一项“艺术型”选项，其中提供了一些装饰性的花边图案，可以起到美化页面的作用。

3. 设置底纹

在“边框和底纹”对话框中选择“底纹”选项卡，可以为选定的文本或段落设置底纹填充图案、填充颜色等，底纹效果如下。

底纹效果 1　　底纹效果 2　　底纹效果 3　　底纹效果4

此外，通过单击“页面布局”功能区的“背景”按钮，还可以设置页面颜色和水印。

※视频案例要求：

打开 Word3.2-4.docx 文件完成如下要求：

1. 将标题段“画鸟的猎人”文字设置为“阴影”—“内部”—“内部左上角”。

2. 将文中第 1 段设置为“黄色”（标准色）的底纹。

3. 为文中最后一段设置添加 1 磅紫色（标准色）方框，“浅绿，着色 6，浅色 40%”的底纹，方框和底纹均应用于“文字”。

微课
WPS 文字 3.2-4

3.2.4 项目符号与编号

在编辑文档的过程中，有时需要将所阐述的问题借助于 1、2、3 等编号进行分类，或者借助于一些○、★、■等特殊符号来进行标注，在 WPS 文字中可以使用项目符号和编号功能来实现这一设置。

1. 插入项目符号

选中需要添加项目符号的段落，在“开始”功能区的“段落”分组中单击“插入项目符号”下拉按钮，在弹出的如图 3-12 所示的“项目符号库”列表中选中合适的项目符号即可。如果列出来的项目符号都不适合，可以选择“自定义项目符号”命令，从打开的“项目符号和编号”对话框中选择“项目符号”选项卡，选择一种符号插入或单击“自定义”按钮，在打开的对话框中选择一种合适的字符作为项目符号。

2. 插入自动编号

选中需要添加项目符号的段落，在“开始”功能区的“段落”分组中单击“编号”下拉按钮，在如图 3-13 所示的“编号库”列表中选择一种编号类型插入即可。如果列出来的编号类型都不适合，可以选择“自定义编号”命令，从打开的“项目符号和编号”对话框中选择“编号”选项卡，选择一种编号插入或单击“自定义”按钮，在打开的对话框中选择一种合适的编号样式。

※视频案例要求：

打开 Word3.2-5.docx 文件完成以下操作要求：

1. 将文中“从表达方式区分”段，设置编号样式为“一、二……”。

2. 将文中“作为联想，其表达方式主要有：”和“作为想象，其表达方式主要有：”段，设置编号样式为“（一）、（二）、（三）……”。

3. 将文中“作为联想，其表达方式主要有：”下面 3 段文字设置编号样式为“1. 2. 3. ……”。

4. 将文中“作为想象，其表达方式主要有：”下面 3 段文字设置项目符号样式为“•”。

微课
WPS 文字 3.2-5

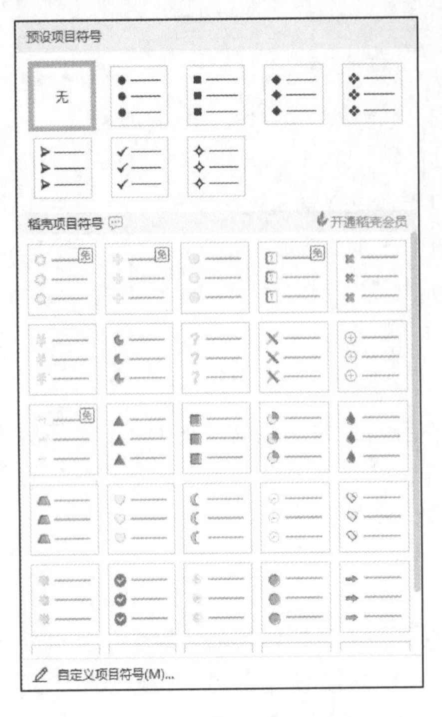

图 3-12 “项目符号库”列表

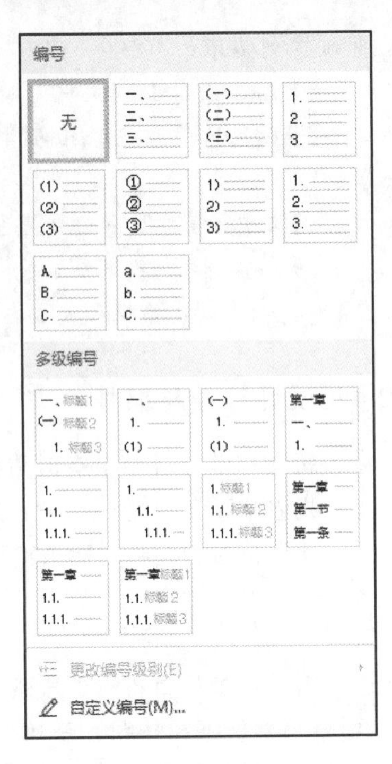

图 3-13 “编号库”列表

3.2.5 分栏

在报纸、杂志等类型文档的编辑中，经常要对文档进行分栏排版。用 WPS 文字中的“分栏”功能可以很方便地将文档分成两栏或多栏，方法如下：

将光标定位于要分栏的页面内或选定要分栏的文本，在“页面布局”功能区，单击“分栏”下拉按钮，在下拉菜单栏中选择“更多分栏”命令，打开如图 3-14 所示的“分栏”对话框，在其中对栏数、宽度和间距、分隔线、应用范围等进行设置，在“预览”框中可以看到分栏的效果，设置完毕后单击“确定”按钮，即可实现分栏。

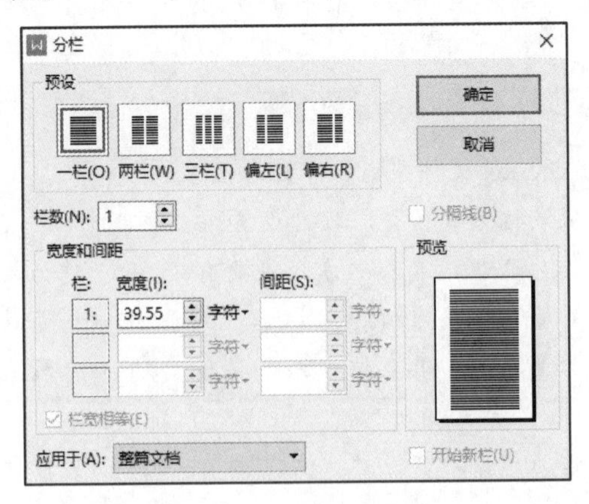

图 3-14 “分栏”对话框

3.2.6 使用样式编排文档

样式常用在文档重复使用的固定格式中。例如写一本书，共有 10 章内容，分别由 5 个人完成，通常是先制定出统一的样式，然后大家都按照此格式来编写，以达到全书具有统一的格式的目的。

下面以方框内的文章为例说明样式的使用，要求在以下文档中设置下列的文档样式，并在文档中应用该样式。样式名分别为“一级标题”“二级标题”“三级标题”“正文”。其中，“一级标题”格式为仿宋体、小二、单倍行距、段前 9 磅；“二级标题”格式为黑体、四号、单倍行距、段前 6 磅；“三级标题”格式为黑体、小四、单倍行距；“正文”格式为宋体、五号、单倍行距、段前段后间距均为 0.5 行。

> 第 3 章 WPS 文字
>
> 3.1 WPS 文字介绍
>
> 3.1.1 认识 WPS 文字
>
> 人们在日常生活、学习、工作中经常要处理各种类型的文档、表格、数据等，而随着计算机应用的推广，越来越多的人选择使用办公软件来帮助自己处理文档，而 WPS 文字办公套件是目前应用比较广泛的一类软件，其中包括文档处理、表格处理、幻灯片等实用工具软件，可以满足人们实现办公自动化所需的几乎所有功能，本章主要介绍此套件中的文字处理软件 WPS 文字的使用方法，使用它帮助人们进行文档的编辑处理。

其操作步骤如下：在“开始”功能区的“样式”分组中，单击“样式列表框”右侧的按钮，弹出如图 3-15 所示的“样式”菜单，在“样式”菜单中选择“新建样式”命令，打开如图 3-16 所示的“新建样式”对话框。

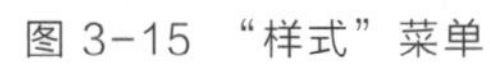
图 3-15 “样式”菜单

图 3-16 “新建样式”对话框

在“名称”文本框中输入样式名称“一级标题”，在“样式类型”中选择“段落”。单击“新建样式”对话框中的“格式”按钮，在下拉菜单中分别选择“字体”及“段落”命令在打开的对话框中进行相应设置，完成后单击“确定”

按钮，返回到“新建样式”对话框。

在“新建样式”对话框中按照上述方法分别设置“二级标题”“三级标题”“正文”。选取“第 3 章 WPS 文字”，在任务窗格中选取“一级标题”样式。选取“3.1 WPS 文字介绍”，在任务窗格中选取“二级标题”样式。选取“3.1.1 认识 WPS 文字”，在任务窗格中选取“三级标题”样式。选取正文，在任务窗格中选取“正文”样式。

其应用效果如图 3-17 所示。

第 3 章 WPS 文字

3.1 WPS 文字介绍

3.1.1 认识 WPS 文字

人们在日常生活、学习、工作中经常要处理各种类型的文档、表格、数据等，而随着计算机应用的推广，越来越多的人们选择使用办公软件来帮助自己处理文档，而 WPS 文字办公套件是目前应用比较广泛的一类软件，其中包括文档处理、表格处理、幻灯片等实用工具软件，可以满足人们实现办公自动化所需的几乎所有功能，本章主要介绍此套件中的文字处理软件 WPS 文字的使用方法，使用它帮助人们进行文档的编辑处理。

图 3-17　应用样式后的效果

微课
WPS 文字 3.2-6

※视频案例要求：

打开 Word3.2-6.docx 文件完成以下操作要求。

1. 新建样式为“校文标题”，其格式为黑体、一号、加粗、红色、居中、段后间距为 0.5 行，应用于标题文字“海南**职业技术学院”。

2. 新建样式为“校文标题 1”，其格式为黑体、二号、加粗、黑色、居中、段前间距为 0.5 行，应用于标题文字“关于全力确保学校正常复课的通知”。

3. 新建样式为“校文正文”，其格式为楷体、四号、加粗、黑色、首行缩进 2 个字符、段前段后间距均为 0.5 行、行距 23 磅，应用于所有的正文。

3.2.7　设置页眉与页脚

页眉和页脚是出现在每一页面顶端和底端的标注，可以填写一些备注信息，如文档的页码、章节的标题和日期等内容。插入页眉和页脚的方法如下：

确定要设置页眉页脚的页面，在“插入”功能区中单击“页眉页脚”按钮，则显示如图 3-18 所示的“页眉页脚”功能区，并在文档的顶端和底端分别出现页眉和页脚，呈编辑状态。

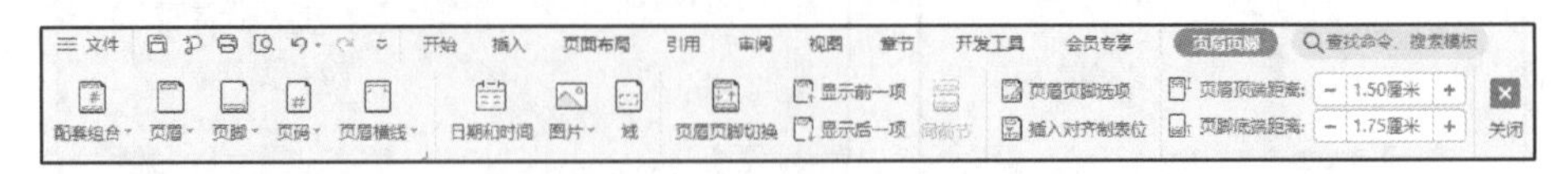

图 3-18　“页眉页脚”功能区

- 单击“页眉页脚”功能区中的“页眉页脚切换”按钮，可以方便地在页眉编辑状态和页脚编辑状态之间进行切换。
- 单击“页眉页脚”功能区中的“页码”和“日期和时间”等按钮，可以自动向页眉或页脚中插入当前页的页码、日期和时间等，而且可以设置相应格式。

● 设置完毕后，单击“页眉页脚”功能区中的“关闭”按钮，可返回到文档的编辑状态。

※视频案例要求：

打开“Word3.2-7.docx”文档，按照要求完成以下操作。

1. 将标题段“可怕的无声环境”设置为黑体、三号、红色、加粗、居中，字符间距加宽 8 磅，段后间距设置为 12 磅；并添加绿色（标准色）方框、橙色（标准色）底纹，方框和底纹均应用于“文字”。

2. 将正文“科学家曾做过一个实验……这样才有利于人体的身心健康。”设置为宋体、小四；各段落文本之前和文本之后都缩进 0.4 厘米，首行缩进 2 个字符。

3. 将第 1 段“科学家曾做过一个实验……逐渐走向死亡的陷阱。”分为等宽两栏，添加分隔线。

4. 为本文添加页眉文字“科普知识”。并在页脚中间插入页码。

微课
WPS 文字 3.2-7

※视频案例要求：

打开 Word3.2-8.docx 文档，完成操作后，以原文件名保存。

1. 标题文字“天籁之音天堂之舞”设置为楷体、三号、橙色、字符间距加宽 1 磅，标题居中。

2. 除标题文字外，正文各段文字的中文设置为宋体、小四，英文设置为 Arial 字体、小四。

3. 设置正文第 4 行～第 7 行“是原始部落的生命图腾……是生命情感的自由宣泄;”添加项目符号“◆”。

4. 设置正文各段落段落格式为：文本之前缩进 0.6 厘米，首行缩进两个字符，段前段后间距均为 0.5 行，行间距为 22 磅。

5. 将倒数第 4 段“舞蹈的种类繁多……是世界民族民间舞蹈的瑰宝。”添加“红色”（标准色）、1 磅方框，“黄色”（标准色）底纹，方框和底纹均应用于“段落”;

6. 将倒数第 3 段“有关草裙舞还有一个美丽的传说……纳撒尼尔·爱默森把草裙舞称为‘打开心灵之门’。”分成等宽两栏，栏间距为 3 字符。

7. 为整个页面添加蓝色、1 磅方框。

8. 插入“舞蹈”两字作为页眉，在页脚右侧插入页码，并设置起始页码为“Ⅲ”。

微课
WPS 文字 3.2-8

※视频案例要求：

打开 Word3.2-9.docx 文件完成以下操作要求。

1. 将标题段文字（“第 31 届奥运会在里约闭幕”）设置为楷体、二号、加粗、居中，文本效果设置为阴影“外部”—“向右偏移”，文字间距加宽 2 磅。

2. 将正文各段文字（“本报……奥运会纪录。”）设置为宋体、小四，段落格式设置为 1.25 倍行距、段前间距为 0.5 行；设置正文第 1 段（“本报……下一站东京。”）为首字下沉 2 行、距正文 0.2 厘米，正文其余段落（“本届奥运会……奥运会纪录。”）为首行缩进 2 字符；将正文第 3 段（“‘女排精神’……游泳收获 1 金。”）分为等宽两栏、栏间添加分隔线。

微课
WPS 文字 3.2-9

3. 自定义纸张大小为“21 厘米×29.1 厘米”、应用于“整篇文档”；在页脚中间插入页码，设置页码编号格式为“-1-、-2-、-3-……”、起始页码为“-3-”；在页面顶端插入页眉，页眉内容为文档标题；将页面背景的填充效果设置为“纹理/纸纹 2”。

3.3　图文混排

图文混排

在编辑文档的过程中，有时需要加入一些图片或艺术字，对文档起到修饰及补充文字的作用，使所编辑的文档更加美观、系统、详尽，使用 WPS 文字所提供的图片、艺术字的处理功能，可以帮助人们方便、快捷地在文档中插入、编辑各类图片及艺术字。

3.3.1　插入图片及设置

1. 插入图片

（1）插入图标

WPS 文字为用户提供了丰富的图标，包括精选、商业、形状、节日和免费等多种不同类型的图标。

在“插入”功能区单击“图标”下拉按钮，弹出如图 3-19 所示的“图标”下拉菜单，在其中单击相应的图标即可插入图标。

如果想精确地插入相应的图标，通过搜索即可快速找到符合条件的图标，单击“搜索您想使用的图标”处，在搜索栏内输入相应的关键字即可快速找到相应的图标。例如，输入“向右箭头”，即可搜索出所有“向右箭头”的图标，单击其中任意一个即可插入相应的“向右箭头”的图标，如图 3-20 所示。

图 3-19　“图标”下拉菜单

图 3-20　插入图标

（2）插入图片文件

在“插入”功能区单击“图片”下拉按钮，弹出如图 3-21 所示的“插入图片”列表。如要插入“本地图片”，单击“本地图片”按钮，在打开的“插入图片”对话框中指定要插入图片的位置和文件名，然后单击“打开”按钮，即可将图片插入到文档中；如插入列表框中的其他图片，直接单击即可插入。

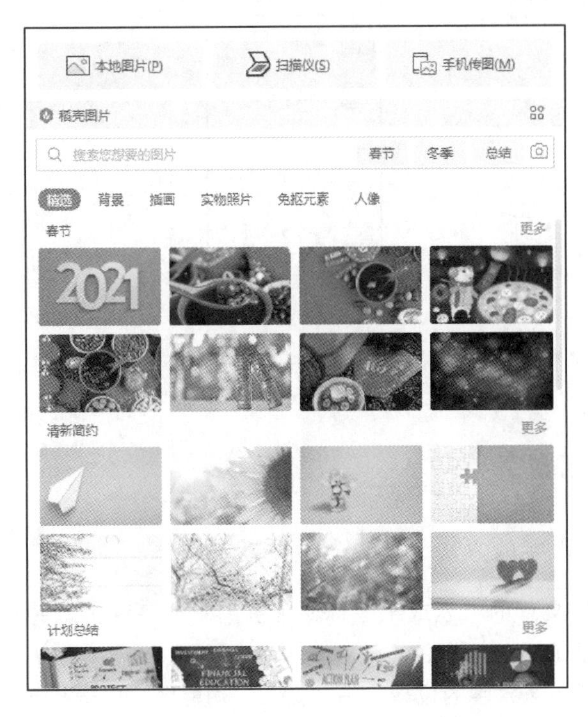

图 3-21 “插入图片”列表框

2. 调整图片大小及位置

有时需要对插入到文档中的图片的摆放位置或大小尺寸进行调整，让图片能与文字排列有序。要调整图片时，先用鼠标左键单击图片，使该图片呈被选定状态，被选定的图片四周会出现一圈小方块，此时将鼠标移至任一小方块上，鼠标形状会变为双向箭头型，这时按下鼠标左键可以沿箭头方向调整图片的大小；将鼠标移入被选图片区域内，按住左键移动鼠标即可拖动图片改变位置。调整完毕后，在图片区域之外任一处单击一下鼠标左键，则可取消对图片的选取。

3. 设置图片格式

单击选定相应的图片，在“图片工具”功能区中即可对图片进行相应的设置，如图 3-22 所示。利用“剪裁”按钮可以剪裁图片的大小；在“高度”和“宽度”框中可以更改图片的大小；利用“色彩”按钮可以更改图片的色彩效果；利用“旋转”按钮可以更改图片的旋转角度等。

图 3-22　“图片工具”功能区

单击“环绕”按钮，弹出如图 3-23 所示的“环绕”下拉菜单，选择相应命令可进行文字环绕设置。

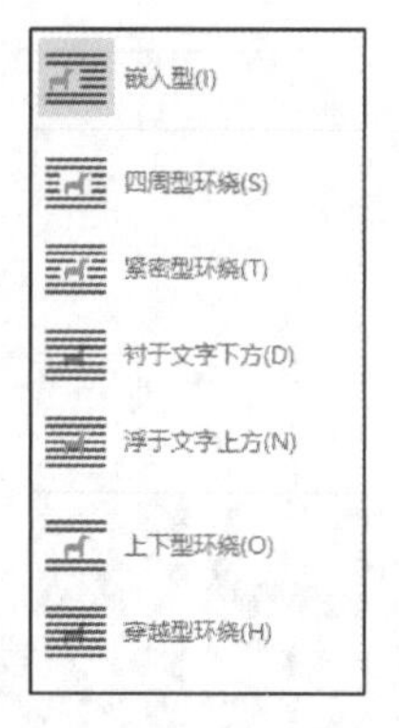

图 3-23　“环绕”下拉菜单

3.3.2　插入艺术字

1. 插入艺术字的方法

一些文档中文章的标题或某些标语常被编辑成各种类型的艺术字，既美观又醒目，以下是编辑艺术字的方法：

定位于要插入艺术字的位置。在“插入”功能区，单击“艺术字”按钮，弹出如图 3-24 所示的“艺术字”列表框。在列表中选择一种填充格式后，在文档编辑区将出现如图 3-25 所示的文字框，在其中输入要设置成艺术字的文字即可。

图 3-24　“艺术字”列表框

请在此放置您的文字

图 3-25　艺术字的文字框

2．调整艺术字

选中生成的艺术字后，系统会自动显示如图 3-26 所示的“文本工具”功能区。在功能区中可以进行艺术字进行形状样式、艺术字样式、文本、排列和大小等设置。单击“艺术字样式”分组的“对话框启动器”按钮，弹出如图 3-27 所示设置文本效果格式的“属性”任务窗格，在其中可进行相关设置。

图 3-26 “文本工具”功能区

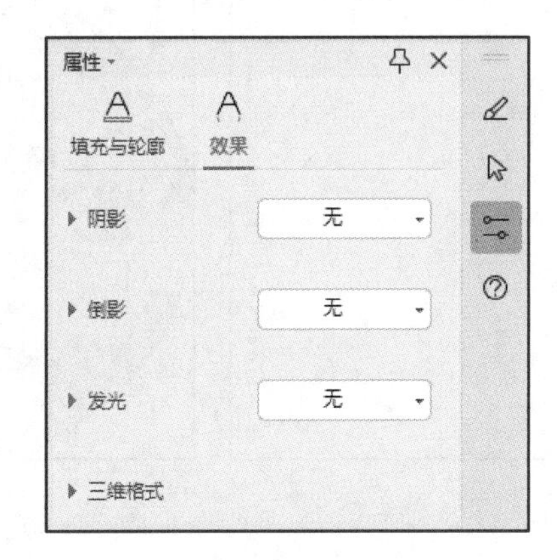

图 3-27 设置文本效果格式“属性”任务窗格

提示

图片及艺术字的格式设置内容涉及较多，需通过大量的实践并结合文档编辑实际需要来掌握，注意经验积累。

3.3.3 自选图形

1．绘制自选图形

定位于要插入自选图形的位置，在“插入”功能区单击“形状”下拉按钮，弹出如图 3-28 所示的“形状”下拉列表框。单击列表框中的图形，在文档中拖动鼠标即可画出所要的图形。如图 3-29 所示为“笑脸”自选图形。

2．设置自选图形

（1）图形大小

选取图形，图形周围会出现一些尺寸控点，把鼠标放到控点上面，鼠标就变成了双箭头的形状，按下鼠标左键拖动，就可以改变图形的大小。

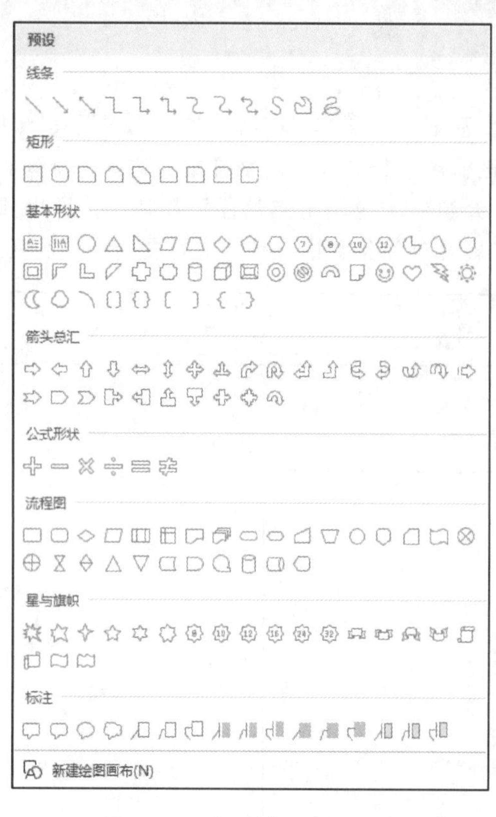

图 3-28 “形状”下拉列表框

图 3-29 “笑脸”自选图形

（2）图形旋转

选取图形，图形的上方会出现一个旋转◎图标，这就是旋转控点，把鼠标放到控点上面，按下鼠标左键拖动，就可以以图形的中央为中心旋转。

（3）设置自选图形格式

鼠标单击选定图形，显示如图 3-30 所示的“绘图工具”功能区，在其中可进行颜色和线条等设置。

图 3-30 “绘图工具”功能区

（4）绘图画布

在如图 3-28 所示的“形状”下拉列表框中选择“新建绘图画布”命令，可在文档的编辑区建立绘图画布。绘图画布是一个区域，可在该区域上绘制多个形状，这些形状可作为一个单元移动和调整大小。

（5）文字环绕

设置画布和自选图形的文字环绕与设置图片的操作类似，可参看图片部分相应的内容。

※视频案例要求：

打开 Word3.3-1.docx 文件完成以下操作要求。

1. 将标题“海南 20 年发展史”以“填充-白色，轮廓-着色 1”格式插入艺术字，并设置为紧密型环绕方式。

2. 正文部分字体设置为仿宋、小四。每段首行缩进 2 字符、行间距为 18 磅、段前段后间距各 0.5 行。

3. 在第 1 段末尾插入图片（海南风光.jpg），四周型环绕。

4. 在页面左下角添加一个“笑脸”的基本形状，形状填充为橙色。

微课
WPS 文字 3.3-1

3.3.4 插入流程图图形

流程图图形工具是制作流程图和组织结构图的最好工具之一。

定位光标至图形的插入点，在“插入”功能区单击“流程图”按钮，在弹出的下拉菜单中选择“插入已有流程图”命令，打开如图 3-31 所示的“流程图”对话框。选择好图形，然后单击“使用该模板”按钮，即可生成新的流程图设置文件，如图 3-32 所示插入“放射状流程图”，设置完流程图后，保存为相应的图片文件，完成后就可以把设置完成的流程图图片文件插入到文档的相应位置。

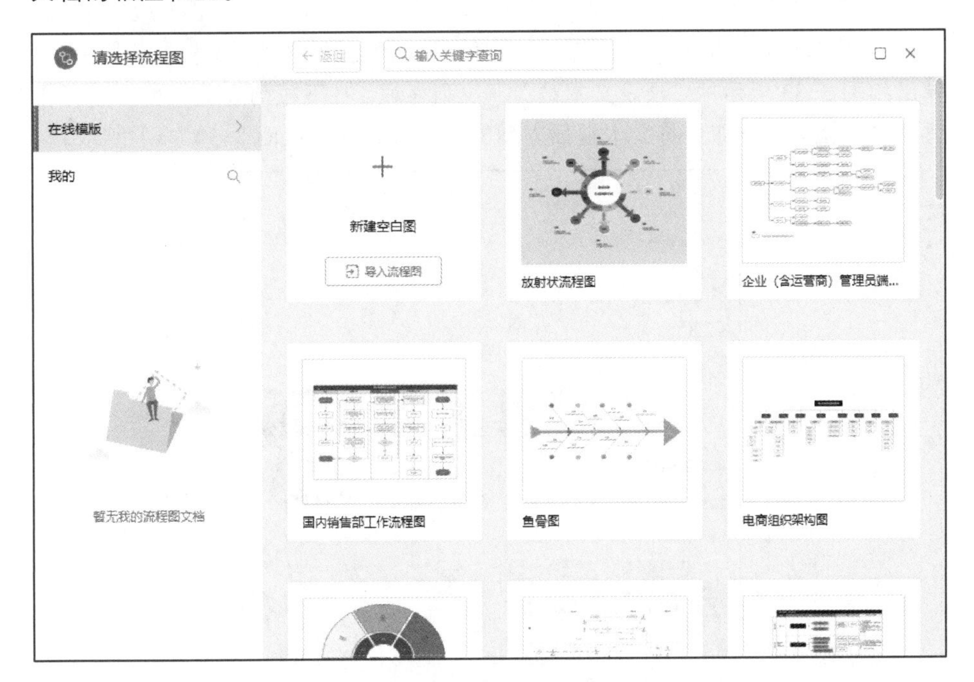

图 3-31 “流程图”对话框

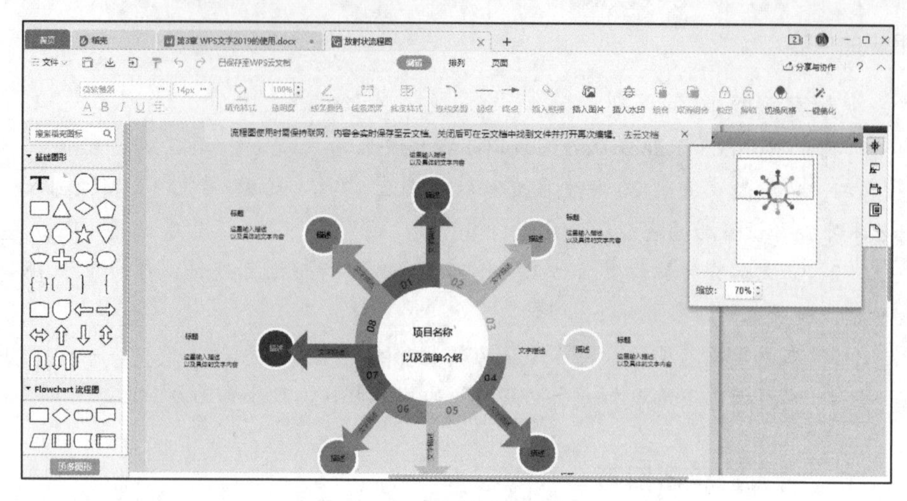

图 3-32 “放射状流程图”

3.3.5 文本框

在 WPS 文字中，录入的文字、图片或表格等通常是按先后顺序显示在页面上的，有时为了某种效果，例如将表格或图片或某些文本放在版面的中央，其他正文文本从旁边绕过，这时就需要使用文本框。

1. 插入文本框

定位光标至文本框的插入点，在“插入”功能区单击“文本框”下拉按钮，弹出如图 3-33 所示的“预设文本框”下拉列表框。在下拉列表框中单击选择合适的文本框类型，即可将文本框插入到文档编辑区中，如图 3-34（a）所示。

图 3-33 “预设文本框”下拉列表框

也可以在“预设文本框”下拉列表框中选择“横向”“竖向”或“多行文字”命令，接着在文档编辑区中拖动鼠标，即可插入“横向”“竖向”或“多行文字”的空白文本框，如图 3-34（b）所示插入“横向”文本框。

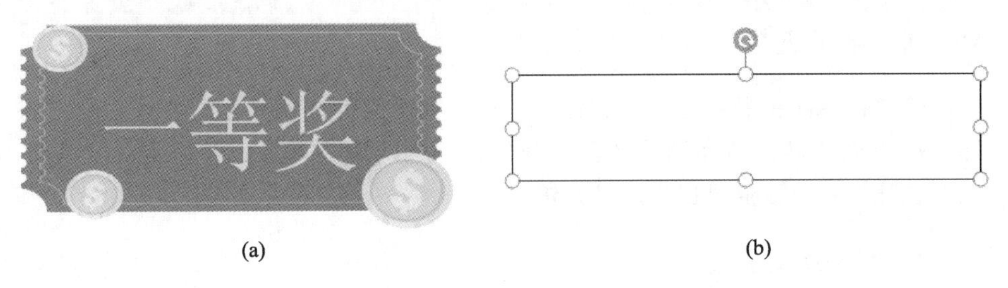

(a)　　(b)

图 3-34　插入的文本框

2．编辑文本框

活动文本框内有一个光标，可以在其中输入文字。在文本框的周围有一些小圆圈，这些是尺寸控点，通过用鼠标拖动尺寸控点，可以改变文本框的大小。

文本框同样也可进行选取、移动和复制等操作，而且还可设置文本框的文字环绕、填充颜色、边框颜色、文字颜色和边框线型等，具体的操作方法与图形中的操作类似，可参看图形部分相应的内容。

提示

当文本的内容超过文本框的范围时，若文本框有链接，则超出的内容会转移到下一个文本框中；否则超出的文本将被隐藏。

※视频案例要求：

打开 Word3.3-2.docx 文件，按如下要求完成并进行保存。

1. 录入标题文字“新科公司人力资源结构图”。

2. 插入样式为“人力资源部组织结构图”的流程图，并按以下的组织结构进行修改，制作完后将其以 JPG 图片格式导出存放在“作业”文件夹中，最后将该图片插入到 Word3.3-2.docx 文件中的标题下方。

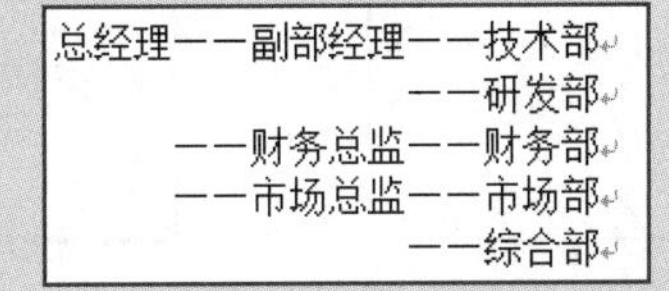
总经理——副部经理——技术部
——研发部
——财务总监——财务部
——市场总监——市场部
——综合部

3. 在图片下方插入“横向”文本框，打开“部门职能.TXT”文件，复制所有文字内容到文本框中。

微课

WPS 文字 3.3-2

3.4 表格制作

编辑文档时，有时需要将所描述的信息以表格的形式简明扼要地表现出

来。它以行和列的形式组织信息，结构严谨，效果直观。WPS文字提供了强大快捷的表格制作、编辑功能，可以帮助人们轻松地制作出满足需要的各种表格样式。

3.4.1　创建表格

表格由水平的行和垂直的列组成，行与列交叉形成的方框称为单元格，创建表格时先要确定行和列的数量，画出表格的轮廓后再进行不规则样式的修改。创建表格可以通过以下几种方法。

1. 手动绘制表格

在“插入”功能区的“表格”分组中单击“表格”下拉按钮，弹出如图3-35所示的“插入表格”下拉列表。在列表中选择“绘制表格”命令，接着在文档编辑区中拖动鼠标，即可绘制表格。选择橡皮擦等工具可以对所绘制的表格进行修改及修饰。

提示

手动绘制表格最好先用鼠标拖出一个方框，然后再在里边添加横线或竖线等。

2. 自动生成表格

定位光标至表格的插入点，在“插入”功能区的“表格”分组中单击“表格”下拉按钮，弹出如图3-35所示的“插入表格”下拉列表。在下拉列表中选择“插入表格”命令，打开如图3-36所示的“插入表格” 对话框。

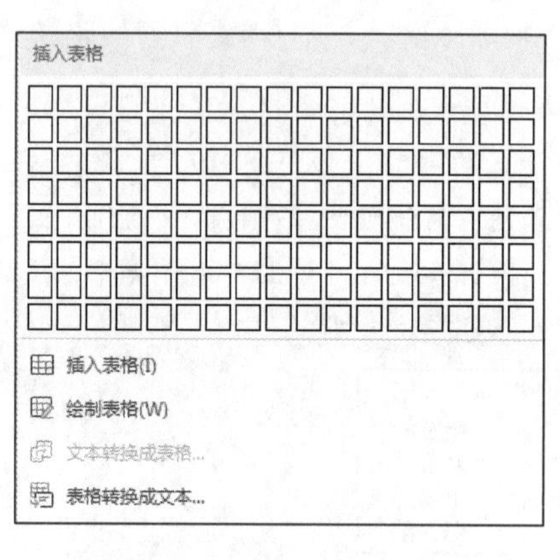

图3-35　“插入表格”下拉列表

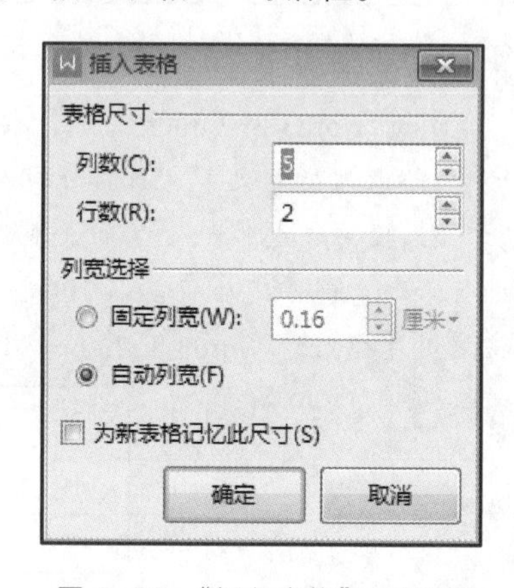

图3-36　“插入表格” 对话框

将此对话框中的各项设置完成后，单击“确定”按钮可得如图3-37所示的2行5列表格。

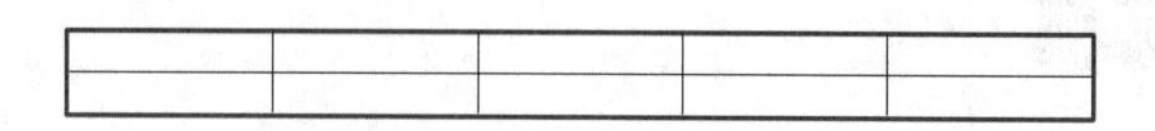

图3-37　自动生成的表格

3.4.2 调整表格

1. 调整行高与列宽

(1)使用鼠标调整

移动鼠标到要调整高度的行线上或要调整宽度的列线上，可以看到鼠标的形状变成双向箭头标志，此时按住鼠标左键上下或左右移动，即可拖动行线或列线相应移动，达到调整行高或列宽的目的。

(2)使用“表格属性”对话框调整

先选中要调整的行、列或单元格，然后右击，在快捷菜单中选择“表格属性”命令，打开如图 3-38 所示的“表格属性”对话框，在其中可输入精确的数值来调整行高与列宽。

2. 合并与拆分单元格

根据绘制表格的需要，可以将一个单元格拆分成多个单元格，或将多个单元格合并成一个大的单元格，方法如下：

(1)拆分单元格

选中要拆分的单元格，右击，在快捷菜单中选择“拆分单元格”命令，打开如图 3-39 所示对话框，设置列数和行数后，单击“确定”按钮。拆分结果如图 3-40 所示。

图 3-38 “表格属性”对话框

图 3-39“拆分单元格”对话框

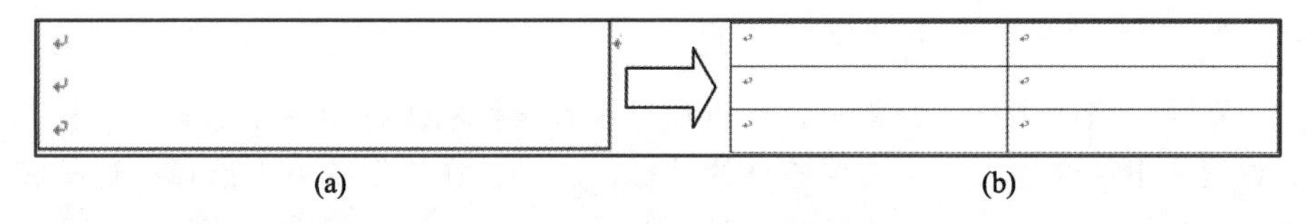

图 3-40 拆分单元格效果

（2）合并单元格

合并单元格是指将矩形区域的多个单元格合并成一个较大的单元格。选中需要合并的多个单元格，右击，在快捷菜单中选择“合并单元格”命令即可。合并结果如图 3-41 所示。

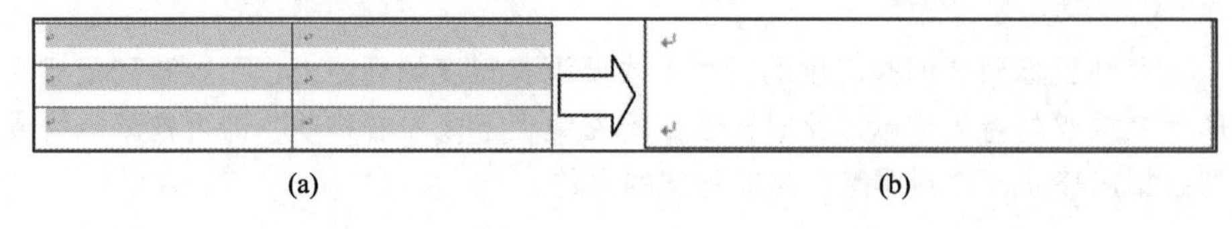

(a) (b)

图 3-41 合并单元格效果

3. 插入或删除行、列

（1）插入

将光标定位于要插入行或列的位置，右击，在快捷菜单中选择“插入”命令，弹出如图 3-42 所示的菜单，从中选择一项即可。

（2）删除

选定要删除的行或列，单击“表格工具”功能区的“删除”下拉按钮，在弹出的下拉菜单中选择“行”或“列”命令即可。

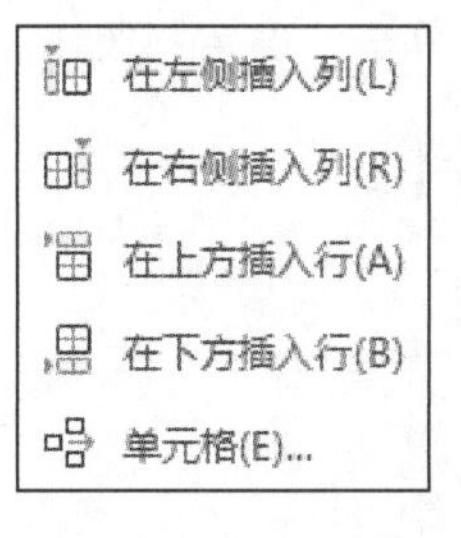

图 3-42 “插入行或列”菜单

图 3-43 “单元格对齐方式”列表

4. 表格中文字对齐方式

单元格中文字的对齐方式默认为左上对齐，如果需要改变对齐方式，可以通过如下方法：选中需要设置文字对齐方式的一个或多个单元格，右击，在快捷菜单中选择“单元格对齐方式”命令，弹出如图 3-43 所示的“单元格对齐方式”列表，从中选择一种对齐方式即可。

5. 表格的边框和底纹

默认表格的边框比较单一，可以通过设置表格的边框和底纹来美化表格。其过程如下：选择表格中需要修饰的区域，右击，在快捷菜单中选择“边框和底纹”命令，打开如图 3-44 所示的对话框，在“设置”选项区域中选择“方框”，并在“线型”列表框中选择一种线型，在“颜色”和“宽度”中选择需要的样式，接着进行设置即可。

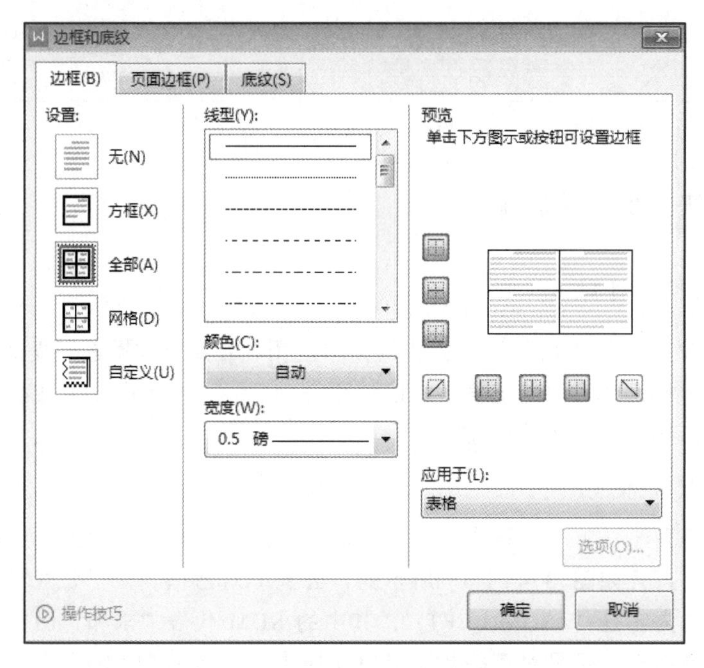

图 3-44 “边框和底纹”对话框

※视频案例要求：

新建一个文档 Word3.4-1.docx，按照下列要求完成并保存。

1. 插入一个 5 行 6 列表格，设置列宽为 2.5 厘米，行高保持默认，表格居中；设置外框线为绿色 1.5 磅单实线，内框线为绿色 0.75 磅单实线。

2. 再对表格进行如下修改：在第 1 行第 1 列单元格中添加绿色 1.5 磅左上右下单实线对角线，第 1 行与第 2 行之间的表内框线修改为绿色 0.75 磅双窄线；将第 1 列的第 3 行～第 5 行单元格合并；删除第 5 列；将第 4 列的第 3 行～第 5 行单元格拆分为 2 列 3 行，完成后保存。修改后的表格样式如下：

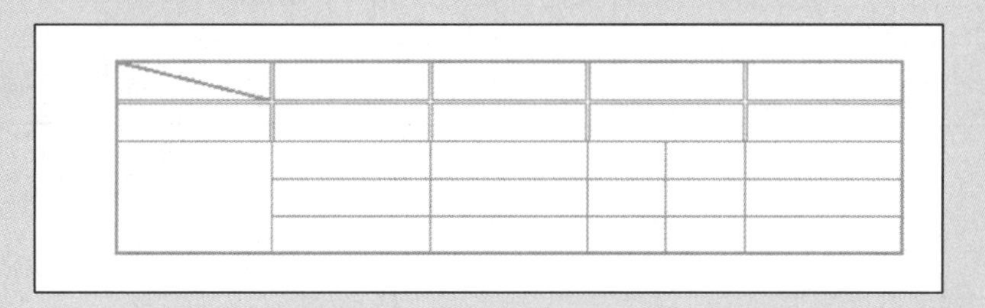

微课

WPS 文字 3.4-1

3.4.3 表格的自动套用格式

WPS 文字提供了一些现成格式的表格模板，可以套用这些模板自动设置表格格式。使用表格自动套用格式的过程：先单击表格中的任意一个单元格，然后在如图 3-45 所示的“表格样式”功能区的“表格样式”分组中选择一种表格样式即可。

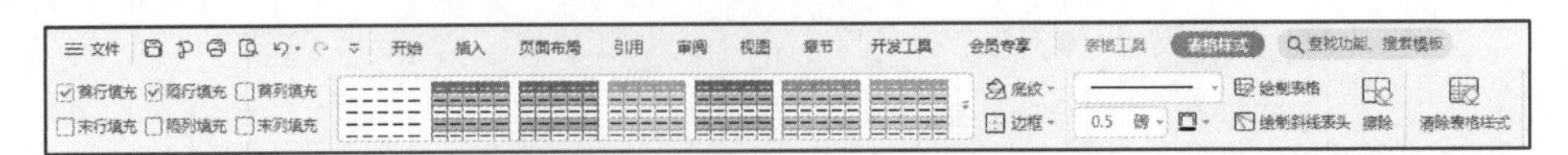

图 3-45　“表格样式”功能区

3.4.4　表格的计算和排序

1．表格的计算

WPS 文字表格中自带了对公式的简单应用，若要对数据进行复杂处理，需要使用后续单元介绍的电子表格。以如图 3-46（a）所示的学生成绩表为例介绍 WPS 文字中公式的使用方法。

（1）求和

将光标置于 E2 单元格中，然后单击“布局”功能区“数据”组中的“公式”按钮，打开如图 3-44（b）所示的“公式”对话框。在“公式”文本框中自动出现的内容是“=SUM(LEFT)”，其中的 SUM 代表“求和”函数，函数右边括号内的信息表示是对哪些数据或单元格求和，英文“LEFT”表示左边单元格。单击“确定”按钮，可看到单元格中出现正确的计算结果。将光标下移一个单元格，直接按 F4 键，即可重复进行=SUM(LEFT)的求和操作，也就是在光标所在的单元格重复求左边数据之和。以后每移动光标到下面的单元格后都按一次 F4 键，即可快速计算出每个人的总分。

	A	B	C	D	E
1	姓名	高等数学	英语	普通物理	总分
2	李响	87	84	89	
3	高立光	62	76	80	
4	王晓明	80	89	82	
5	张卫东	57	73	62	
6	平均成绩				

(a) 学生成绩表

(b)“公式”对话框

图 3-46　利用公式计算成绩

（2）求平均值

将光标置于单元格 B6 中，然后打开“公式”对话框。将“公式”文本框中除“=”以外的所有字符删除，并将光标置于“=”后，接着在“粘贴函数”下拉列表框选择“AVERAGE”函数（其中的“AVERAGE”代表“求平均值”），在光标处输入“ABOVE”，最后单击“确定”按钮，计算出高等数学的平均分。

将光标下移一个单元格，直接按 F4 键，即可重复做= AVERAGE (ABOVE)的求和操作，也就是在光标所在的单元格重复求上边数据的平均值。以后每移动光标到下面的单元格后都按一次 F4 键，即可快速计算出每个科目的平均分。

提 示

在图 3-46（a）图中加粗的字符只是用来说明表格的样式，并不出现在表格中。其中 A、B 等英文字母表示表格的列标，最左侧的 1、2 等数字表示表格的行号，例如在“公式”对话框中，“公式”文本框中也可以输入公式，如表中第 2 行的“总分”可输入“=B2+C2+D2”。“数字格式”栏可选择数据格式，“粘贴函数”栏可选择函数。

2. 表格的排序

为了在学生成绩表中按照总分从大到小排序，选中表中除最后一行外的全部单元格，单击“表格工具”功能区的“排序”按钮，弹出如图 3-47 所示的“排序”对话框。在“主要关键字”栏选择“总分”，在其右侧“类型”列表框中选择“数字”，选中“降序”单选按钮，在“列表”栏中选中“有标题行”单选按钮，可以防止对表格中的标题进行排序，最后单击“确定”按钮，即可看到表格按照总分从大到小重新排列，如图 3-48 所示。

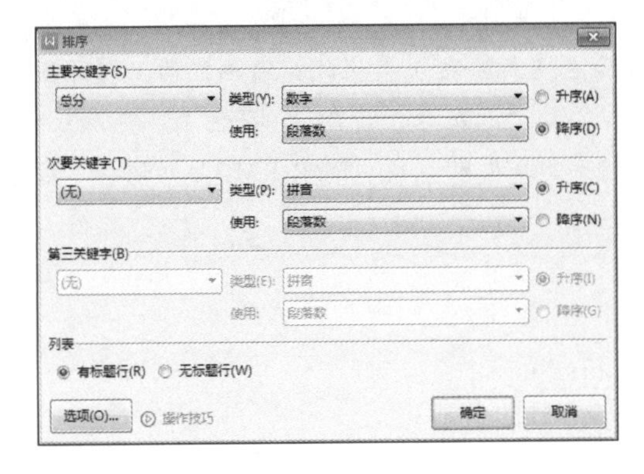

图 3-47　“排序”对话框

姓名	高等数学	英语	普通物理	总分
李响	87	84	89	260
王晓明	80	89	82	251
高立光	62	76	80	218
张卫东	57	73	62	192
平均成绩	71.5	80.5	78.25	230.25

图 3-48　计算、排序后的学生成绩表

※视频案例要求：

打开 Word3.4-2.docx 文件完成以下操作要求。

1. 将文中 6 行文字转换成一个 6 行 4 列的表格，并在最后再插入一行，分别为“合计”及利用表格公式计算各列的第 2 行～第 6 行之和，设置表格居中、表格第 1 列列宽为 2 厘米，其余各列列宽为 2.5 厘米、各行行高为 0.7 厘米；设置表格中第 1 行和第 1 列文字水平居中，其余表格文字中部右对齐。

2. 按“英语”列（依据“数字”类型）降序排列表格前 6 行内容；设置表格外框线和第 1 行与第 2 行间的内框线为 3 磅绿色（标准色）单实线，其余内框线为 1 磅绿色（标准色）单实线。

微课
WPS 文字 3.4-2

微课
WPS 文字 3.4-3

※视频案例要求：

打开 Word3.4-3.docx 文件完成以下操作要求。

1. 将文中后 6 行文字转换成一个 6 行 5 列的表格；在表格右侧添加 1 列，并在列标题单元格中输入“奖牌”，在该列其余单元格中利用公式分别计算对应的奖牌数量（金牌+银牌+铜牌）；设置表格居中、表格中所有内容水平居中；设置表格列宽为 2.2 厘米、行高为 0.7 厘米、表格中所有单元格的左右边距均为 0.15 厘米；按“奖牌”列依据“数字”类型降序排列表格内容。

2. 设置表格外框线和第 1 行～第 2 行间的内框线为 0.75 磅红色（标准色）双窄线、其余内框线为 0.5 磅红色（标准色）单实线；设置表格底纹颜色为主题颜色“白色，背景 1，深色 25%”。

微课
WPS 文字 3.4-4

※视频案例要求：

打开 Word3.4-4.docx 文件完成以下操作要求。

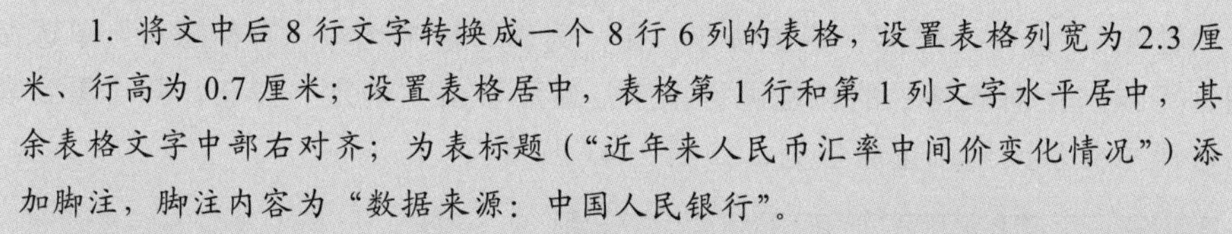

1. 将文中后 8 行文字转换成一个 8 行 6 列的表格，设置表格列宽为 2.3 厘米、行高为 0.7 厘米；设置表格居中，表格第 1 行和第 1 列文字水平居中，其余表格文字中部右对齐；为表标题（“近年来人民币汇率中间价变化情况”）添加脚注，脚注内容为“数据来源：中国人民银行”。

2. 设置表格外框线为 1.5 磅深蓝色（标准色）单实线，内框线为 1 磅深蓝色（标准色）单实线；为表格第 1 行添加“深灰绿，着色 3，深色 25%”底纹；设置表格所有单元格的左、右边距均为 0.2 厘米；按“EUR/RMB”列依据“数字”类型降序排列表格内容。

3.4.5　文本与表格的转换

1. 文本转换成表格

选中要转换成表格的文本，在“插入”功能区中单击“转换成文本”按钮，在下拉菜单中选择“文本转换成表格”命令，打开如图 3-49 所示的“将文字转换成表格”对话框。在“文字分隔位置”栏选择对应的分隔符，如果不正确可以重新选择。完成设置后单击“确定”按钮即可。

2. 表格转换成文本

选中要转换成文本的表格，在“表格工具”功能区中单击“转换为文本”按钮，打开如图 3-50 所示的“表格转换成文本”对话框。在“文字分隔符”栏选择“段落标记”“制表符”“逗号”或“其他字符”选项之一。完成设置后单击“确定”按钮即可。

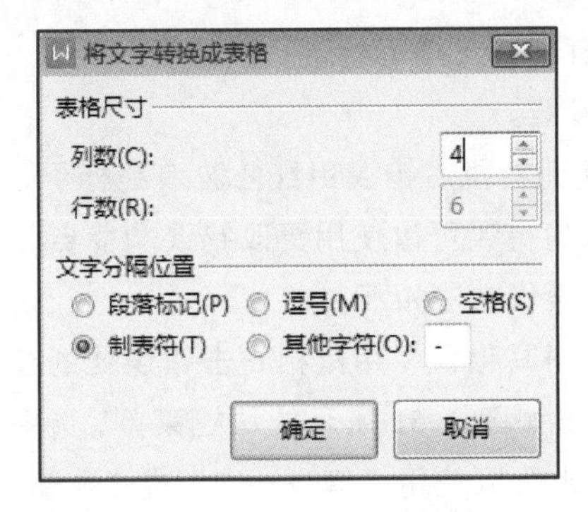

图 3-49 “将文字转换成表格”对话框

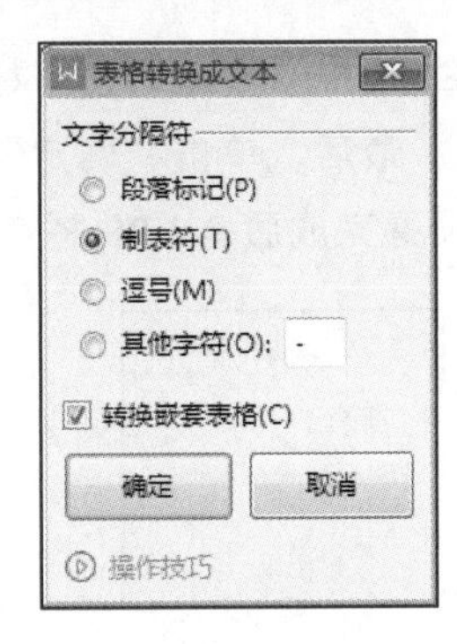

图 3-50 “表格转换成文本”对话框

3.5 拼写检查

在输入文档时，难免会出现拼写错误，校对长文档是很繁琐的操作。使用 WPS 文字提供的拼写检查工具可以大大提高对文档进行校对的效率。使用自动检查功能，WPS 文字会在输入文本时将拼写错误用红色的波浪线标示，这样就可以使用户可以很方便地修改输入中的错误。

3.5.1 自动拼写检查

设置自动拼写检查的操作方法如下：

① 单击“快速访问工具栏”左侧的“文件”按钮，在下拉菜单中选择“选项”命令，在打开的“选项”对话框中，选择“拼写检查”选项卡，如图 3-51 所示。

图 3-51 “拼写检查”选项卡

② 选中“输入时拼写检查”和“打开中文拼写检查”复选框。

③ 最后，单击“确定”按钮完成设置。

设置完成后，WPS 将在输入时自动地将拼写错误用红色波浪线标示，对于标示出来的错误可以使用更改错误功能自动进行更改，其操作方法如下：

floe
life
lode
loge
lose
忽略一次(O)
全部忽略(I)
添加到词典(A)

图 3-52 “拼写检查”快捷菜单

对于拼写错误，用鼠标右击错误处的红色波浪线。弹出如图 3-52 所示的快捷菜单，选中正确的选项；也可以使用“忽略一次”或“全部忽略”命令忽略拼写错误。如果选择“全部忽略”命令，对于所忽略的这个错误，以后在文档中再次出现这个错误，拼写检查也不会再将之标出。如果选择“添加到词典”命令，可将该单词添加到 WPS 内置的词典中。

3.5.2 自定义词典

用户通过使用自定义词典功能可以将经常用到但不在 WPS 词典中的单词添加到自己定义的词典中。例如，可以将用户自己的名字、公司的名字、常用的口头语等添加到词典中。

在“审阅”功能区中，单击“拼写检查”按钮，打开如图 3-53 所示“拼写检查”对话框，在“拼写检查”对话框中单击“自定义词典”按钮，打开如图 3-54 所示“自定义词典”对话框。

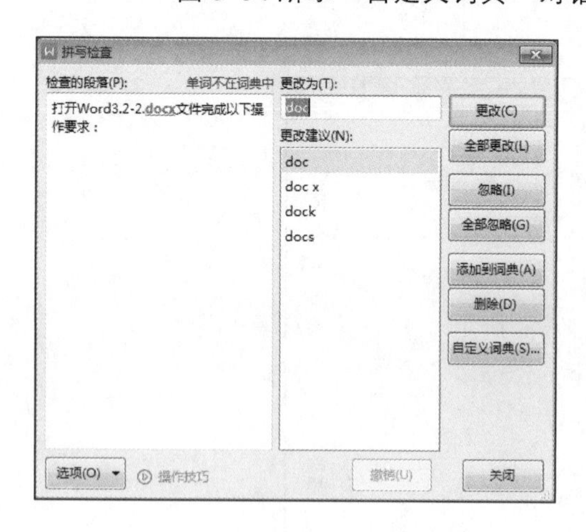

图 3-53 “拼写检查”对话框

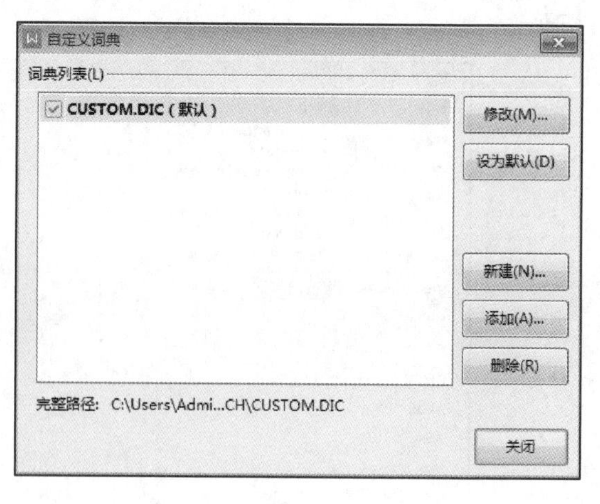

图 3-54 “自定义词典”对话框

在“自定义词典”对话框中可以新建、添加、删除或编辑自定义词典。

- 若要新建词典，单击“新建”按钮，在打开的对话框中输入自定义词典的文件名，保存后词典即显示在“词典列表”列表框中。
- 若要添加已有的自定义词典，单击“添加”按钮，在打开的对话框中选择已有词典的文件名，确定后已有词典即显示在“词典列表”列表框中。

● 若要删除词典列表中的自定义词典，只要选中该词典后单击“删除”按钮即可。这里的删除只是将其从列表中删除，实际的词典文件并没有删除，还可以通过添加操作再次将词典导入。

● 若要修改词典中的词条，选中该词典后单击“修改”按钮，打开以词典名命名的对话框，如图 3-55 所示。在其中的“词汇”文本框中输入要添加的词组并单击“添加”按钮，该词组就被添加到词典中。在“词典”列表框中列出了所有词组，选中某个词组后单击“删除”按钮，该词组即从词典中删除。

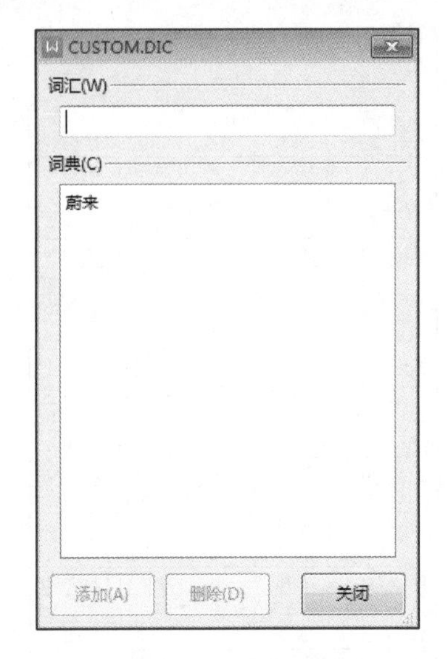

图 3-55 在自定义词典中修改词典对话框

3.6 邮件合并

邮件合并

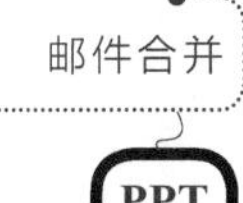

经常会遇到这样的操作，编辑多封邮件但只是收件人的信息有所不同，信件的内容完全相同，如果逐封编辑，显然费时费力。这时可以使用 WPS 文字的邮件合并功能，从数据源导入不同的数据记录到文档中，即可解决这个问题。

邮件合并功能用于创建用信函、邮件标签、信封、目录以及大宗电子邮件和传真分发。下面以制作某校录取通知书为例，说明具体操作步骤。

（1）数据源准备

邮件合并功能可以使用多种格式的数据源，在这里选择最常用的 Excel 文档作为数据源。

首先建立一个新的 Excel 文档，为了方便使用，将其更名为“数据源”，存放在相应的目录下。在“数据源”文档如选中工作标签 Sheet1，将其重命名为“录取通知书”工作表。在“数据源”工作左上角依次输入列标题“序号”“姓名”“性别”“班级”“证书编号”，然后在标题下方输入相应的数据，如图 3-56 所示，最后保存并退出 Excel。

（2）创建主 WPS 文字文档

打开 WPS 文字，新建一个 WPS 文字文档，在文档的相应位置，根据需要输入文档中无须变更的信函内容，如图 3-57 所示。

（3）显示“邮件合并”选项卡

在“引用”功能区中单击“邮件”按钮，显示如图 3-58 所示的“邮件合并”功能区。

序号	姓名	性别	班级	证书编号
1	蔡小辉	男	20网络1	20201001
2	陈炳文	男	20网络1	20201002
3	陈冠聪	男	20网络1	20201003
4	陈辉星	男	20网络1	20201004
5	冯应钦	男	20网络1	20201005
6	冯泽	男	20网络1	20201006
7	符师	男	20网络1	20201007
8	符永政	男	20网络1	20201008
9	韩界畴	男	20网络1	20201009
10	何沅和	男	20网络1	20201010
11	黄宏俊	男	20网络1	20201011
12	李春树	男	20网络1	20201012
13	林志成	男	20网络1	20201013
14	石晓林	男	20网络1	20201014
15	史方贯	男	20网络1	20201015
16	舒畅	男	20网络1	20201016
17	苏金争	男	20网络1	20201017
18	唐乐	男	20网络1	20201018
19	王开廉	男	20网络1	20201019
20	王涛	男	20网络1	20201020
21	吴川盛	男	20网络1	20201021
22	吴方祺	男	20网络1	20201022

图 3-56 “Excel”数据源

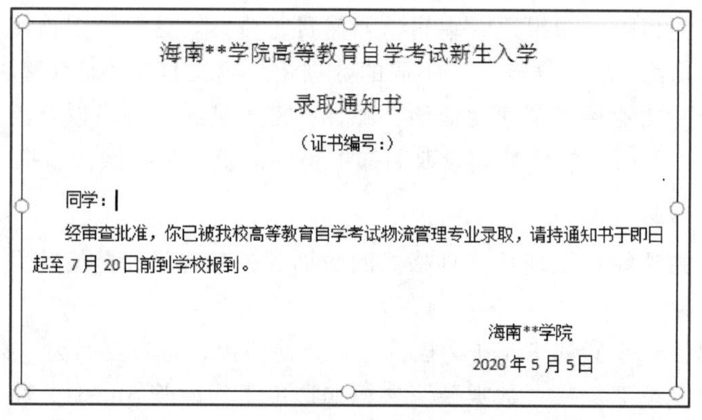

海南**学院高等教育自学考试新生入学

录取通知书

（证书编号:）

同学：

经审查批准，你已被我校高等教育自学考试物流管理专业录取，请持通知书于即日起至 7 月 20 日前到学校报到。

海南**学院

2020 年 5 月 5 日

图 3-57 主文档内容

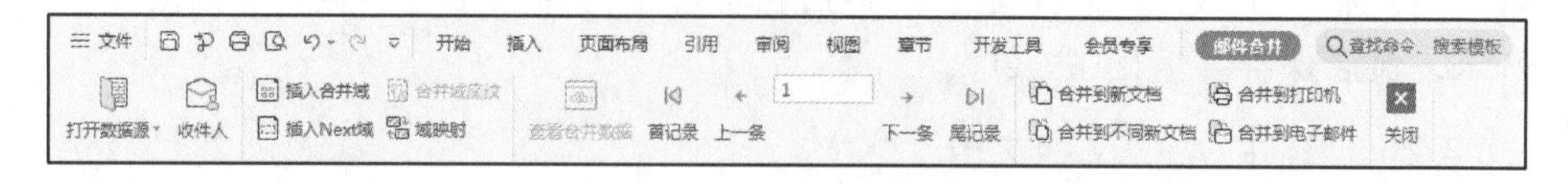

图 3-58 “邮件合并”功能区

（4）选择数据源

在“邮件合并”功能区中单击“打开数据源”按钮，打开“选取数据源”对话框，如图 3-59 所示，并在相应目录下选择“数据源”文件并打开。

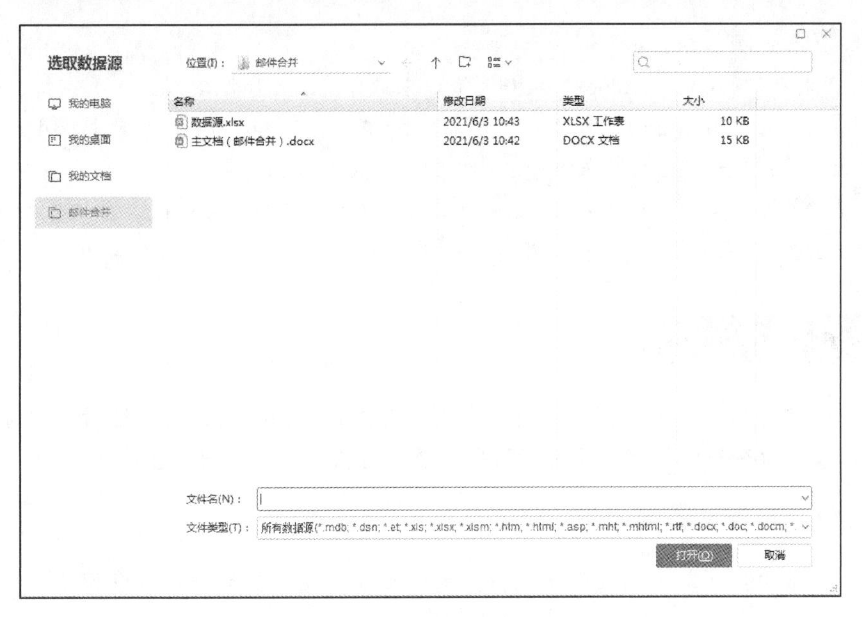

图 3-59 “选取数据源”对话框

（5）插入合并域

单击拟插入合并域的位置（“同学”）前面，如图 3-57 所示主文档内容，在“邮件合并”功能区中单击“插入合并域”按钮，打开“插入域”对话框，如图 3-60 所示，选择“姓名”选项，最后单击“插入”按钮即可插入“姓名”合并域，使用同样的方式插入“证书编号”合并域。

（6）合并邮件

单击“邮件合并”功能区中的“合并到新文档”按钮，打开如图 3-61 所示的“合并到新文档”对话框，选择好要合并的记录，单击“确定”按钮，将文档合并到新文档。

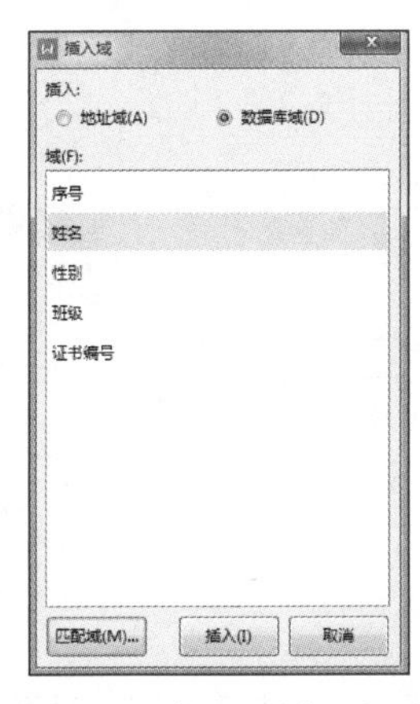

图 3-60 “插入域”对话框

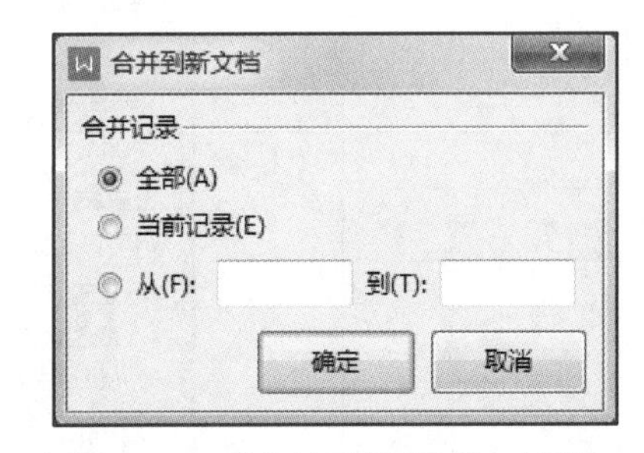

图 3-61 “合并到新文档”对话框

至此，完成了“录取通知书”的制作，如果 Excel 数据源有 3000 条记录，将一次性生成 3000 份录取通知书，大大减少了排版编辑的工作量。

微课
WPS 文字 3.8-1

※视频案例要求：

打开“word3.8-1.docx”文档完成以下操作要求（邮件合并）。

1. 在文档相应的位置插入“姓名”“比赛项目”和“名次”，其中“姓名”“比赛项目”和“名次”来源于文件夹下的“数据源.xls”。

2. 每页奖状中只能包含一名同学，所有的奖状页面请另外保存在一个名为“奖状合成.docx”的文档中，并将该文档保存在“word3.8-1”文件夹中。

3.7 目录生成

目录生成

PPT

所谓目录，就是文档中标题的列表，可以将其插入到指定的位置。通过目录可以了解在一篇文档中论述了哪些主题，并快速定位到某个主题。

3.7.1 创建文档目录

在 WPS 文字中编制目录的方法之一是对要显示在目录中的标题使用内置的标题样式，步骤如下。

① 先对要显示在目录中的标题设置不同的大纲级别。

进入“大纲”视图，在“大纲”功能区的“大纲工具”分组中，对文档中的大小标题分别设置不同的 1 级、2 级和 3 级等大纲级别。

② 进入“页面”视图，将光标定位到要建立目录的位置，目录一般位于文档的开始。

③ 在“引用”功能区的“目录”分组中单击“目录”下拉按钮，弹出如图 3-62 所示的目录“内置”下拉列表，在下拉列表中选择符合文档要求的一种目录，单击即可插入目录。

④ 自定义修改目录，在目录“内置”下拉列表中选择“自定义目录”命令，打开如图 3-63 所示的“目录”对话框，在这里可以对目录进行自定义设置。

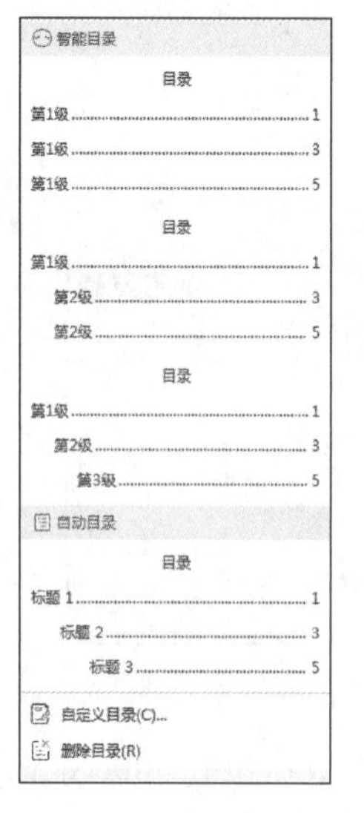

图 3-62　目录“内置”下拉列表

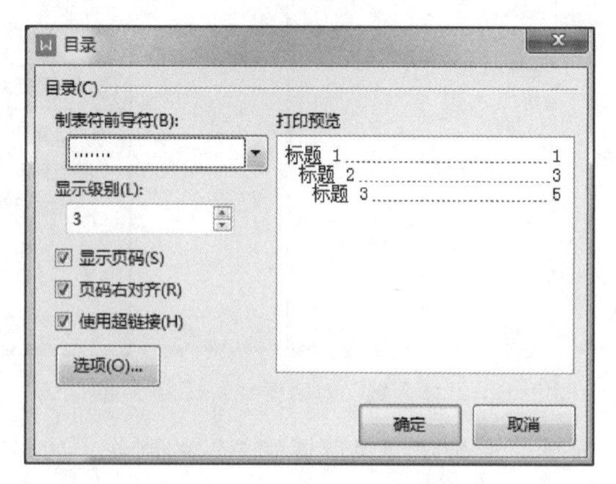

图 3-63　“目录”对话框

提示

单击目录条目或页码，可以直接跳转它所对应的标题。

3.7.2 更新目录

WPS 文字是以域的形式创建目录的，如果文档中的页码或者标题发生了变化，就需要更新目录，使它与文档的内容保持一致。在“引用”功能区单击“更新目录”按钮，在打开的对话框中，选中“只更新页码”或“更新整个目录”单选按钮，单击“确定”按钮，更新目录。

※视频案例要求：

打开 Word3.9-1.docx 文件完成以下操作要求：

1. 设置“1、引言 2、任务概述 3……”的目录级别为“1 级目录”。

2. 设置“1.1、1.2、2.1……”的目录级别为“2 级目录”。

3. 在文档前插入自动目录。

微课

WPS 文字 3.9-1

3.8 综合实训

微课

WPS 文字 3.10-1

【综合实训 3-1】

※视频案例要求：

打开 Word3.10-1.docx 文件完成以下操作要求。

1. 将标题段（“蝴蝶效应”）文字设置为黑体、三号、红色（标准色）、居中，并添加蓝色（RGB 颜色模式：红色 0、绿色 0、蓝色 255）双波浪下划线；

2. 将正文段落（“The Butterfly Effect 蝴蝶效应：20 世纪……一个国家来说是很重要的，就不能糊涂。”）的中文设置为仿宋、五号，英文设置为 Arial 字体、五号；各段落首行缩进 2 字符，段前间距为 0.5 行。

3. 在页面顶端居中位置插入内容为“什么是蝴蝶效应”的页眉，并将其设置为宋体、小五。

4. 将文中后 8 行文字转换为一个 8 行 5 列的表格；设置表格居中，表格第 2 列列宽为 6 厘米，其余列列宽为 2 厘米，各行行高为 0.6 厘米，表格中所有文字水平居中。

5. 设置表格所有框线为 1 磅红色（标准色）单实线；计算“合计”行“讲课”“上机”及“总学时”的合计值。

【综合实训 3-2】

微课
WPS 文字 3.10-2

※视频案例要求：

打开 Word3.10-2.docx 文件完成以下操作要求。

1. 将标题段文字（“碳纤维材料”）设置为黑体、红色（标准色）、小二、加波浪下划线、居中，并添加浅绿色（标准色）底纹。

2. 将正文第 3 段文字（“它是由片状石墨微晶……民用方面都是重要材料。”）移至第 2 段文字（“它不仅具有碳材料的固有……新一代增强纤维。”）之前，并将两段合并；正文各段文字（“你可知道……许多小孔。”）设置为宋体、小四；各段落文本之前和文本之后各缩进 1 字符、悬挂缩进 2 字符、段前间距 0.5 行，行距设置为 1.3 倍行距。

3. 将文档页面的纸张大小设置为“16 开（18.3 厘米 × 25.9 厘米）”、左右边距各为 3 厘米；为文档页面添加内容为“新型纤维材料”的文字水印。

4. 将文中后 5 行形成一个 5 行 6 列的表格。在表格最右边插入一列，输入列标题“实发工资”，并计算出各职工的实发工资（实发工资=基本工资+职务工资+岗位津贴），并按“实发工资”列升序排列表格内容。

5. 设置表格居中、表格列宽为 2 厘米，行高为 0.6 厘米、表格所有内容水平居中；设置表格所有框线为 1 磅红色单实线。

【综合实训 3-3】

微课
WPS 文字 3.10-3

※视频案例要求：

打开 Word3.10-3.docx 文件完成以下操作要求。

1. 将标题段（“8086/8088CPU 的 BIU 和 EU”）的中文设置为宋体、四号、红色（标准色），英文设置为 Arial 字体、四号、红色（标准色）；标题段居中、字符间距加宽 2 磅。

2. 将正文各段文字（“从功能上看……FLAGS 中。”）的中文设置为仿宋、五号，英文设置为 Arial 字体、五号；各段落首行缩进 2 字符，段前间距为 0.5 行。

3. 为文中所有“数据”一词加粗并添加“圆点型”着重号；将正文第 3 段（“EU 的功能是……FLAGS 中。”）分为等宽的两栏、栏宽 18 字符，加分隔线。

4. 将文中后 8 行文字转换为一个 8 行 4 列的表格，设置表格居中、表格中的文字水平居中；并按主要关键字“高温（℃）”列降序、次要关键字“降雨量（mm）”列升序排列表格内容。为第 1 行第 3 列单元格中的“℃”增加脚注：“摄氏和华氏的转换公式为：1 华氏度 = 1 摄氏度 × 1.8+32”。

5. 设置表格各列列宽为 2.6 厘米、各行行高为 0.8 厘米，设置表格样式为“主题样式 1-强调 1”，为表格第 1 行添加“印度红，着色 2，浅色 40%”底纹，并设置表格外框线为 1.5 磅绿色（标准色）的单实线。

【综合实训 3-4】

※视频案例要求：

打开 Word3.10-4.docx 文件完成以下操作要求。

1. 将标题段文字（“人工智能”）设置为黑体、三号、蓝色（标准色）、居中，并添加黄色（标准色）底纹。

2. 将正文各段文字设置为楷体、小四；各段落文本之前和文本之后缩进 2.2 字符、首行缩进 2 字符、1.2 倍行距。

3. 设置页面纸张大小为“16 开（18.3 厘米 × 25.9 厘米）”、页面左右边距各 2.7 厘米；为页面添加红色 1 磅方框。

4. 在标题段文字后插入脚注：“计算机科学的一个分支”，为页面添加内容为“计算机科学”的文字水印。

5. 在“外汇牌价”一词后插入脚注（页面底端）“据中国银行提供的数据”；将文中后 4 行文字转换为一个 4 行 4 列的表格、表格居中；并按“卖出价”列升序排列表格内容。

6. 设置表格列宽为 2.5 厘米、表格框线为 0.75 磅浅蓝（标准色）单实线；表格中所有文字设置为宋体、小五，表格第 1 行文字水平居中，其余各行文字中第 1 列文字中部两端对齐，其余各列文字中部右对齐。

微课
WPS 文字 3.10-4

【综合实训 3-5】

※视频案例要求：

打开 Word3.10-5.docx 文件完成以下操作要求。

1. 将文中所有错词“月秋”替换为“月球”；设置页面上、下边距各为 4 厘米；

2. 将标题段文字（“为什么铁在月球上不生锈?”）设置为黑体、小二、红色（标准色）、居中，并为标题段文字添加 1 磅绿色（标准色）单实线边框。

3. 将正文各段文字设置为仿宋、五号；设置正文各段落文本之前和文本之后各缩进 1.5 字符、段前间距 0.5 行；设置正文第 1 段（“众所周知……不生锈的方法。”）首字下沉两行、距正文 0.1 厘米；其余各段落（“可是……不生锈了吗?”）首行缩进 2 字符；将正文第 4 段（“这件事……不生锈了吗?”）分为等宽两栏；栏间添加分隔线。

4. 将文中后 5 行文字转换成一个 5 行 3 列的表格；设置表格各列的列宽为 3.5 厘米、各行行高为 0.7 厘米、表格居中；设置表格中第 1 行文字水平居中，其他各行第 1 列文字中部两端对齐，第 2 列和第 3 列文字中部右对齐。在“所占比值”列中相应单元格中，按公式“所占比值 = 产值/总值”计算所占比值，计算结果保留 2 位小数。

5. 设置表格外边框为 1.5 磅红色（标准色）单实线，内框线为 0.5 磅蓝色（标准色）单实线；第 1 行的底纹设置为“金色，背景 2，深色 50%”，其余各行的底纹设置为“钢蓝，着色 1，淡色 60%”。

微课
WPS 文字 3.10-5

【综合实训 3-6】

微课
WPS 文字 3.10-6

※视频案例要求：

打开 Word3.10-6.docx 文件完成以下操作要求。

1. 将文中所有错词“黑鹅”替换为“黑天鹅”，设置页面纸张大小为“16开（18.3 厘米 × 25.9 厘米）”。

2. 将标题段文字（“黑天鹅事件”）设置为黑体、三号、红色（标准色）、居中，段后间距 0.8 行。

3. 将正文第 1 段（“在发现澳大利亚的黑鹅之前……而不知道一只黑鹅的出现就足以颠覆一切。”）移至第 2 段（“黑鹅事件（英文：Black swan event）……通常会引起市场连锁负面反应甚至颠覆。”）之后；设置正文各段落文本之后缩进 2 字符。设置正文第 1 段首字下沉 2 行（距正文 0.2 厘米）；设置正文其余段落首行缩进 2 字符。

4. 将文中最后 5 行文字转换成一个 5 行 4 列的表格，设置表格居中，在表格最下方增加一行“净值产收益率”并按“每股收益（元）/每股净资产（元）”计算每年的净资产收益率填入，计算结果保留两位小数。

5. 设置表格第 1 列列宽为 5 厘米、其余列列宽为 2 厘米、表格各行行高为 0.6 厘米；设置表格外框线为 1.5 磅蓝色（标准色）双窄线、内框线为 1 磅蓝色（标准色）单实线，所有单元格对齐方式为水平居中。

【综合实训 3-7】

微课
WPS 文字 3.10-7

※视频案例要求：

打开 Word3.10-7.docx 文件完成以下操作要求。

1. 将标题段文字（“国家级新区——雄安新区”）设置为宋体、四号，文字效果设置为“阴影—外部—向上偏移”，段后间距 0.6 行。

2. 将正文各段文字（“雄安新区位于中国河北省保定市……打造城市建设的典范。”）设置为仿宋、五号；各段落文本之前和文本之后各缩进 3 字符、首行缩进 2 字符、段前间距 0.2 行；给正文中的所有“雄安新区”加“圆点型”着重号。

3. 设置文档页面的上下边距各为 2.8 厘米、左右边距各为 3 厘米，装订线位置为上；插入页眉，页眉内容为“全国意义的新区”。

4. 表格操作：将文中后 6 行转换成 6 行两列表格，删除表格第 7 行；将表格居中；设置表格第 1 行和第 1 列内容水平居中、其他各行各列内容中部右对齐。设置表标题“商品期货价格一览表”字符间距为紧缩格式，磅值为 1.2 磅，居中。

5. 设置表格第 1 列列宽为 3 厘米、第 2 列列宽为 2.5 厘米。各行行高为 0.5 厘米；按关键字“价格”列升序排序表格内容。

【综合实训 3-8】

※视频案例要求：

打开 Word3.10-8.docx 文件完成以下操作要求。

1. 将文中所有错词“北平”替换为“北京”；设置上、下页边距各为 3 厘米；

2. 将标题段文字（“2009 年北京市中考招生计划低于 10 万人”）设置为仿宋、三号、蓝色（标准色）、加粗、居中。设置黄色（RGB 格式：230，230，20）方框型边框，并将其应用到文字。

3. 设置正文各段落（“晨报讯……招生计划的 30%。”）文本之前和文本之后各缩进 1 字符，首行缩进 2 字符，段前间距为 0.4 行；将正文第 2 段（“而今年中考考试……保持稳定。”）分为等宽两栏并添加分隔线。

4. 将文中后 6 行文字转换成一个 6 行 4 列的表格，并在最后再插入一行，分别为“合计”及利用表格公式计算各列第 2 行～第 6 行之和，设置表格居中、表格第 1 列列宽为 2 厘米，其余各列列宽为 2.5 厘米、各行行高为 0.7 厘米；设置表格中第 1 行和第 1 列文字水平居中，其余表格文字中部右对齐。

5. 按“在校生人数”列（依据“数字”类型）降序排列表格前 6 行内容；设置表格外框线和第 1 行与第 2 行间的内框线为 3 磅绿色（标准色）单实线，其余内框线为 1 磅绿色（标准色）单实线。

微课
WPS 文字 3.10-8

【综合实训 3-9】

※视频案例要求：

打开 Word3.10-9.docx 文件完成以下操作要求。

1. 将文档中“会议议程:”段落后的 7 行文字转换为 3 列 7 行的表格，并根据窗口自动调整表格。

2. 为制作完成的表格套用一种表格样式，使表格更加美观。

3. 为了可以在以后的邀请函制作中再利用会议议程内容，将文档中的表格内容保存至“表格”部件库，并将其命名为“会议议程”。

4. 将文档末尾处的日期调整为可以根据邀请函生成日期而自动更新的格式，日期格式显示为“2019 年 1 月 1 日”。

微课
WPS 文字 3.10-9

【综合实训 3-10】

※视频案例要求：

打开 Word3.10-10.docx 文件完成以下操作要求。

1. 将文档中以“一、”“二、”……开头的段落设为“标题 1”样式；以“(一)”“(二)”……开头的段落设为“标题 2”样式；以“1、”“2、”……开头的段落设为“标题 3”样式。

微课
WPS 文字 3.10-10

2. 在正文前插入目录，目录要求包含标题第1级～第3级及对应页号，目录单独占用一页。

3. 为正文第3段中用红色标出的文字“统计局队政府网站”添加超链接，链接地址为“http/www.bjstats.gov.cn”。同时在“统计局队政府网站”后添加脚注，内容为“htp://www.bjstats.gov.cn”。

【综合实训3-11】

微课
WPS文字3.10-11

※视频案例要求：

打开Word3.10-11.docx文件完成以下操作要求。

1. 设置页面纸张大小高度为27厘米，页面宽度为27厘米，页边距（上、下）为3厘米，页边距（左、右）为3厘米。

2. 将电子表格“Word3.10-11人员名单.x.sx”中的姓名信息自动填写到“邀请函”中“尊敬的”字后面。

3. 设置页面边框为“★”（任意一种★均可）。

4. 将设计的主文档以原文件名“Word3.10-11.docx”保存，并生成最终文档以文件名“邀请函.docx”保存，并存放在作业文件夹中。

第4章　WPS 2019表格

本章要点

- 表格内容的录入及编辑。
- 公式和函数的使用。
- 数据排序、筛选和分类汇总。
- 数据透视表。
- 插入图表和编辑图表。
- 表格的打印。

WPS 2019 表格是金山办公软件 WPS Office 2019 的三大组件之一。WPS 2019 表格具有较强的数据综合管理与分析处理能力，并能制作各种形式的统计图表，被广泛应用于财务、统计、管理等领域。WPS 是一个开放的在线办公服务平台，通过 WPS 云办公服务可以实现办公文件在全平台任何设备的操作同步，通过金山文档（WPS Web Office）实现跨终端多人实时在线协作填表，极大地提高了办公效率。

WPS 表格的基础操作

4.1　WPS 表格的基础操作

4.1.1　WPS 表格的启动与退出

1. WPS 表格的启动

在 Windows 环境下启动 WPS 表格的主要方法有以下几种。

① 单击“开始”按钮，在“开始”菜单中选择“所有程序”→“WPS Office”→“WPS Office”命令，在打开的窗口中单击“新建”按钮，在打开的窗口中切换到“表格”选项卡，单击“新建空白文档”图标。

② 如果桌面上或其他文件夹中有 WPS Office 的快捷方式，那么可双击快捷方式启动 WPS Office，单击“新建”按钮，在打开的窗口中切换到“表格”选项卡，单击“新建空白文档”图标。

③ 双击已保存的 WPS 表格文件，启动 WPS 表格。

2. WPS 表格的退出

退出 WPS 表格的主要方法有。

① 单击“文件”按钮，在下拉菜单中选择“退出”命令。

② 单击 WPS 表格窗口右上角的“关闭”按钮或按组合键 Alt+F4。

4.1.2　WPS 表格的窗口组成

WPS 表格启动后的工作界面如图 4-1 所示，包括功能选项卡、功能区、快速访问工具栏、编辑框、状态栏及工作表等。WPS 表格用于保存表格内容的文件称为工作簿，每个工作簿中包含若干个工作表，图示窗口中的中央编辑区域就是工作表，每个工作表由 1048576 行及 16384 列组成，以数字 1、2、3 等表示行号，以字母 A、B、C 等来表示列号，行与列相交形成活动单元格，而单元格是 WPS 表格中存储和处理数据的基本单位，录入工作表的数据均通过单元格来操作，单元格是以列标行号来表示的，A1 单元格即是工作表中第 A 列第 1 行的单元格。

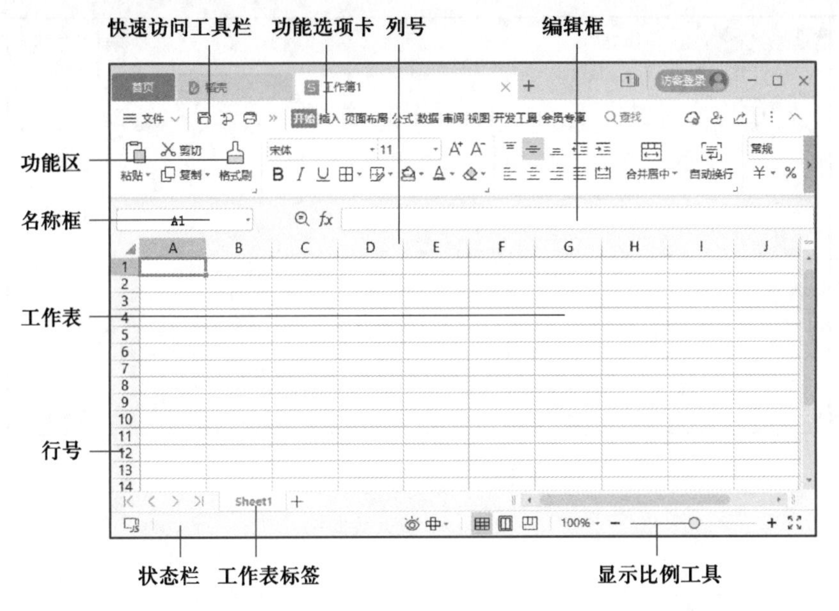

图 4-1 WPS 表格启动后的工作界面

4.2 表格内容的录入及编辑

表格内容的录入及编辑

PPT

4.2.1 表格内容的录入

在使用工作表处理数据之前，需要先将要编辑处理的数据录入到工作表中，再进一步进行操作。在原始数据录入过程中要保证其准确性，因为之后的运算、统计及分析均以此为依据。

1. 录入数据

录入的数据被放到表中的每个单元格内。在录入之前，先单击选定要存放数据的单元格，然后向该单元格内录入数据，如图 4-2 所示。向 C3 单元格中录入数据的同时，名称框中显示该单元格的标识，而录入的数据也出现在编辑框中，也可以通过编辑框向名称框中所标识的单元格录入数据，效果是相同的。图 4-2 中的 C3 单元正处于编辑状态，称为活动单元格，可以进行数据的录入、修改、删除。

录入单元格内的数据可以是文字、符号、数字、日期、时间等，不同类型的数据，工作表会自动识别，加以区分。

提示

有时会出现录入单元格的数据不能完整显示或显示为“####”，这是由于单元格的宽度小于录入数据的宽度所致，只需将单元格宽度加大即可，并不影响数据的存放。

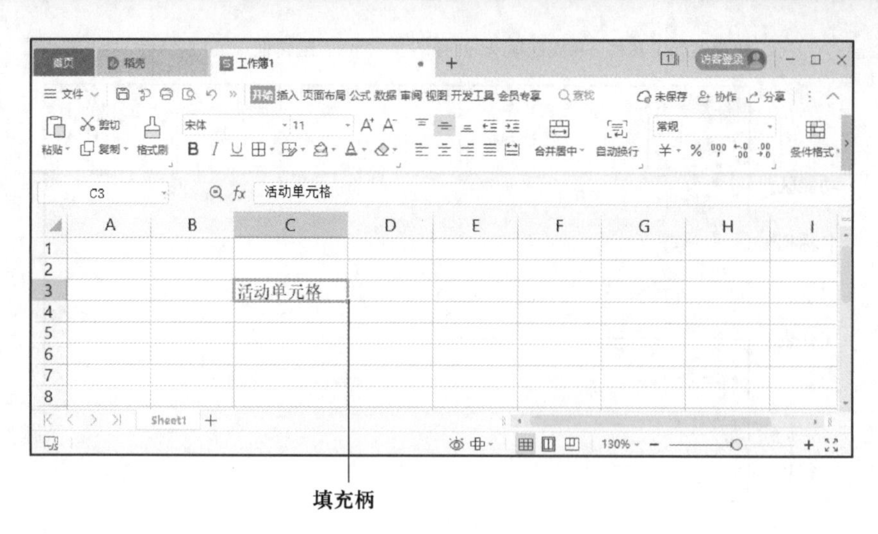

图 4-2　录入数据

2. 自动填充

在向工作表中录入数据时，如果录入的数据具有一定的规律性，如在一行或一列单元格中录入相同的数据，或录入如 1、2、3……或星期一、星期二……星期日等连续变化的系列数据时，可以使用 WPS 表格提供的自动填充功能，尽量减轻录入数据的工作量，其方法为：

① 选定某个单元格，录入数据。

② 单击该单元格，可以看到单元格的粗边框右下角有一个小黑方块，如图 4-2 所示，称为填充柄，将鼠标移动到填充柄上，鼠标的指针形状会由空心的十字型变为黑色的十字型。

③ 按住鼠标左键，拖动填充柄沿行或列的方向到要填充数据的单元格区域，松开鼠标就会看到数据的填充效果，如图 4-3 所示，使用起来非常方便。

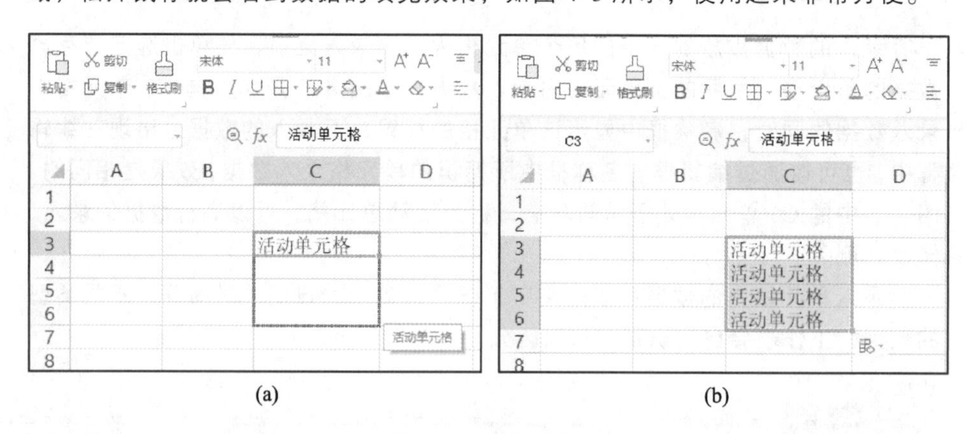

图 4-3　填充效果

需要注意的是，在使用填充柄时，不同类型数据的填充效果不同，如果是文字、符号、数字类型的数据，直接拖动填充柄会原样复制。而如果需要按数字作增量或减量填充时，则需要在拖动柄的同时，按住键盘上的 Ctrl 键，向上或向左拖动是减量填充，而向下或向右是增量填充。当填充的数据为时间或日期时，直接拖动填充柄填充时，会自动按照时间进行增量或减量变化，如果需要原样复制，按住 Ctrl 键并拖动填充柄即可。

3. 序列填充

在选定的单元格中输入各种数据序列，如等差数列、等比数列时，可以使用 WPS 表格中提供的序列填充功能。其方法为：先输入两个单元格的内容用于创建序列的模式，再拖动填充柄。例如，要输入步长为 3 的等差数列 1，4，7，10，13，操作方法如下：

① 选取一个单元格输入初始值“1”。

② 在相邻的下一个单元格中输入“4”（因为步长为 3）。

③ 选取前面输入了数据的两个单元格，将鼠标指针指向填充柄，然后按住鼠标左键拖动，松开鼠标左键后便可以得到结果，如图 4-4 所示。

也可以选取一个单元格输入初始值“1”，然后拖动鼠标选取该单元格及要填充的区域，在“开始”功能区的“编辑”分组中，单击“填充”下拉按钮，在下拉菜单中选择“序列”命令，在打开的“序列”对话框中的“步长值”文本框中输入“3”，单击“确定”按钮后便可以得到结果，如图 4-5 所示。

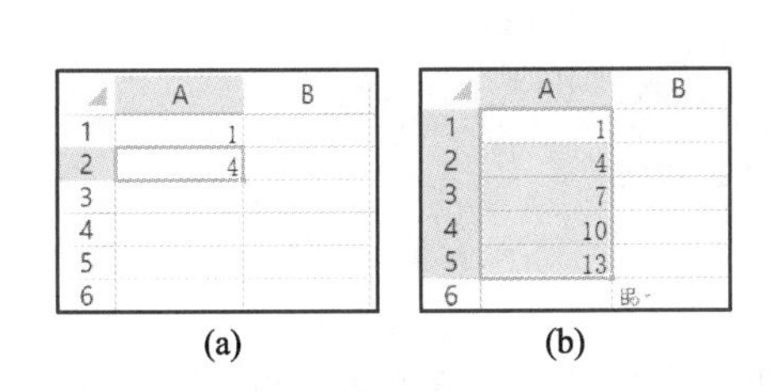

图 4-4 序列填充效果

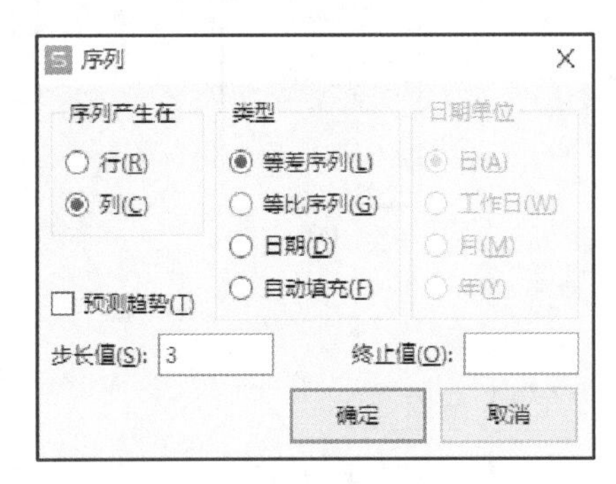

图 4-5 “序列”对话框

4. 移动、复制单元格区域

（1）移动单元格区域

选定要移动的源单元格区域，鼠标右击，在弹出的快捷菜单中选择“剪切”命令，可以看到选定的源单元格边框线呈闪烁虚线状态，之后选定移动目标处的单元格区域，鼠标右击，在弹出的快捷菜单中选择“粘贴”命令，就可以将源单元格区域移动到目标单元格区域了。

（2）复制单元格区域

选定要复制的源单元格区域，鼠标右击，在弹出的快捷菜单中选择“复制”命令，则选定的源单元格周围呈闪烁虚线状态，之后选定要粘贴的目标单元格区域，鼠标右击，在弹出的快捷菜单中选择“粘贴”命令即可。

4.2.2　工作表的操作

WPS 表格工作簿中可以包含多个工作表，以方便数据的分类存储及管理，用户可以根据需要增加或减少工作表，或设置工作表的格式。

1．插入或删除工作表

（1）插入

在工作表名称（标签）上右击，在弹出的快捷菜单中选择“插入工作表”命令，在打开的“插入工作表”对话框中设置“插入数目”为 1，选中“当前工作表之后”单选按钮，单击“确定”按钮，则一个新的工作表就被插入当前工作表的后面，如图 4-6 所示。

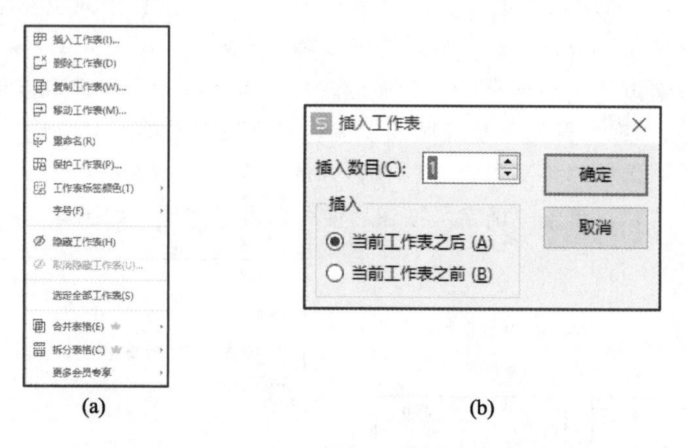

(a)　　　　(b)

图 4-6　插入工作表

（2）删除

在工作表名称（标签）上右击，在弹出的快捷菜单中选择“删除”命令，如果工作表中没有数据，则将被直接删除，如果工作表中有内容，则系统弹出如图 4-7 所示的对话框，单击“确定”按钮，工作表将被删除；单击“取消”按钮，则删除操作被终止。

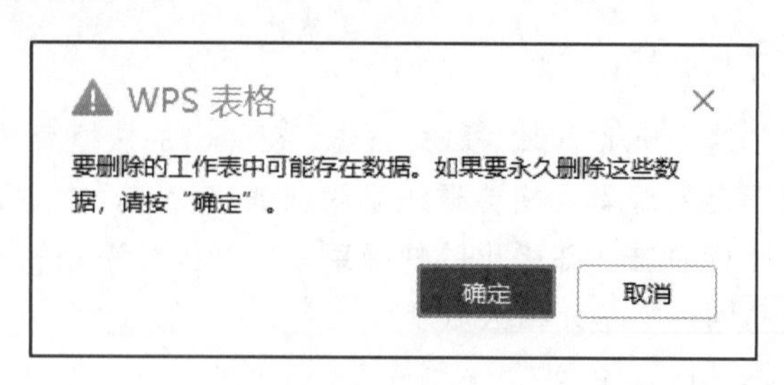

图 4-7　删除工作表

2．工作表重命名

默认的工作表的名称为“Sheet”加序号组成，可以对工作表进行重命名，使其名称能体现该工作表中处理的数据特征，方便用户操作及查找。重命名的方法是，在工作表名称（标签）上右击，在弹出的快捷菜单中选择“重命名”命令，则工作表名称（标签）颜色加亮反黑，切换输入法，在标签上输入新的工作表名称即可，如图 4-8 所示。

(a) (b)

图 4-8 重命名工作表

3．设置工作表背景

为美化工作表，可以为工作表设置背景图片，起到一定的装饰作用。其方法是，选定要设置背景的工作表为当前工作表，在“页面布局”功能区单击“背景图片”按钮，打开如图 4-9 所示的“工作表背景”对话框，从中选择一幅合适的图片后单击“打开”按钮，即可将该图片设置为当前的工作表的背景。

图 4-9 “工作表背景”对话框

如果想删除工作表的背景设置，只需要在“页面布局”功能区中单击“删除背景”按钮即可。

4.2.3　单元格的操作

1．单元格的选定

对工作表中的数据进行操作之前，要先选定该数据所在单元格，单个单元格的选定可用鼠标单击单元格即可；而如果要选定的是由多个单元格组成的一个连续或不连续的区域，则其选定的方法略有不同，下面进行说明。

（1）选定连续区域的单元格

将鼠标移动到要选定的区域中的第 1 个单元格处，按住左键并拖动鼠标到该区域最后一个单元格处，可以看到被选定区域内的单元格均呈高亮度显示，如图 4-10 所示。

（2）选定不连续区域的单元格

如果要选定的单元格区域不是连续的，则先选定 1 个单元格区域，然后按住键盘上的 Ctrl 键不放，再选定其他单元格区域，选定完成再松开 Ctrl 键即可，如图 4-11 所示。

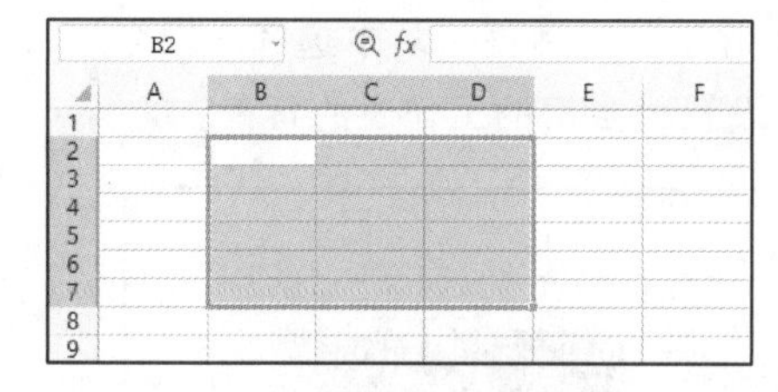

图 4-10　选定连续区域的单元格

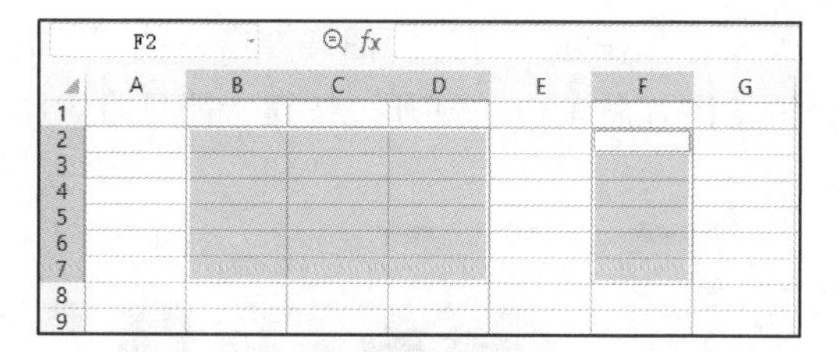

图 4-11　选定不连续区域的单元格

（3）选定行、列

如果选定的区域是工作表中的行或列，则可直接用鼠标单击该行的行号或该列的列标即可；若要选定多行或多列，则先选定一行或一列，再按住 Ctrl 键再去单击行号或列标，就可以实现连续或不连续的行、列的选定，如图 4-12 所示。

2．单元格格式设置

单元格格式的设置决定了工作表中数据的显示方式及输出方式。在进行格式设置时，先选定要进行格式设置的单元格区域。例如，要将如图 4-13 所示的字段名称字体格式设置为“楷体、加粗、倾斜”，可以先选取这一行单元格，然后在选定的区域右击，在弹出的快捷菜单中选择“设置单元格格式”命令。

图 4-12　选定行和列

	A	B	C	D	E
1					
2	姓名	英语	体育	财会	数学
3	蒙晓霞	90	90	89.5	80
4	韩文静	90	90	82	75
5	郭巧凤	90	80	58.5	80
6	陈妍妍	90	80	78	82
7	许金瑜	90	70	76.5	82

图 4-13　选取要设置格式的单元格

打开如图 4-14 所示的“单元格格式”对话框，选择“字体”选项卡，在“字体”和“字形”栏进行相应的设置。单击“确定”按钮，完成的设置效果如图 4-15 所示。

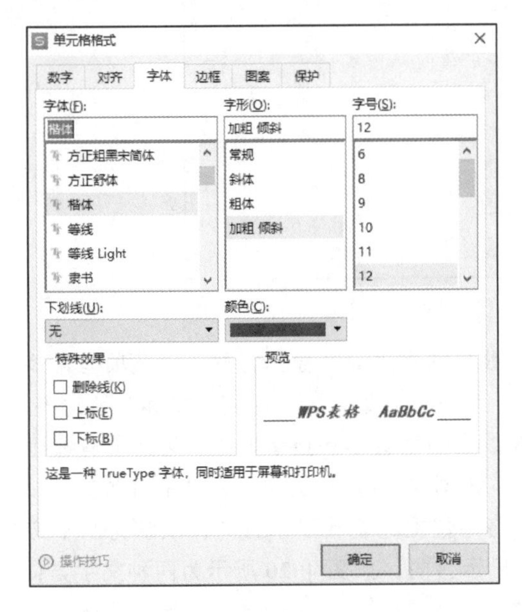

图 4-14　“单元格格式”对话框

	A	B	C	D	E
1					
2	*姓名*	*英语*	*体育*	*财会*	*数学*
3	蒙晓霞	90	90	89.5	80
4	韩文静	90	90	82	75
5	郭巧凤	90	80	58.5	80
6	陈妍妍	90	80	78	82
7	许金瑜	90	70	76.5	82

图 4-15　完成字体的设置效果

不同的选项卡即可对单元格相应的格式进行设置，除“字体”选项卡外，其他选项卡的说明如下。

（1）“数字”选项卡

输入到工作表中的数据有多种类型，工作表需要一一识别。通过设置单元格的数字选项，可以区分该单元格内的数据属于何种类型，方便管理操作。例如，要将如图 4-16 所示的数据四舍五入取整，可以先选取这一区域的单元格，然后在选定的区域右击，在弹出的快捷菜单中选择“设置单元格格式”命令。

在“单元格格式”对话框中，选择“数字”选项卡，在“小数位数”输入框中输入“0”，单击“确定”按钮，完成的设置效果如图 4-17 所示。

	A	B	C	D	E	F
1						会计班各
2	*姓名*	*英语*	*体育*	*财会*	*数学*	*语文*
3	蒙晓霞	90	90	89.5	80	92
4	韩文静	90	90	82	75	91
5	郭巧凤	90	80	58.5	80	93
6	陈妍妍	90	80	78	82	89
7	许金瑜	90	70	76.5	82	90
8	林巧莉	80	90	95.5	84	96

图 4-16　选取待设置格式的数据区域

	A	B	C	D	E	F
1						会计班各
2	*姓名*	*英语*	*体育*	*财会*	*数学*	*语文*
3	蒙晓霞	90	90	90	80	92
4	韩文静	90	90	82	75	91
5	郭巧凤	90	80	59	80	93
6	陈妍妍	90	80	78	82	89
7	许金瑜	90	70	77	82	90
8	林巧莉	80	90	96	84	96

图 4-17　将数据取整后的效果

（2）“对齐”选项卡

在“单元格格式”对话框中选择“对齐”选项卡，如图 4-18 所示，可以对单元格内数据的显示方式进行设置，其中包括：

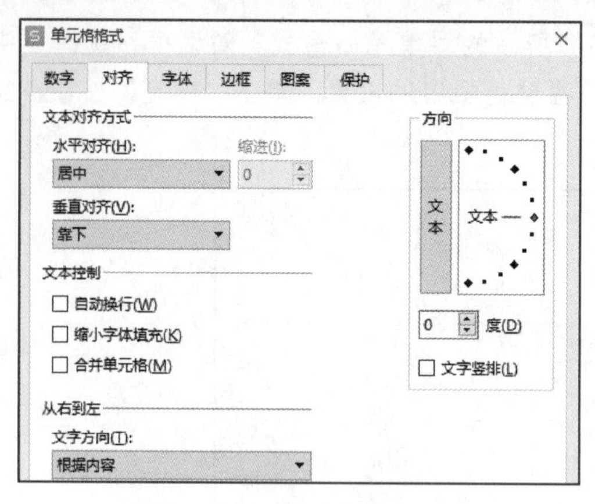

图 4-18　“对齐”选项卡

● 水平对齐：设定单元格内数据的水平对齐显示方式，可选项有常规、靠左（缩进）、居中、靠右（缩进）、填充、两端对齐、跨列居中和分散对齐。

● 垂直对齐：设定单元格内数据的垂直对齐显示方式，可选项有靠上、居中、靠下、两端对齐和分散对齐，如图 4-19 所示为垂直对齐的几种方式。

●（文字）方向：设定单元格内数据的旋转显示方向，默认为水平方向，可以通过输入角度来调整数据的显示方向，如图 4-20 所示为两种文字方向。

图 4-19　垂直对齐方式

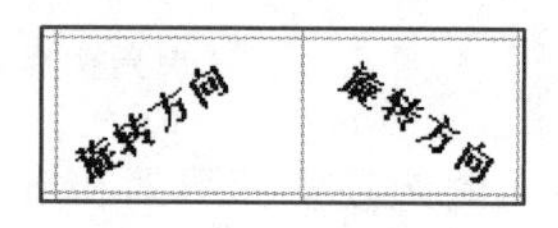

图 4-20　文字方向

● 文本控制：设定当录入数据超出单元格长度显示不下时，是否要自动换行显示或缩小字体填充，或是否需要合并单元格、增加缩进量等。

（3）“边框”选项卡

工作表由若干个单元格组成，但在输出打印的时候只打印单元格内的数据，单元格并不会被打印输出。如果需要将单元格组成的表格一并打印输出的话，就需要给单元格设置边框线，可以使用如图 4-21 所示的“边框”选项卡来设置单元格的边框线。

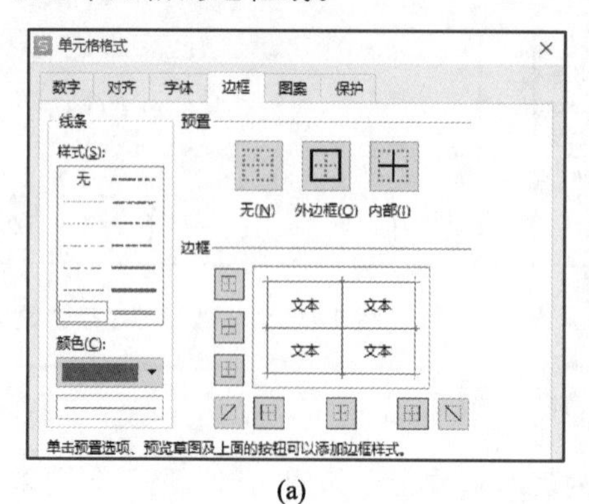

(a)

	A	B	C	D	E	F
1						会计班各科
2	姓名	英语	体育	财会	数学	语文
3	蒙晓霞	90	90	90	80	92
4	韩文静	90	90	82	75	91
5	郭巧凤	90	80	59	80	93
6	陈妍妍	90	80	78	82	89
7	许金瑜	90	70	77	82	90
8	林巧莉	80	90	96	84	96

(b)

图 4-21　边框的设置

● 预置：单击“预置”框中的按钮，可以设置如按钮中所示的单元格的边框线。

● 边框：单击“边框”组框中所提供的 、 等按钮可以添加或取消单元格中相应的边框线，设置效果在预览框中可以及时查看。

● 线条：选定单元格边框线的线型样式及颜色。

按图例选项设置完毕后表格的边框格式如图 4-21 所示。

（4）“图案”选项卡

在“图案”选项卡中可以对所选单元格的底纹，包括颜色、填充效果、图案样式进行设置。

3. 插入、删除单元格

选定要插入、删除的单元格区域，鼠标右击，弹出如图 4-22（a）所示的快捷菜单，从中选择“插入”或“删除”命令，弹出如图 4-22（b）或图 4-22（c）所示的“插入”或“删除”级联菜单，从其级联菜单中选择某个选项，即可实现插入或删除操作。

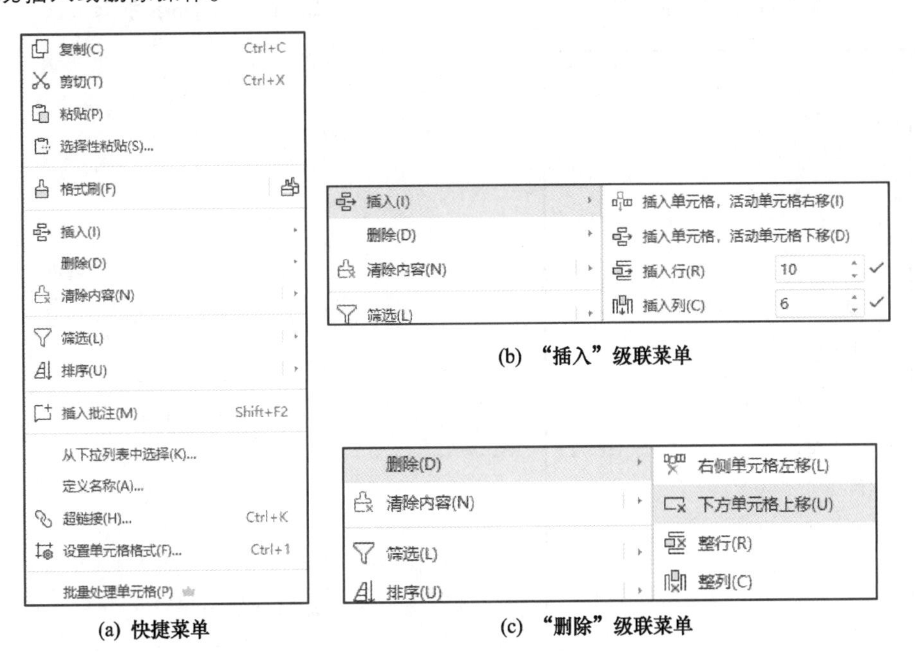

(a) 快捷菜单

(b) “插入”级联菜单

(c) “删除”级联菜单

图 4-22 插入、删除单元格

4.2.4 行、列的操作

1. 设置工作表的行、列格式

设置工作表的行高、列宽：工作表的行高、列宽有直接和定量两种设置方法。下面以“列”的操作为例，说明具体操作步骤，“行”的操作与列相似。

（1）直接设置

将鼠标移至列边界线，当指针变为 ↔ 时，按住左键向左右拖动鼠标即可调整列宽。如果双击鼠标，则可直接将列宽自动调整为本列最宽数据的宽度。

（2）定量设置

将鼠标移至指定列，或选中若干列，鼠标右击，弹出如图 4-23 所示的快捷菜单，其中“列宽”用于定量设置列宽。

2. 工作表行/列的锁定

对一个行列数很多的工作表，当显示后面数据时，常因屏幕尺寸所限，无法同时看到工作表前面的数据。例如，在图 2-24（a）中，因屏幕滚动已无法看到工作表初始位置的标题，这样，就不能了解数据（如“82”）的具体含义。为此，WPS 表格提供了行/列的锁定功能，当锁定了某行或某列后，被锁定的行列将停留在屏幕上不参与滚动。要将该表的前两行锁定，则选取第 3 行，然后在“视图”功能区的“窗口”分组中单击“冻结窗格”下拉按钮，在弹出的下拉菜单中选择“冻结至第 2 行”命令即可，效果如图 2-24（b）所示。

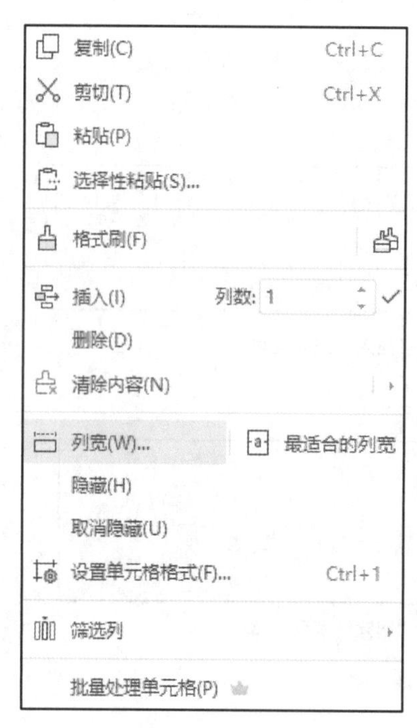

图 4-23 定量设置列宽

	A	B	C	D	E	F	G
31	童海转	70	70	85.5	82	89	86
32	潘宁	70	70	60	82	89	21
33	李召群	70	70	78	78	85	60
34	陈兴瑞	70	70	68	82	91	70
35	陈莉	70	70	78	62	88	37

(a) 未冻结前

	A	B	C	D	E	F	G
1						会计班各科成绩	
2	姓名	英语	体育	财会	数学	语文	计算机
31	童海转	70	70	85.5	82	89	86
32	潘宁	70	70	60	82	89	21
33	李召群	70	70	78	78	85	60
34	陈兴瑞	70	70	68	82	91	70
35	陈莉	70	70	78	62	88	37

(b) 冻结两行后

图 4-24 锁定工作表中的行

3. 插入行或列

选定某行/列，在该行/列上右击，在弹出的快捷菜单中选择“插入”命令，可以在该行的上方或该列的左插入一行或一列，如图 4-23 所示。

4．删除行或列

选定要删除的某行/列，在该行/列上右击，在弹出的快捷菜单中选择“删除”命令，则该行/列被删除。

4.2.5 套用表格样式

和 WPS 文字一样，WPS 表格的工作表的格式可以自行设置，也可以直接用 WPS 表格提供的表格样式模板，使用户编辑的表格更加专业，具体方法如下。

先选定要套用格式的单元格式区域，然后在“开始”功能区中单击“表格样式”列表框右下角的 按钮，弹出如图 4-25 所示的“预设样式”下拉列表框。其中以图示的方式列出了 WPS 表格中所提供的现成表格样式，从中选择一种类型，即完成所选单元格区域套用表格样式的操作。

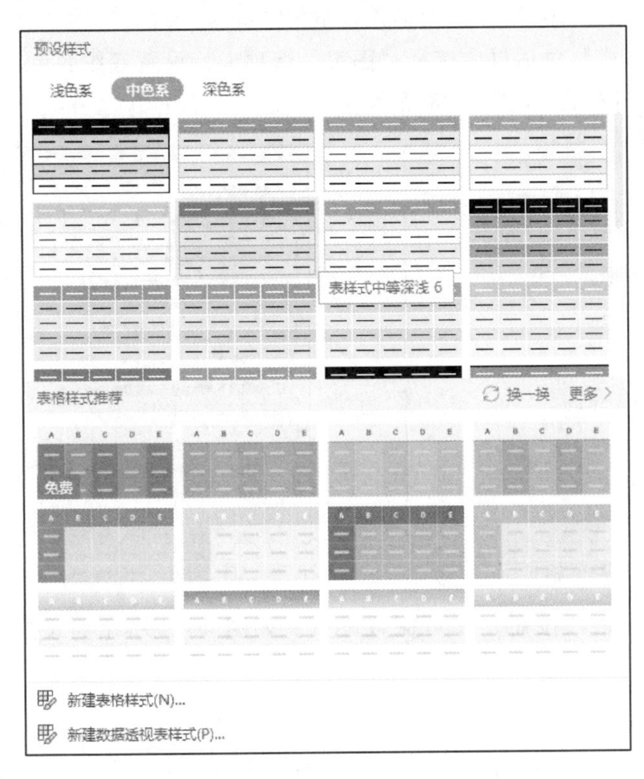

图 4-25 “预设样式”下拉列表框

4.2.6 条件格式

条件格式是指当单元格中的数据满足某个条件时，数据的格式为指定的格式，否则为原来的格式。

例如，将如图 4-26 所示“成绩表”中数学成绩小于 60 的分数加上红色底纹。具体操作方法如下。

	A	B	C	D	E	F	G
1						会计1班各科成绩	
2	姓名	英语	体育	财会	数学	语文	计算机
3	蒙晓霞	90	90	90	80	92	74
4	韩文静	90	90	82	75	91	66
5	郭巧凤	90	80	59	80	93	92
6	陈妍妍	90	80	78	82	89	68
7	许金瑜	90	70	77	82	90	77
8	林巧莉	80	90	96	84	96	67
9	覃业俊	45	80	60	55	60	37
10	朱珊	80	80	68	82	79	83
11	林平	80	80	86	75	79	60
12	李道健	80	80	74	80	86	60
13	符晓	80	80	85	84	91	92
14	朱江	80	70	54	80	88	72
15	周丽萍	80	70	79	80	88	92
16	张耀炜	50	70	62	58	60	37

图 4-26　成绩表

选定要设置条件格式的单元格式区域 E3～E16，在“开始”功能区单击“条件格式”下拉按钮，在弹出的下拉菜单选择“新建规则”命令，如图 4-27 所示。在打开的“新建格式规则”对话框中设置“选择规则类型”为“只为包含以下内容的单元格设置格式”，在“编辑规则说明”列表框中选择“单元格值”，选定比较词组中的“小于”，然后输入常量值“60”。单击“格式”按钮，在打开的“单元格格式”对话框中选择“图案”选项卡，设置底纹颜色为红色，然后单击“确定”按钮，如图 4-28 所示。

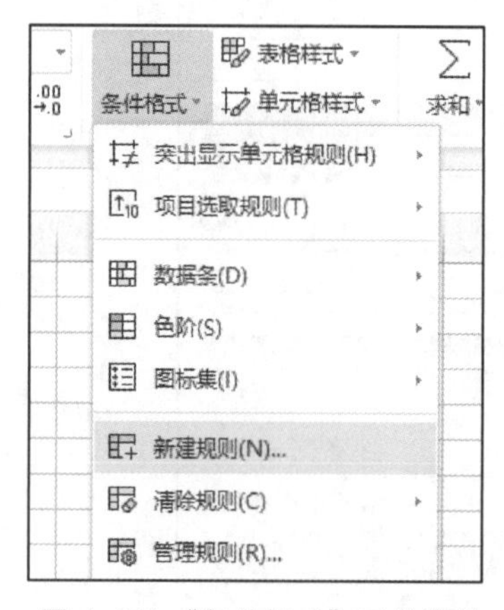

图 4-27　“条件格式”下拉菜单

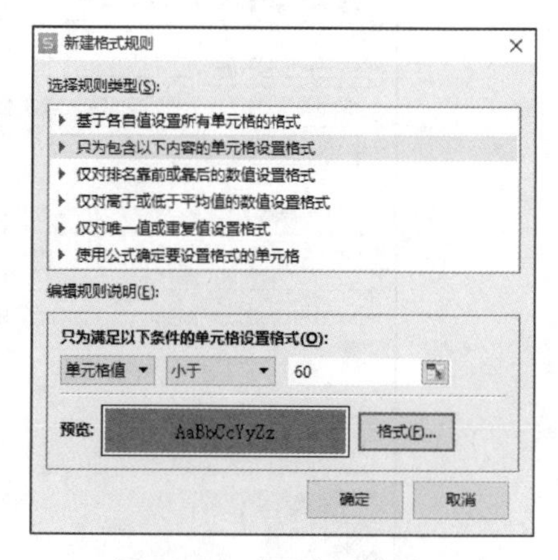

图 4-28　设置条件格式

单击“确定”按钮，即可完成设置。如图 4-29 所示为设置完成的“成绩表”效果。

	A	B	C	D	E	F	G
1						会计1班各科成绩	
2	姓名	英语	体育	财会	数学	语文	计算机
3	蒙晓霞	90	90	90	80	92	74
4	韩文静	90	90	82	75	91	66
5	郭巧凤	90	80	59	80	93	92
6	陈妍妍	90	80	78	82	89	68
7	许金瑜	90	70	77	82	90	77
8	林巧莉	80	90	96	84	96	67
9	覃业俊	45	80	60	55	60	37
10	朱珊	80	80	68	82	79	83
11	林平	80	80	86	75	79	60
12	李道健	80	80	74	80	86	60
13	符晓	80	80	85	84	91	92
14	朱江	80	70	54	80	88	72
15	周丽萍	80	70	79	80	88	92
16	张耀炜	50	70	62	58	60	37

图 4-29　设置完成的“成绩表”效果

提示

如果想添加多个条件，可重复操作。如果想修改和删除条件，可在图 4-27 的“条件格式”下拉菜单中选择“管理规则”命令，在打开的对话框中进行修改和删除条件。此外，在图 4-27 的“条件格式”下拉菜单中，还可以使用“突出显示单元格规则”“项目选取规则”“数据条”“色阶”和“图标集”等命令来修饰单元格。

※视频案例要求：

打开 WPS 表格文档“工资表.xlsx”，如图 4-30 所示。

微课
WPS 表格 4.2-1

	A	B	C	D	E	F	G
1	工　资　表						
2	编号	姓名	基本工资	岗位津贴	水电费	煤气费	
3	A001	马家栋	1500	800	120	36	
4	A002	谢映红	2100	1000	230	42	
5	C014	王文涛	1500	800	180	24	
6	总计						
7							
8							
9							
10							
11							

图 4-30　工资表

1. 删除“煤气费”所在的列。

2. 在第 4 行和第 5 行之间插入一空白行，并在此空白行中按表样分别输入如下数据：“B005、马惠、2600、1200、150”。

3. 将 A1:E1 单元格合并居中，为合并后的单元格填充“浅蓝”色。

4. 将数据区域 A2:E7 的外框线及内部框线均设为单细线。“姓名”列（B 列）列宽 12 个字符、其余列（A、C、D、E 列）列宽 8 个字符。

5. 将当前工作表名称 Sheet1 重命名为“工资表”。以“工资明细表.xlsx”为名保存并关闭。

视频案例要求：

打开 WPS 表格文档“工资明细表.xls”完成以下操作并保存文件。

微课
WPS 表格 4.2-2

1. 将标题行 A1:F1 单元格合并为一个单元格，内容水平和垂直居中，将行高设置为 20 磅。

2. 正文型数据水平左对齐，数值型数据水平、垂直均居中对齐。

3. 给表格数据设置实线框线。

4. 利用单元格样式的“标题 2”修饰表的标题，利用表格样式将 A2:F5 单元格区域设置为“表样式中等深浅 6”。

5. 利用条件格式将“基本工资”列中（C3:C5）包含重复值的单元格突出显示为“浅红填充色深红色文本”。

6. 利用条件格式“数据条”下“渐变填充”中的“蓝色数据条”修饰 E3:E5 单元格区域。

7. 利用条件格式对“煤气费”列（F3:F5）进行标注：大于 40 显示浅蓝色（“颜色”列表，第 2 行第 4 列）、小于 30 显示浅橙色（“颜色”列表，第 3 行第 10 列）。

数据运算

4.3　数据运算

WPS 表格提供了强大的数据运算功能，使得对工作表中数据的处理与分析变得十分容易，通过这些功能的运用，用户可以对工作表中的数据进行计算、统计、分类汇总、排序和筛选等操作。

4.3.1　公式和函数的使用

使用公式或函数可以帮助用户快速准确地对录入工作表的数据进行各种统计运算。

1. 使用公式

公式就是通过引用工作表中指定单元格中的数据来进行某种运算的表达式，以“=”开头，由运算符、单元格引用、函数及常用量组成，如=(A1+B1+C1)*2 即为一个公式，其计算内容为 A1、B1、C1 这 3 个单元格数据之和乘以 2。

（1）公式的录入

单击选定要录入公式的单元格，然后向选定的单元格内先录入一个“=”，在“=”之后，再录入公式内容，录入完毕后按 Enter 键确认，这时出现在该单元格内的数据就是按照录入的公式计算后的运算结果，而编辑框内则显示公式内容，如图 4-31 所示。

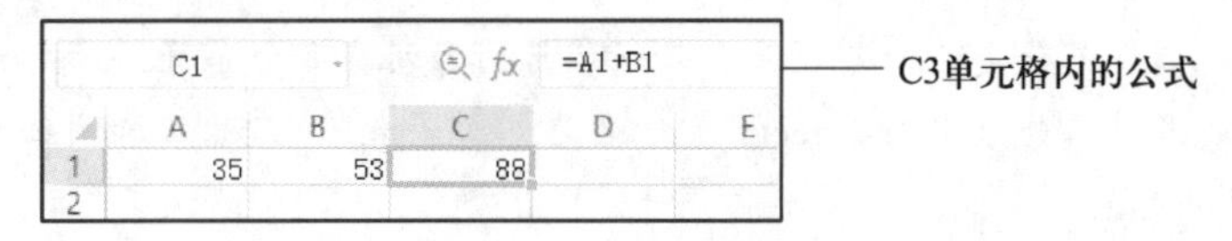

图 4-31　公式的录入

如果需要在一行或一列区域中录入相同的公式，也可以使用“自动填充”功能，用填充柄进行自动填充。

提示

如果公式中引用的单元格内的数据发生了变化，则引用该单元格的公式均将重新计算，即运算结果也会随之发生相应的变化。

（2）单元格的引用

由于在编辑公式或函数时需要引用某些单元格或单元格区域，下面介绍其引用方法。

① 单元格及单元格区域的引用。

在引用单个单元格时，只需以其名称表示即可，如 A1、B4、C2 等。

若引用的是包含多个单元格的区域，则表示方法为：区域内左上角单元格的引用+“:”+区域内右下角单元格的引用，如 A2:D2 表示引用的是由 A2、B2、C2、D2 组成的单元格区域，而 A1:C3 表示引用的是由行 1、2、3 及列 A、B、C 所组成的单元区域，如图 4-32 所示。

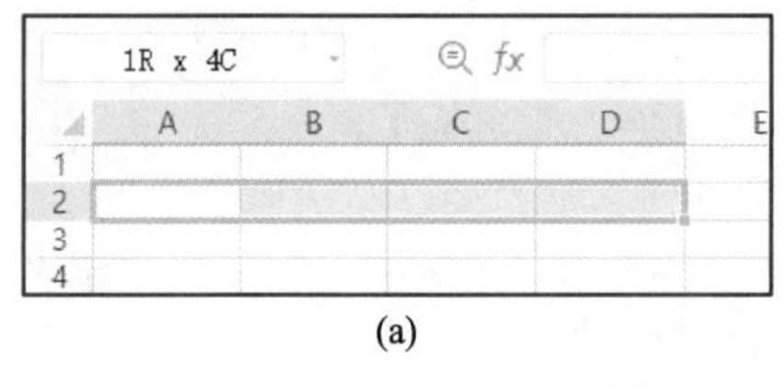

(a)

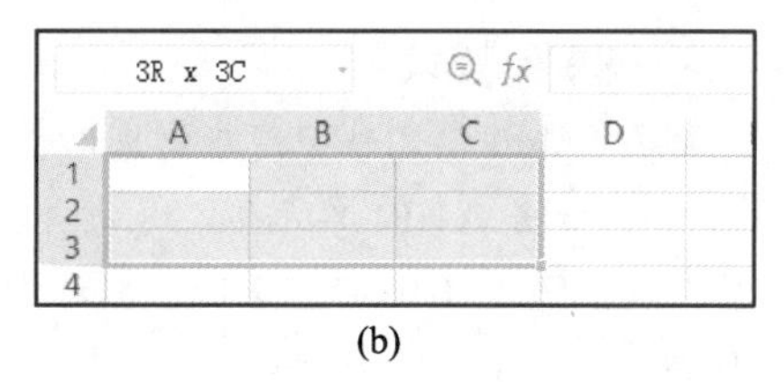

(b)

图 4-32　单元格的引用

② 单元格的绝对引用、相对引用、混合引用。

● 单元格绝对引用的表示方式为“$列标$行号”，如“$A$1”“$B$3”等。公式中引用单元格的格式若为绝对引用，则在移动或复制公式时，单元格引用不会发生变化。如图 4-33 所示，将 C1 单元格内的公式“=$A$1+2”复制到 C3 单元格内，公式中的单元格引用仍为“A1”而不是“A3”。

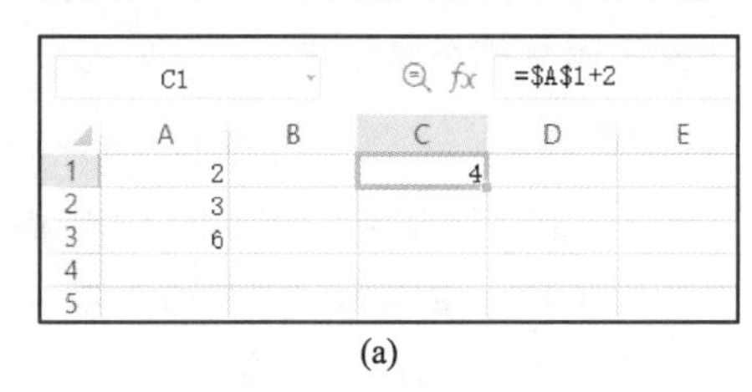

(a)

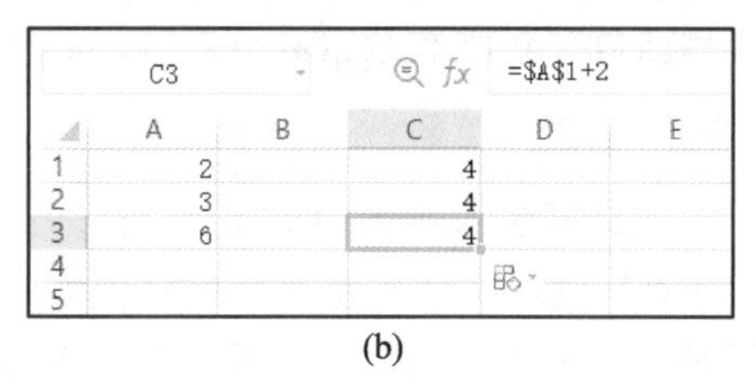

(b)

图 4-33　单元格的绝对引用

● 单元格相对引用的表示方式为“列标行号”，即单元格的名称，相对引用的单元格在移动或复制公式时会随着公式移动的位置发生变化，如图 4-34 所示，将 C1 单元格内的公式“=A1+2”复制到 C3 单元格内，则公式中的单元格引用随之变为“A3”而不是“A1”。

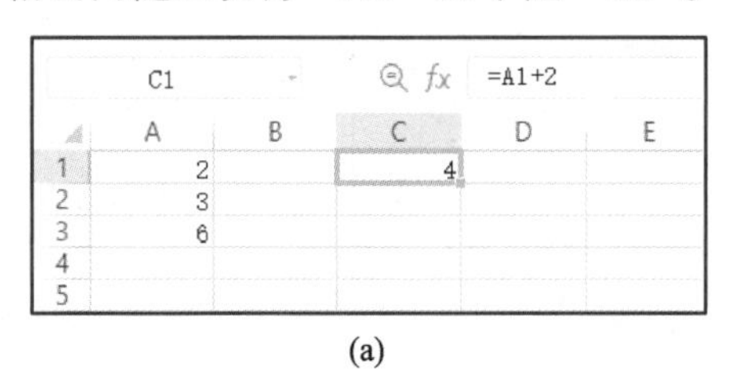

(a)

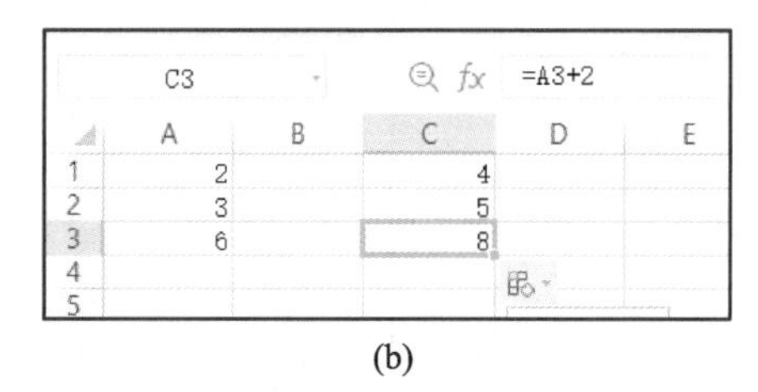

(b)

图 4-34　单元格的相对引用

● 单元格混合引用的表示方式为：“$列标行号”或“列标$行号”，如“$A1”表示列绝对引用，行相对引用。公式中引用单元格的格式若为混合引用的话，则根据绝对引用、相对引用所在的行或列在移动或复制公式时，单元格引用随着方向而决定是否变化。

（3）公式中的运算符：可用于公式中的运算符包括 3 类，算术运算符、文本运算符及比较运算符。

① 算术运算符：实现算术运算的加（+）、减（-）、乘（*）、除（/）等。

② 文本运算符：可进行文本字符连接运算的“&”等。

③ 比较运算符：对所给数据进行比较运算的“>”“<”“=”等，运算结果为 TRUE 或 FALSE。

微课
WPS 表格 4.3-1

※视频案例要求：

打开工作簿文件“网店销售记录单.xlsx”文件，完成如下操作。

1. 合并 A1:F1 单元格，并使内容水平居中。

2. 将 B2:B14 及 F2:F14 单元格区域设置为货币型数据，小数点后保留 2 位小数，货币符号为“¥”。

3. 计算“已销售出数量”（已销售额数量 = 进货数量-库存数量）。

4. 计算“销售额（元）”（销售额=单价*已销售额数量）。

2．使用函数

在工作表中进行数据分析时，经常要进行大量繁杂的运算，WPS 表格提供了一些预先编辑好的、能实现某种运算功能的公式，称为函数。用户可以直接调用函数来对所选数据进行处理，简化实现复杂运算的编辑过程。

（1）插入函数

选定要录入函数的单元格，在“公式”功能区的“函数库”分组中单击“插入函数”按钮，或直接单击编辑框左侧的“插入函数”按钮 fx，打开如图 4-35 所示的“插入函数”对话框，从“选择函数”列表框中选择一个函数，可以在列表框的下方会出现对所选函数功能的说明。

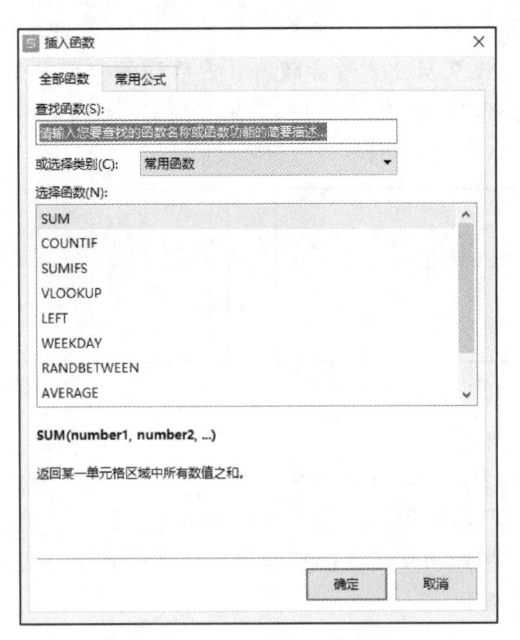

图 4-35 “插入函数”对话框

单击“确定”按钮，弹出如图 4-36 所示的“函数参数”对话框，在这里输入所选函数进行运算时需要的参数（也可以直接用鼠标选取表格的相应区域）。图例中选择的是求和函数 SUM()，需要的参数就是求和的对象，这里对 A1:D1 进行求和。参数输入完毕后，会在下面的“计算结果”处看到运算结果。

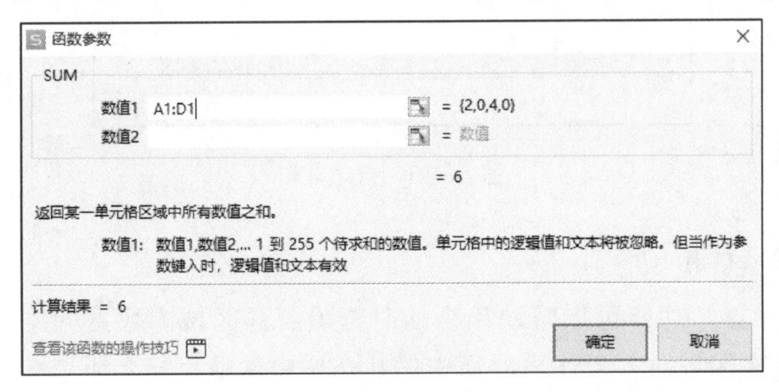

图 4-36 SUM“函数参数”对话框

单击“确定”按钮后，计算结果就出现在单元格中，而编辑栏中则显示函数，如图 4-37 所示。

E1 =SUM(A1:D1)

	A	B	C	D	E	F
1	2		4		6	
2	3		5			
3	6		8			
4						

图 4-37 用函数计算出结果

对于一些常用的函数，WPS 表格中还提供了快速插入函数的方法：选定要插入函数的单元格，然后在编辑栏中输入等号“=”，这时名称框中会出现函数名，打开下拉列表，会看到一些常用函数列在其中，如图 4-38 所示。根据需要进行函数选择并设置参数，设置完毕后单击编辑栏中的✓按钮，该函数就插入完毕，计算结果也随之显示。

SUM =

SUM
COUNTIF
SUMIFS
VLOOKUP
LEFT
WEEKDAY
RANDBETWEEN
AVERAGE
IF
COUNT
其它函数...

图 4-38 快速插入函数

（2）自动求和

在数据统计运算中，求和是最常用的功能之一，WPS 表格中提供了一项自动求和的工具，即在“公式”功能区“函数库”分组中的“自动求和”按钮 Σ，只需要选定需要求和的单元格行或列区域，然后单击 Σ 按钮，对所选区域的求和结果就自动出现在选定行的右侧第 1 个单元格或选定列的下方第 1 个单元格处。也可以先选定要存放计算结果的单元格，然后单击 Σ 按钮，接着在表格中用鼠标拖动选取要求和的单元格区域，最后按 Enter 键，如图 4-39 所示。

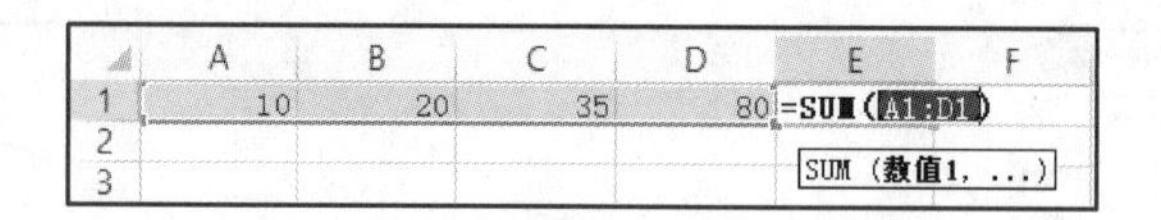

图 4-39　自动求和

（3）自动计算

“自动计算”功能可以帮助用户随时查看所选区域内数据的统计结果，在选定某单元格区域时，工作表界面中的状态栏中便随之显示所选单元格区域的平均值、计数和求和等结果，如图 4-40 所示。如果要改变所显示的统计类型，可以在状态栏中右击，在弹出的如图 4-41 所示的快捷菜单中，选择一种统计类型即可。

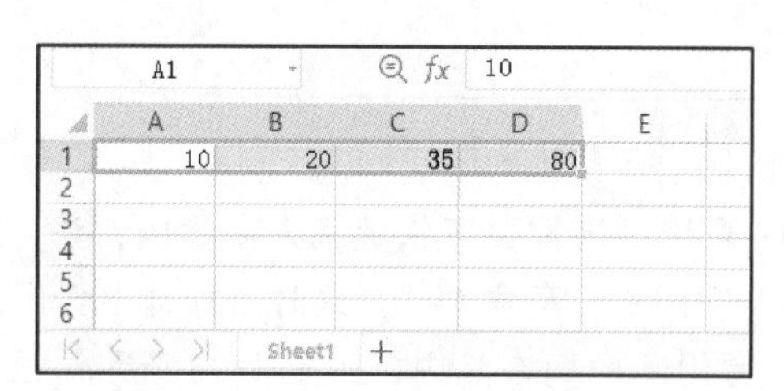

图 4-40 自动计算

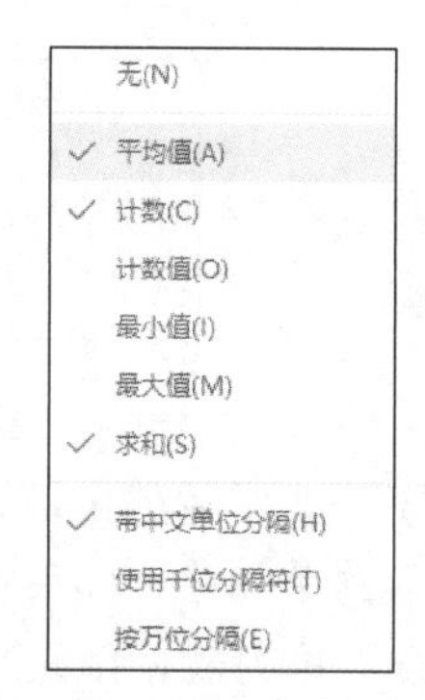

图 4-41　状态栏的快捷菜单

（4）IF 函数

IF 函数用来依据单元格值来得出新值。例如，如图 4-42 所示，老师要根据学生的平均成绩来确定是否及格，若平均分≥60，总评为“及格”；若平均分 < 60，总评为“不及格”。当学生人数不多时，可以一个一个输入，但如果有几千名学生，就需要 IF 函数来帮助老师快速解决这个问题。

K3　fx　=IF(J3>=60,"及格","不及格")

	A	B	C	D	E	F	G	H	I	J	K
1	电子信息专业1班高等数学考试成绩表										
2	学号	姓名	性别	选择题	第2题	第3题	第4题	第5题	第6题	考试成绩	总评
3	10110001	李三伟	男	20	18	13	12	12	12	87	及格
4	10110002	区林	女	18	13	12	13	12	11	79	及格
5	10110003	王国兴	女	17	14	11	14	11	14	81	及格
6	10110004	刘拓	女	16	20	14	15	15	15	95	及格
7	10110005	李林	男	18	16	12	11	12	12	81	及格
8	10110006	洪成西	男	19	19	12	10	12	11	83	及格
9	10110007	张宝成	女	20	20	14	11	14	15	94	及格
10	10110008	李四甲	男	8	8	10	6	13	13	58	不及格

图 4-42　IF 函数的使用

IF 函数的格式为：IF(测试条件,真值,假值)。

3 个参数中，“测试条件”的结果必须明确，不能含含糊糊，只能是 TRUE 或者 FALSE，也可以说是“真”或者“假”，“测试条件”可以使用比较运算符，如“=”“>”“<”“>=”“<=”等。在图 4-42 中“J3>=60”就是测试条件。

“真值”是指当“测试条件”结果为 TRUE 时的返回值。在图 4-42 中，第 3 行的同学考试成绩为 87 分，大于 60，也就是“J3>=60”这个测试条件结果是“真”的，那么返回值是“及格”。

同理，“假值”是指当“测试条件”结果为 FALSE 时的返回值。在图 4-42 中，第 10 行的同学考试成绩为 58 分，没有达到大于或等于 60，也就是“J10<60”这个测试条件结果是“假”的，那么返回值是“不及格”。

在本例中，可以先在单元格 J3 中输入 IF 函数即“=IF(J3>=60,"及格","不及格")”，按 Enter 键得到 J3 的结果，然后使用“自动填充”功能，用填充柄进行自动填充。

还有一种方法：即单击单元格 J3，然后单击编辑框左侧的“插入函数”按钮 fx，打开如图 4-35 所示的“插入函数”对话框，在“选择函数”列表框中选取 IF 函数后单击“确定”按钮，在打开的“函数参数”对话框中输入 3 个参数，如图 4-43 所示，单击“确定”按钮。

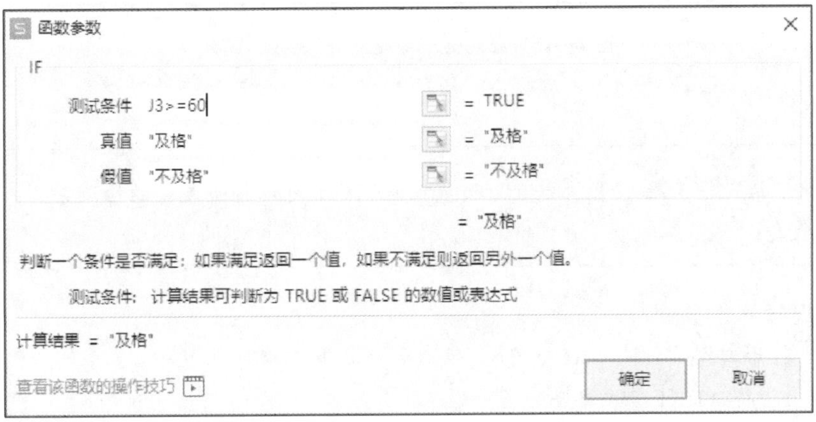

函数参数

IF

测试条件 J3>=60 = TRUE

真值 "及格" = "及格"

假值 "不及格" = "不及格"

= "及格"

判断一个条件是否满足：如果满足返回一个值，如果不满足则返回另外一个值。

测试条件：计算结果可判断为 TRUE 或 FALSE 的数值或表达式

计算结果 = "及格"

查看该函数的操作技巧

确定 取消

图 4-43 输入参数

IF 函数的嵌套。如果图 4-42 中的例子增加一个条件：若平均分≥90，总评为“优秀”；平均分≥60 且<90 时，总评为“及格”，其他不变，就需要使用 IF 函数的嵌套来实现。

在图 4-42 的例子的第 2 个参数“及格”的位置，使用 IF 函数根据是否大于等于 90 分来划分“优秀”和“及格”，即“=IF(J3>=60,IF(J3>=90,"优秀","及格"),"不及格")”，如图 4-44 所示。

同理，在 IF“函数参数”对话框中，将第 2 个参数“及格”改写成“IF(J3>=90,"优秀","及格")”后单击“确定”按钮便可，如图 4-45 所示。

K3　=IF(J3>=60,IF(J3>=90,"优秀","及格"),"不及格")

A	B	C	D	E	F	G	H	I	J	K	L	M	N
110001	李三伟	男	20	18	13	12	12	12	87	及格			
110002	区林	女	18	13	12	13	12	11	79	及格			
110003	王国兴	女	17	14	11	14	11	14	81	及格			
110004	刘拓	女	16	20	14	15	15	15	95	优秀			
110005	李林	男	18	16	12	11	12	12	81	及格			
110006	洪成西	男	19	19	12	10	12	11	83	及格			
110007	张宝成	女	20	20	14	11	14	15	94	优秀			
110008	李四甲	男	8	8	10	6	13	13	58	不及格			
110009	王文娟	男	13	11	11	15	11	6	67	及格			

图 4-44　嵌套使用 IF 函数

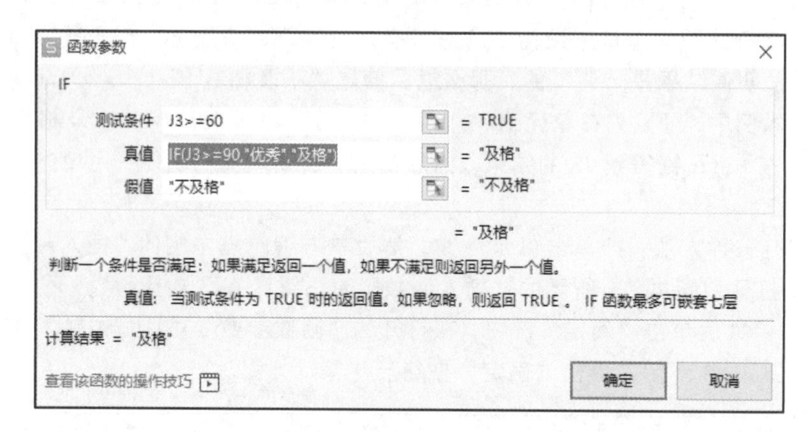

图 4-45　在对话框中使用 IF 函数的嵌套

提示

函数 IF 最多可以嵌套 7 层，用“真值”及“假值”参数可以构造复杂的检测条件。本例中使用了两层嵌套。

微课
WPS 表格 4.3-2

※视频案例要求：

打开工作簿文件“score.xlsx”文件，完成如下操作。

1. 将 A1:K1 单元格合并居中。

2. 把 Sheet1 工作表重命名为“成绩表”，删除 Sheet2 和 Sheet3 工作表，在“成绩表”的“学号”列左边增加“序号”字段，序号为“001、002、003、004……”。

3. 利用函数或公式计算出“考试成绩”（考试成绩为：选择题、第 2 题、第 3 题、第 4 题、第 5 题、第 6 题成绩之和）。

4. 根据“考试成绩”利用 IF 函数填充“总评”：考试成绩大于等于 60 分为“及格”，不到 60 分为“不及格”。

微课
WPS 表格 4.3-3

※视频案例要求：

打开工作簿文件“企业产品维修情况表.xlsx”，完成如下操作。

1. 将工作表 Sheet1 的 A1:E1 单元格合并居中；设置 A2:E17 单元格的内容水平居中，垂直靠上。

2. 设置表格 A1:E17 的外框线为双实线，内框线为单细线，设置 A2:E2 区域单元格底纹填充为浅蓝色。

3. 利用公式计算维修件数所占比例（维修件数所占比例 = 维修件数/销售数量，百分比型，保留小数点后 2 位小数）。

4. 利用 IF 函数给出“评价”列的信息，维修件数所占比例的数值大于 10%，在“评价”列内给出“一般”信息，否则给出“良好”信息。

※视频案例要求：

打开工作簿文件“计算机考试成绩单.xlsx”，完成如下操作。

1. 在“考试成绩”列计算各位学生的考试成绩（注：考试成绩=选择题+第 1 题+第 2 题+第 3 题+第 4 题）。

2. 在“总评”列计算各位学生的总评成绩（注：总评成绩=考试成绩*40%+平时成绩*60%）。

3. 在“备注”列填写各位学生的成绩等级。如果总评成绩大于 85，则总评成绩为“优秀”，如果总评成绩大于 75，则总评成绩为“良好”，如果总评成绩大于等于 60，则总评成绩为“及格”，如果总评成绩小于 60，则总评成绩为“不及格”。

4. 利用条件格式将等级为“不及格”3 个字的格式设置为“浅红填充色深红色文本”。

微课
WPS 表格 4.3-4

※视频案例要求：

打开工作簿“销售业绩提成表.xlsx”文件，完成如下操作。

1. 将 Sheet1 工作表的 A1:G1 单元格合并为一个单元格，内容水平居中。

2. 计算“合计”行和“总销售量”列。

3. 利用 IF 函数的嵌套计算：如 A 产品和 B 产品的销量都大于 8000，则在备注栏内给出信息“有奖金”，否则给出信息“无奖金”。

4. 将现有工作表 Sheet1 重命名为“业绩提成表”。

微课
WPS 表格 4.3-5

※视频案例要求：

打开“学生成绩单.xlsx”文件，完成如下操作。

1. 将 Sheet1 工作表的 A1:G1 单元格合并为一个单元格，内容水平居中。

2. 计算“主科成绩”列，主科成绩=数学+英语+物理+化学。

3. 计算“平均成绩”列，平均成绩=各科成绩的平均值，结果四舍五入取整。

4. 如果主科成绩>=240，或者平均成绩>=60，则有总评成绩为及格，否则为不及格。

5. 将现有工作表 Sheet1 重命名为“学生成绩统计表”。

微课
WPS 表格 4.3-6

（5）RANK 函数

RANK 函数返回某数字在一列数字中相对其他数值的大小排名。

RANK 函数格式为：RANK(数值,引用,排位方式)。

其中，“数值”为指定的数字，指具体哪个数字参与排名，在图 4-46 中指 D3 单元格的 64；

“引用”为一组数或一个数据列表的引用，是指“数值”在哪一组数据中的排名，在图 4-46 中是指$D$3:$D$12 这一列数据；

“排位方式”为排位的方式，是指降序还是升序，也就是从高到低还是从低到高排位。在图 4-46 中是指从高分到低分这样的一个次序。

图 4-46 中 RANK 函数是 D3 单元格的数据在 D3:D12 这一列数据中从高到低排名第 7。

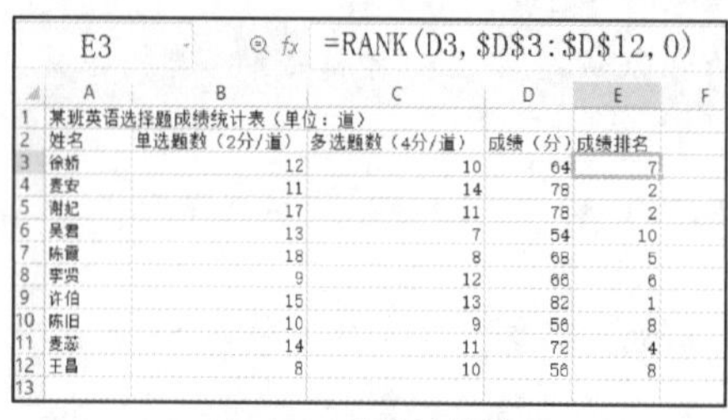

E3　=RANK(D3, $D$3:$D$12, 0)

	A	B	C	D	E	F
1	某班英语选择题成绩统计表（单位：道）					
2	姓名	单选题数（2分/道）	多选题数（4分/道）	成绩（分）	成绩排名	
3	徐娇	12	10	64	7	
4	费安	11	14	78	2	
5	谢妃	17	11	78	2	
6	吴君	13	7	54	10	
7	陈薇	18	8	68	5	
8	李贤	9	12	66	6	
9	许伯	15	13	82	1	
10	陈旧	10	9	56	8	
11	费蕊	14	11	72	4	
12	王晶	8	10	56	8	
13						

(a) RANK函数计算排名

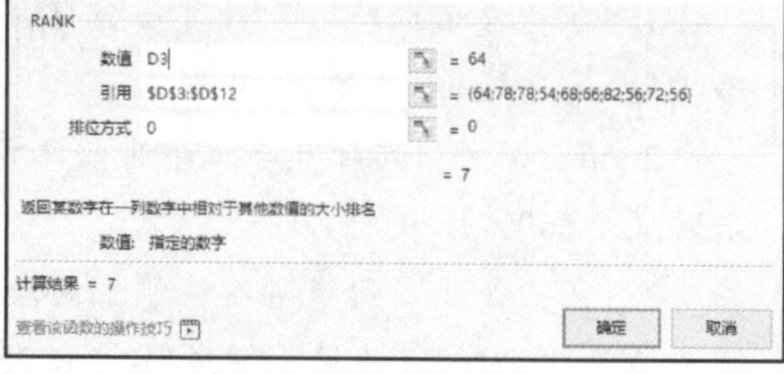

(b) RANK函数参数

图 4-46　使用 RANK 函数

提示

RANK 函数要区别于后续内容中的排序，RANK 函数是计算排名第几，排序是数据列表按照一定次序规则重组。RANK 函数的参数“引用”一般需要使用绝对引用。

微课

WPS 表格 4.3-7

※视频案例要求：

打开“英语成绩排名.xlsx”，完成如下操作。

1. 将 A1:E1 单元格合并居中。
2. 计算“成绩（分）”列（成绩=单选题*2+多选题*4）。
3. 按成绩的降序次序计算“成绩排名”列的内容（利用 RANK 函数，降序）。
4. 利用表格样式将 A2:E12 设置为表样式浅色 11。

（6）COUNT 函数、AVERAGE 函数、MAX 函数和 MIN 函数

COUNT 函数计算包含数字的单元格以及参数列表中数字的个数。

AVERAGE 函数返回参数的平均值（算术平均值）。

MAX 函数返回一组值中的最大值。

MIN 函数返回一组值中的最小值。

COUNT 函数、AVERAGE 函数、MAX 函数和 MIN 函数参数的格式与 SUM 函数一致，有两种形式：

第 1 种：参数中每个数字、单元格、表达式用逗号隔开，如(数字 1,数字 2,数字 3……)，如 MAX(3,B15,5*6)。

第 2 种：参数是连续的地址，用开始和结束的地址表示，用冒号（：）隔开（列表开始单元格地址：列表结束单元格地址），如 AVERAGE(B3:F16)。

※视频案例要求：

打开“研究生招生考试成绩表.xls”，完成如下操作。

1. 合并单元格 A1:H1，并使内容居中对齐。

2. 利用 SUM、AVERAGE 函数分别计算每人的总分（总分=政治+高数+英语+基础课）、平均分。

3. 统计数据列表人数置于 B19 单元格。

4. 利用 MAX、MIN 函数分别计算每科的最高分、最低分。

微课

WPS 表格 4.3-8

（7）COUNTIF 函数、SUMIF 函数、AVERAGEIF 函数

COUNTIF 函数是计算区域中满足给定条件的单元格的个数。

COUNTIF 函数格式为：COUNTIF(区域,条件)。COUNTIF 函数的作用是在参数“区域”范围内，满足参数“条件”的单元格个数。

如图 4-47 所示计算每科不及格人数：“区域”是 B2:B49，“条件”是“<60”。

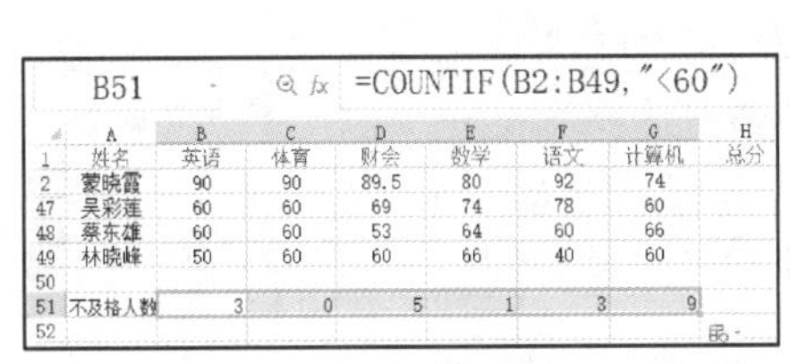

(a) COUNTIF函数

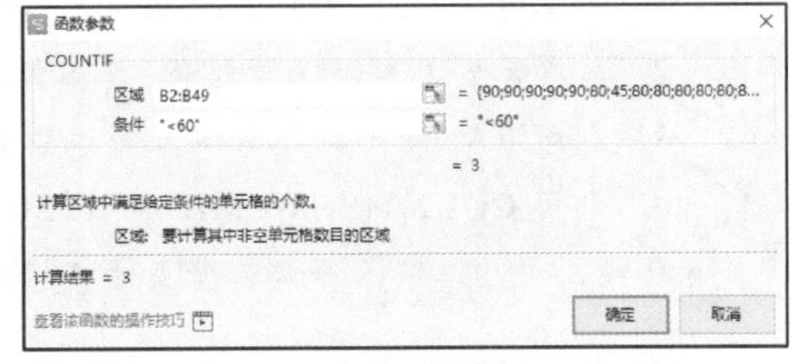

(b) COUNTIF函数参数

图 4-47 使用 COUNTIF 函数统计数据

SUMIF 函数是满足条件的单元格求和。

SUMIF 函数格式为：SUMIF(区域,条件,求和区域)。其中参数“求和区域”是要进行求和计算的实际单元格，一般是数值型数据。SUMIF 函数的作用是在参数“区域”范围内，满足参数“条件”的单元格，计算与之相对应的“求和区域”之和。

如图 4-48 所示为计算生产部门职工工资总额：在“部门”列中满足“生产”的职工与之对应的“实发工资（元）”列的单元格求和。

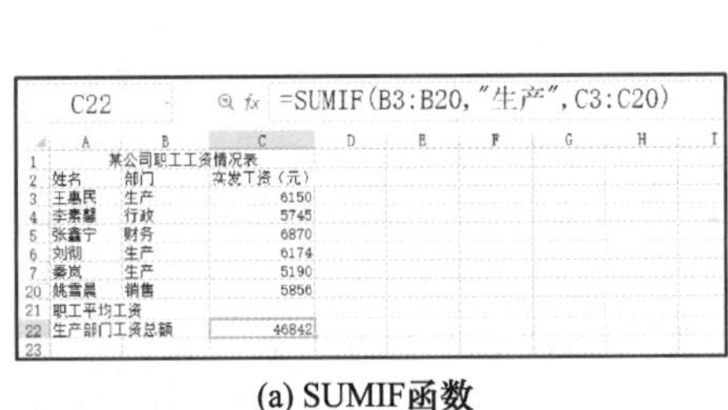

(a) SUMIF函数

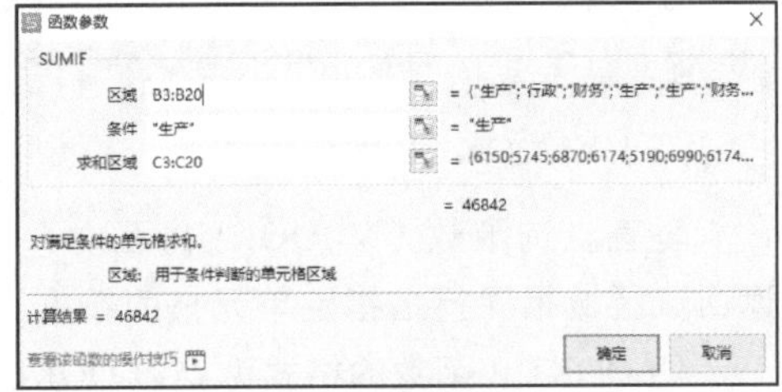

(b) SUMIF函数参数

图 4-48 求符和条件的和

AVERAGEIF 函数与 SUMIF 函数相似，是满足条件的单元格求平均值。

如图 4-49 所示为计算生产部门职工平均工资总额：在“部门”列中满足

“生产”的职工与之对应的“实发工资（元）”列的单元格求平均值。

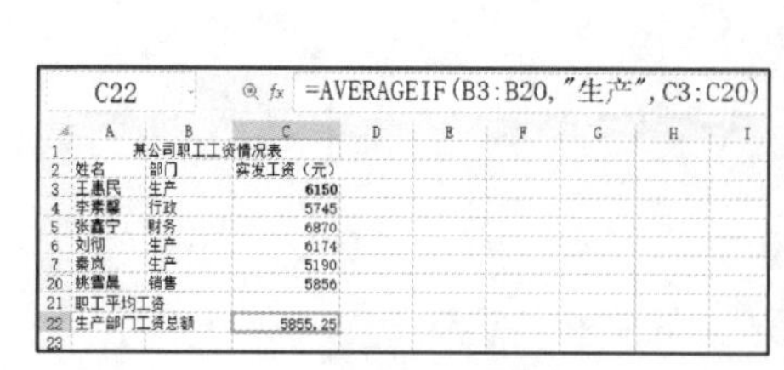

(a) AVERAGEIF函数

(b) AVERAGEIF函数参数

图 4-49　求符合条件的平均值

微课
WPS 表格 4.3-9

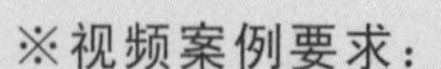

※视频案例要求：

打开文件 EX1.xls，完成如下操作。

1. 将工作表 Sheet1 的 A1:G1 单元格合并居中。

2. 计算工资总额（工资总额=基本工资+奖金+补贴）。

3. 利用 RANK 函数计算按工资总额从高到低的排名。

4. 利用 COUNTIF、SUMIF 和 AVERAGEIF 函数分别计算工程师的数量、工资总额、平均工资人平均工资置于 C12:C14 单元格。

微课
WPS 表格 4.3-10

※视频案例要求：

打开工作簿文件“学校统计表.xlsx”，在“育才小学统计”工作表完成如下操作。

1. 将单元格 A1:E1 合并居中。

2. 在 G4 单元格内计算所有职工的平均年龄（利用 AVERAGE 函数，数值型，保留小数点后 1 位小数）。

3. 利用 COUNTIF 函数在 G5 和 G6 单元格内计算男职工人数和女职工人数。

4. 利用 AVERAGEIF 函数在 G7 和 G8 单元格内分别计算男、女职工的平均年龄。

5. 根据“体育用品采购售情况表”工作表，利用 SUMIF 函数在 G12:G14 单元格内分别计算跳绳、跳棋、象棋的采购金额（“¥”货币型数据，小数点后保留 2 位）。

（8）VLOOKUP 函数

垂直查询函数（VLOOKUP 函数）是搜索指定单元格区域的第 1 列，然后返回该区域相同行上指定单元格的数据。

VLOOKUP 函数的格式为：VLOOKUP(查找值,数据表,列序数,匹配条件)。其中，“查找值”是在“数据表”第 1 列中搜索的值。“数据表”是需要在其中查找数据的数据列表。“列序数”是最终返回数据所在“数据表”中的列号。“匹配条件”是指查找时是要求精确匹配，还是大致匹配。其中精确匹配如果找不到，则返回错误值#N/A；大致匹配如果找不到，则返回小于“查找值”的最大值。

例如，利用 VLOOKUP 函数根据“图书编号”在“编号对照”工作表查找图书名称，如图 4-50 所示。

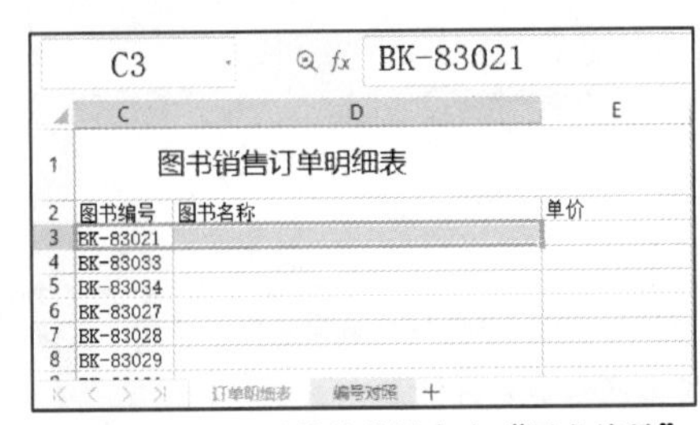

(a) VLOOKUP函数的关键字为“图书编号”

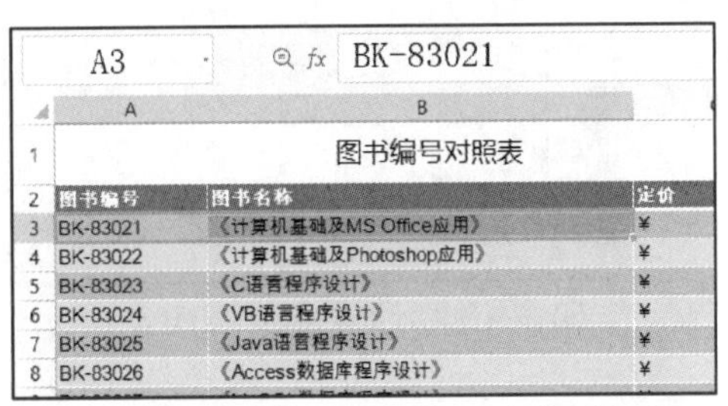

(b) “编号对照”工作表中图书名称为第2列

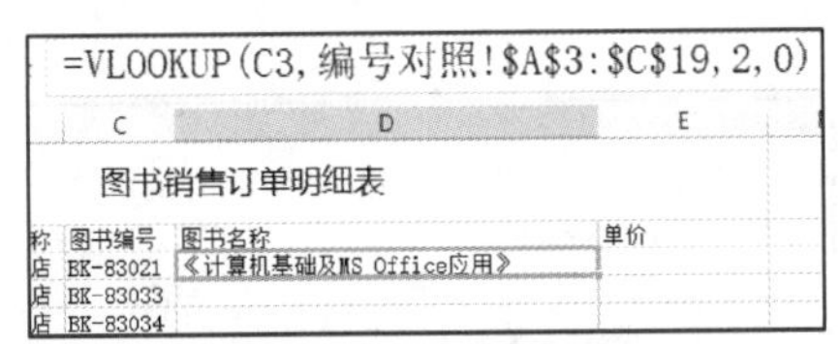

(c) VLOOKUP函数的参数

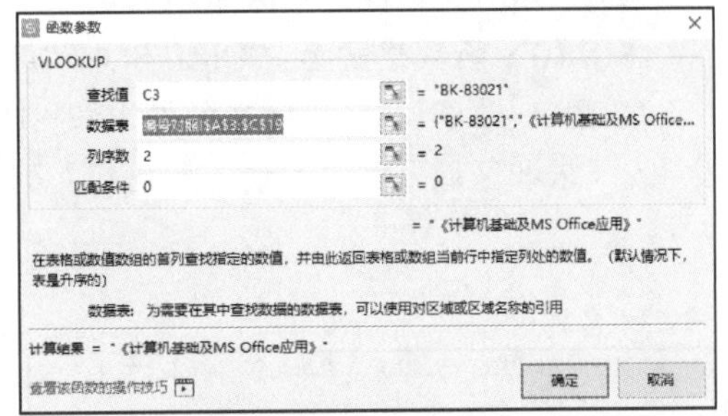

(d) VLOOKUP函数的“数据表”参数需要锁定

图 4-50　利用 VLOOKUP 函数查找

※视频案例要求：

打开“图书订单明细表.xlsx”，完成如下操作。

1. 将“订单明细表”工作表中的“单价”列调整为“会计专用（人民币）”数字格式。

2. 根据图书编号，在“订单明细表”工作表的“图书名称”列中，使用 VLOOKUP 函数完成图书名称的自动填充。“图书名称”和“图书编号”的对应关系在“编号对照”工作表中。

3. 根据图书编号，在“订单明细表”工作表的“单价”列中，使用 VLOOKUP 函数完成图书单价的自动填充。“单价”和“图书编号”的对应关系在“编号对照”工作表中。

微课
WPS 表格 4.3-11

（9）COUNTIFS 函数、SUMIFS 函数、AVERAGEIFS 函数

与 COUNTIF 函数、SUMIF 函数、AVERAGEIF 函数相比较，这些是多条件计数、多条件求和、多条件平均值函数。

① COUNTIFS 函数是计算区域中满足多个给定条件的单元格的个数。

COUNTIFS 函数格式为：COUNTIFS(区域 1,条件 1,[区域 2,条件 2]…)。

如图 4-51 所示，利用多条件计数 COUNTIFS 函数统计三班的男生人数。“班级”列条件为“三班”，“性别”列为“男”。

fx =COUNTIFS(C3:C102,"三班",D3:D102,"男")

B	C	D	E	M	N
2021级法律专业各班期末成绩单					
姓名	班级	性别	英语	立法法	平均分
潘志阳	一班	男	76.1	88.9	80.93
于慧霞	一班	女	78.2	89.4	83.06
朱朝阳	二班	男	84.4	86.4	82.41
马亚茹	二班	男	76.2	89.1	86.31
王娜	三班	女	82.4	91.3	83.71
马杰	三班	男	52.2	84.3	75.98
向红丽	四班	女	83.8	91.7	82.68
李佳旭	四班	男	89.3	86.3	84.09

(a) 多条件的计数使用COUNTIFS

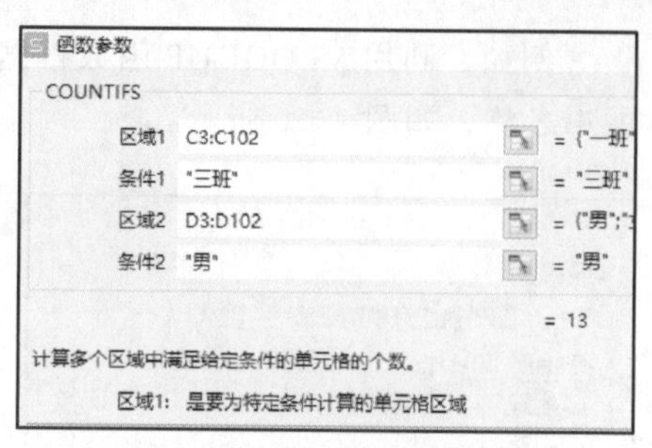

(b) COUNTIFS函数参数的设置

图 4-51　使用 COUNTIFS 函数实现多条件计数

② SUMIFS 函数是对区域内满足多个给定条件的单元格求和。

SUMIFS 函数格式为：SUMIFS(求和区域,区域 1,条件 1,[区域 2,条件 2]…)。

如图 4-52 所示，利用多条件求和 SUMIFS 函数统计二班女生的英语成绩之和。“求和区域”为“英语”，“班级”列条件为“二班”，“性别”列为“女”。

fx =SUMIFS(E3:E102,C3:C102,"二班",D3:D102,"女")

B	C	D	E	M	N
2021级法律专业各班期末成绩单					
姓名	班级	性别	英语	立法法	平均分
潘志阳	一班	男	76.1	88.9	80.93
于慧霞	一班	女	78.2	89.4	83.06
朱朝阳	二班	男	84.4	86.4	82.41
马亚茹	二班	男	76.2	89.1	86.31
王娜	三班	女	82.4	91.3	83.71
马杰	三班	男	52.2	84.3	75.98
向红丽	四班	女	83.8	91.7	82.68
李佳旭	四班	男	89.3	86.3	84.09

(a) 多条件的求和使用SUMIFS

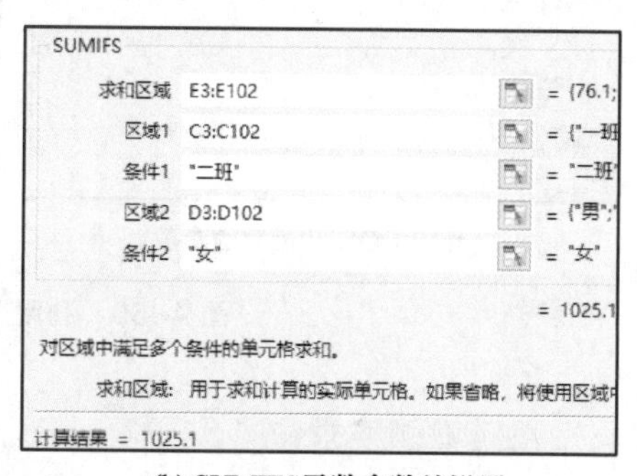

(b) SUMIFS函数参数的设置

图 4-52　使用 SUMIFS 函数实现多条件求和

③ AVERAGEIFS 函数是对区域内满足多个给定条件的单元格求平均值。

AVERAGEIFS 函数格式为：AVERAGEIFS(求平均值区域,区域 1,条件 1,[区域 2,条件 2]…)。

如图 4-53 所示，利用多条件求平均值 AVERAGEIFS 函数统计三班女生的英语成绩的平均值。“求平均值区域”为“英语”，“班级”列条件为“三班”，“性别”列为“女”。

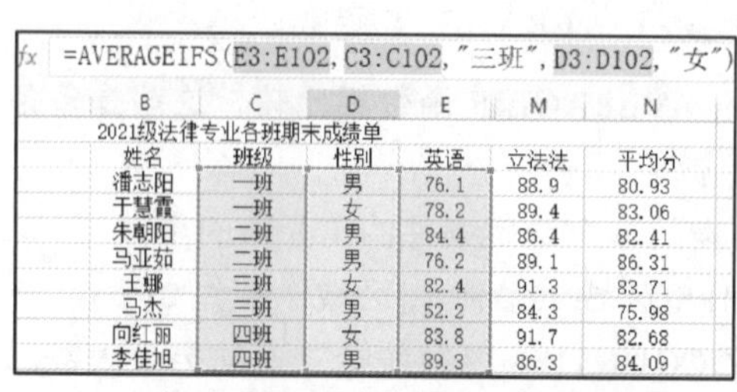
fx =AVERAGEIFS(E3:E102,C3:C102,"三班",D3:D102,"女")

B	C	D	E	M	N
2021级法律专业各班期末成绩单					
姓名	班级	性别	英语	立法法	平均分
潘志阳	一班	男	76.1	88.9	80.93
于慧霞	一班	女	78.2	89.4	83.06
朱朝阳	二班	男	84.4	86.4	82.41
马亚茹	二班	男	76.2	89.1	86.31
王娜	三班	女	82.4	91.3	83.71
马杰	三班	男	52.2	84.3	75.98
向红丽	四班	女	83.8	91.7	82.68
李佳旭	四班	男	89.3	86.3	84.09

(a) 多条件的求平均值使用AVERAGEIFS

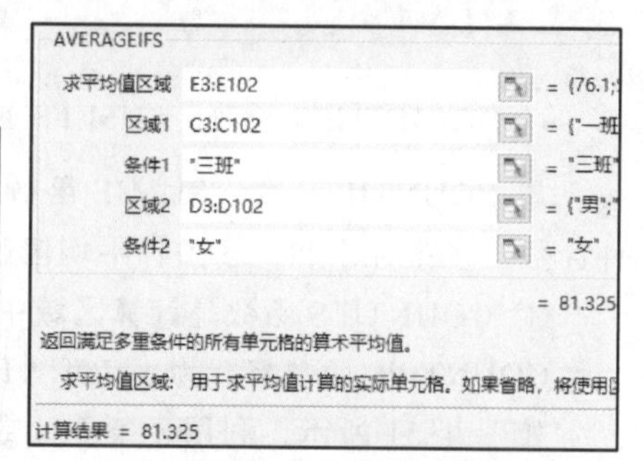

(b) AVERAGEIFS函数参数的设置

图 4-53　使用 AVERAGEIFS 函数实现多条件求平均值

※视频案例要求：

打开“订单统计表.xlsx”文件，完成如下操作。

1. 根据“产品基本信息表”工作表，利用 VLOOKUP 函数求出“单价”列信息；

2. 计算销售额（元）列，销售额（元）=销售量*单价。

3. 利用 COUNTIFS 函数求出 A1 产品 1～6 月订单数量。

4. 利用 SUMIFS 函数求出 A2 产品 1～6 月销售量。

5. 利用 AVERAGEIFS 函数求出 B3 产品 1～6 月每个订单的平均销售额。

微课
WPS 表格 4.3-12

※视频案例要求：

打开“机关人员工资情况表.xlsx”文件，完成如下操作。

1. 将单元格区域 A1:D1 合并居中。

2. 利用 COUNTIF 函数求出各职称的“人数”列信息。

3. 利用 AVERAGEIF 函数求出各职称“基本工资平均值（元）”，保留 1 位小数。

4. 利用 AVERAGEIFS 函数求出男女各职称“基本工资平均值（元）”，保留 1 位小数。

微课
WPS 表格 4.3-13

※视频案例要求：

打开“选修课成绩表.xlsx”文件，完成如下操作。

1. 将单元格区域 A1:E1 合并居中。

2. 根据“学生班级信息表”工作表，利用 VLOOKUP 函数求出“班级”列信息。

3. 根据“成绩等级对照表”的“成绩范围”利用 IF 函数求出各学生的“成绩等级”列信息。

4. 利用 AVERAGEIF 函数求出“各课程平均成绩”中各课程号的“平均成绩”列信息。

5. 利用 COUNTIF 函数求出“各班级选课人数表”中的“人数”列信息。

微课
WPS 表格 4.3-14

※视频案例要求：

打开“研究所人员情况统计表.xlsx”文件，完成如下操作。

1. 将单元格区域 A1:G1 合并居中。

2. 根据“基础工资对照表”工作表，利用 VLOOKUP 函数求出“基础工资（元）”列信息。

3. 求出“工资合计（元）”列信息，工资合计（元）=基础工资（元）+岗位工资（元）；

4. 利用 COUNTIFS 函数求出“统计表 1”中的“人数”列信息。

5. 利用 AVERAGEIF 函数求出“统计表 2”中的“平均岗位工资（元）”和“平均工资（元）”列信息，保留 1 位小数。

6. 利用 SUMIFS 函数求出“统计表 3”中的“工资总额（元）”列信息。

微课
WPS 表格 4.3-15

（10）其他常用的函数

除上述函数外，还有一些在日常生活中常用的函数。例如，绝对值函数 ABS、向下取整函数 INT、四舍五入函数 ROUND、取年份函数 YEAR、取月份函数 MONTH、取日期函数 DAY、截取字符串函数 MID、左侧截取字符串函数 LEFT、右侧截取字符串函数 RIGHT、删除空格函数 TRIM、字符个数函数 LEN 等，由于本书篇幅有限，不做详细介绍。

4.3.2　数据排序

对工作表中的数据按照一定要求进行排序是常见的数据操作之一，可以帮助用户顺序查看、处理数据。排序时需要注意：工作表中的数据是以二维表的形式来组织的，表格中的每一列称为一个字段，一个工作表包括有多个字段，每个字段有字段名称及字段值。表格中的每一行称为一条记录，而每条记录中的各个字段值通常是相互关联的，如图 4-54 所示，这样的表格又可以称为工作表中的数据清单。在对数据清单中的数据进行排序时，要以记录为单位进行整体排序，而不能只对某一字段的值进行排序。

J3　=IF(I3>=80,"优良",IF(I3>=60,"及格","不及格"))

	A	B	C	D	E	F	G	H	I	J
1	成绩总表									
2	姓名	英语	体育	财会	数学	语文	计算机	总分	平均成绩	总评
3	蒙晓霞	90	90	89.5	80	92	74	515.5	85.9	优良
4	林巧莉	80	90	95.5	84	96	67	512.5	85.4	优良
5	覃业俊	45	80	60	65	60	37	347.0	57.8	不及格
6	朱珊	80	80	67.5	82	79	83	471.5	78.6	及格

字段名

一条记录

图 4-54　数据清单

1. 简单排序

可以使用“数据”功能区的“排序”中的（升序）、（降序）工具对工作表数据进行单列排序，具体方法为：先选定需要排序的数据某列中的任一单元格，然后单击“数据”功能区中的“排序”按钮，在下拉菜单中选择“升序”命令或“降序”命令，即对工作表数据按照所选列的数据以升序或降序的方式进行排列。

2. 条件排列

如果需要设置多重排序条件，可使用“排序”对话框。如图 4-55（a）所示，为了排名次，需要对“学生成绩表”中的记录按照学生总分的降序进行排列，如果学生的总成绩相同，则对学生总成绩相同的记录按照英语成绩的降序排列。其操作方法如下。

选定要排序的数据清单区域或先选定需要排序的数据某列中的任一单元格，然后单击“数据”功能区中的“排序”按钮，在下拉列表中选择“自定义排序”命令，打开如图 4-55（b）所示的“排序”对话框。

在对话框中设置进行数据排序所依据的关键字段名，如果是一个字段，则只需要设置“主要关键字”。而如果是多个字段，则还要单击“添加条件”按钮，分别设置“次要关键字”及“第三关键字”等选项，并选择排序的方向（升序或降序）。按本例要求，以学生的“总分”字段的值作为排序的主要关键字，排序方向为降序，以“英语”字段的值作为排序的次要关键字，排序方向为降序。

在对话框中设置排序的区域是否包括标题行，如果选中“数据包括标题”复选框那么选定区域中的第 1 行会作为标题而不能参与排序，否则选定区域的所有数据均参与排序。

设置完毕后，可以看到排序的结果如图 4-55（c）所示，所有学生成绩记录均按照总分的降序进行排列，而总成绩相同时则按照英语成绩的降序进行排列。

	A	B	C	D	E	F	G	H
1	成绩总表							
2	姓名	英语	体育	财会	数学	语文	计算机	总分
3	蒙晓霞	90	90	89.5	80	92	74	515.5
4	林巧莉	80	90	95.5	84	96	67	512.5
5	覃业俊	45	80	60	65	60	37	347.0
6	朱珊	80	80	67.5	82	79	83	471.5
7	林平	80	80	85.5	75	79	60	459.5

(a) 待排序的成绩总表

排序

＋ 添加条件(A)　删除条件(D)　复制条件(C)　选项(O)...　☑ 数据包含标题(H)

列		排序依据	次序
主要关键字	总分	数值	降序
次要关键字	英语	数值	降序

确定　取消

(b)“排序”对话框

	A	B	C	D	E	F	G	H
1	成绩总表							
2	姓名	英语	体育	财会	数学	语文	计算机	总分
3	蒙晓霞	90	90	89.5	80	92	74	515.5
4	林巧莉	82	90	95.5	82	96	67	512.5
5	符晓	80	80	85.5	84	91	92	512.5
6	曾卓玲	70	80	97.5	77	92	96	512.5
7	周丽萍	80	70	78.5	80	88	92	488.5

(c) 排序后的成绩表

图 4-55　使用“排序”对话框排序

※视频案例要求：

打开工作簿“成绩单.xlsx”文件，完成如下操作。

1. 合并 A1:H1 单元格，合并后内容居中。
2. 计算总分和平均分，平均分保留 1 位小数。
3. 以“计算机”为主要关键字升序排序、以“英语”为次要关键字降序排序。

微课

WPS 表格 4.3-16

4.3.3　数据筛选

“数据筛选”是在工作表数据清单中快速查找满足指定条件的记录的一种方法，通过筛选，数据清单中不满足条件的记录将被隐藏，而只显示满足条件的记录，便于用户查看。

1. 自动筛选

自动筛选的方法为：选定要筛选的数据清单区域，单击“数据”功能区的“自动筛选”按钮，数据清单区域就会变成如图 4-56（a）所示的格式。每列的字段名处都会出现一个下拉箭头，要按照某个字段的数据进行筛选，只需单击该字段名处的下拉箭头，从下拉列表框中进行筛选值的选择即可，如筛选所有“课程名称”为“人工智能”的学生成绩记录，在“课程名称”字段的下拉表框中选中“人工智能”复选框即可，如图 4-56（b）所示。

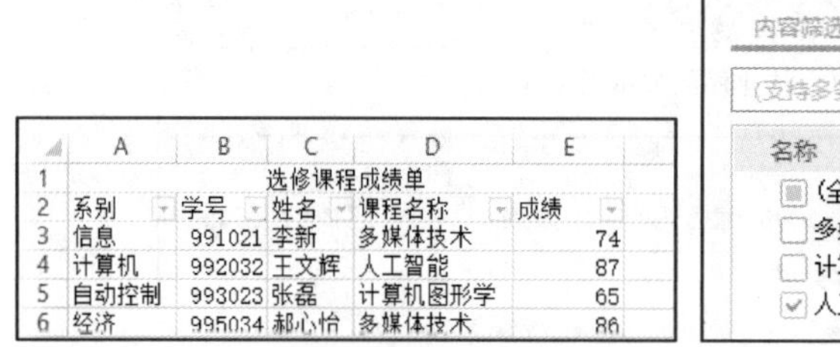

	A	B	C	D	E
1	选修课程成绩单				
2	系别	学号	姓名	课程名称	成绩
3	信息	991021	李新	多媒体技术	74
4	计算机	992032	王文辉	人工智能	87
5	自动控制	993023	张磊	计算机图形学	65
6	经济	995034	郝心怡	多媒体技术	86

(a) 自动筛选

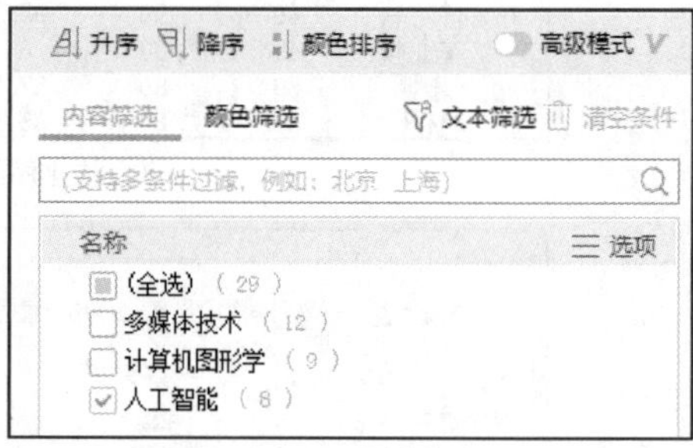

(b) 人工智能

图 4-56　使用自动筛选

如果筛选的条件复杂一些，可以单击筛选字段下拉列表框中的“数字（或文本）筛选”按钮，在弹出的菜单中选择“自定义筛选”命令，打开如图 4-57 所示的“自定义自动筛选方式”对话框，从中进行筛选条件的设定，如筛选满足成绩在 70～80 的学生记录。自动筛选中的“与”指两个条件都要满足，“或”指两个条件满足其一即可。

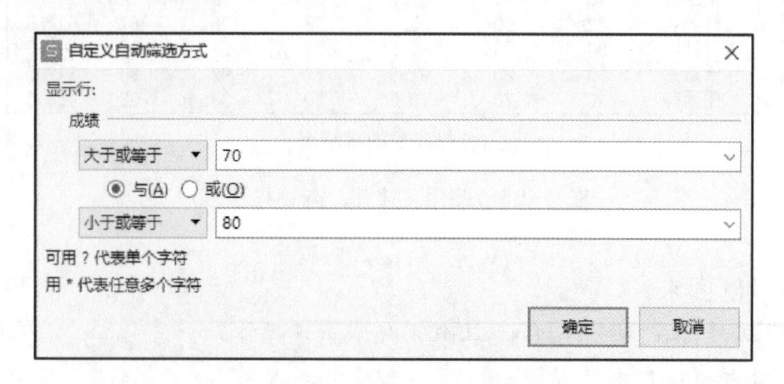

图 4-57　“自定义自动筛选方式”对话框

筛选结束后，若要取消筛选操作，只需单击“数据”功能区的“自动筛选”

按钮，就可以取消筛选状态，恢复正常编辑状态。

※视频案例要求：

打开“成绩单.xlsx”文件，完成如下操作。

对工作表“选修课程成绩单”内数据清单的内容进行筛选，条件为“系别为信息或自动控制，课程名称为多媒体技术或人工智能的所有记录”。

微课
WPS 表格 4.3-17

2．高级筛选

通过构建复杂条件可以实现高级筛选。所构建的复杂条件需要放置在工作表单独的区域内，可以为该条件区域命名以便引用。构建高级筛选的方法为：首先在数据清单的上边输入筛选条件，如图 4-58（a）所示，然后选定数据清单区域内的任一单元格，单击“数据”功能区“高级筛选”分组的“对话框启动器”按钮，如图 4-58（b）所示，打开如图 4-58（c）所示的“高级筛选”对话框。在该对话框中，将“筛选方式”设置为“将筛选结果复制到其他位置”，“列表区域”选择数据清单所在的区域，“条件区域”选择如图 4-58（a）所示的条件所在区域，“复制到”选定一个起始单元格。最后，单击“确定”按钮。本例的筛选是系别为信息或考试成绩大于 80 分的所有记录。

	A	B	C	D
1	系别			考试成绩
2	信息			
3				>80
4	系别	学号	姓名	考试成绩
5	信息	211021	李新	74
6	计算机	212032	王文辉	87
7	自动控制	213023	张磊	65

(a) 筛选条件

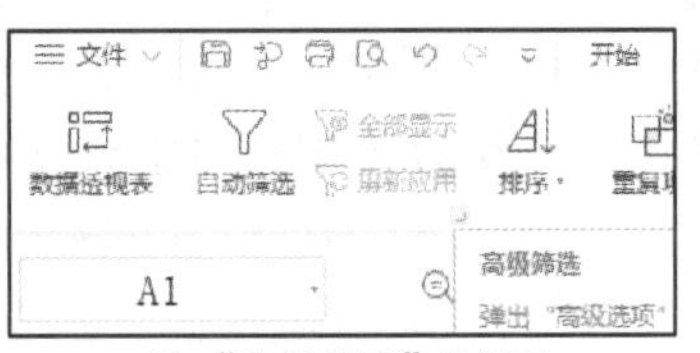

(b)“高级筛选”分组的“对话框启动器”按钮

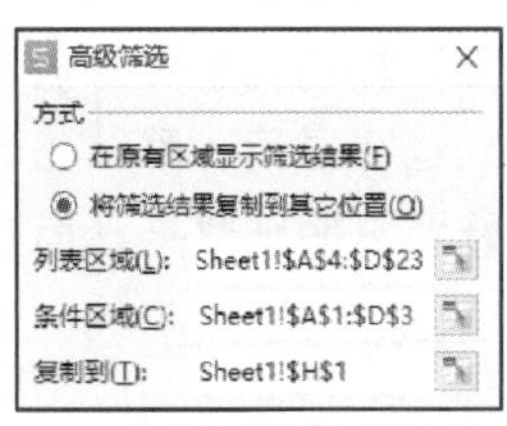

(c)“高级筛选”对话框

图 4-58　高级筛选的应用

提示

在高级筛选中，一般情况下，条件区域与数据清单之间要有空行（列）分开；条件区域至少有两行，第 1 行放字段名，下一行放条件；条件区域的字段名与数据清单中的要完全一致；“与”关系的条件要放在同一行，“或”关系的条件要放在不同行。

※视频案例要求：

打开“高级筛选.xlsx”文件，完成如下操作。

1. 对工作表“产品销售情况表”内数据清单的内容，按主要关键字“分公司”的降序次序和次要关键字“产品类别”的升序次序进行排序。

2. 对排序后的数据进行高级筛选（在数据清单前插入 3 行，条件区域设在 A1:G3 单元格区域，请在对应字段列内输入条件，条件是：产品名称为“空调”或“电视”，且销售额排名在前 10 名。

微课
WPS 表格 4.3-18

4.3.4　分类汇总

分类汇总是将数据列表中的数据先按照一定的标准分组，然后使用汇总对同组数据进行指定的统计得到汇总信息。

分类汇总分为两步：

第 1 步：采用“排序”来实现分类。数据的分组是通过排序来实现的，排序的主要关键字对应分组的方法。

第 2 步：使用“分类汇总”实现汇总。“分类汇总”对话框中有 3 项内容需要进行设置，分别为：

- 分类字段：选择用于分类的字段名，与排序中的主要关键字相同。
- 汇总方式：选择进行汇总的计算方式。
- 选定汇总项：选择进行汇总计算的字段，可以为多个。

例如，统计男女同学各科成绩的平均值。首先分析确定分组方式，也就是排序中的“主要关键字”，也是分类汇总中的“分类字段”为“性别”进行排序，如图 4-59（a）所示。然后在“分类汇总”对话框中依次设置分类字段为“性别”、汇总方式为“平均值”、选定汇总项为“哲学”“英语”“计算机”，如图 4-59（b）所示。

除此之外还有几个选择项，可根据需要进行选择，各项设置完毕后单击“确定”按钮，就可以看到如图 4-59（c）所示的分类汇总结果，其结果呈分级形式进行显示，默认是分 3 级，可以单击工作表左部的分级显示符号按钮 + 来展开汇总明细数据，而单击符号按钮 - 则隐藏明细数据。

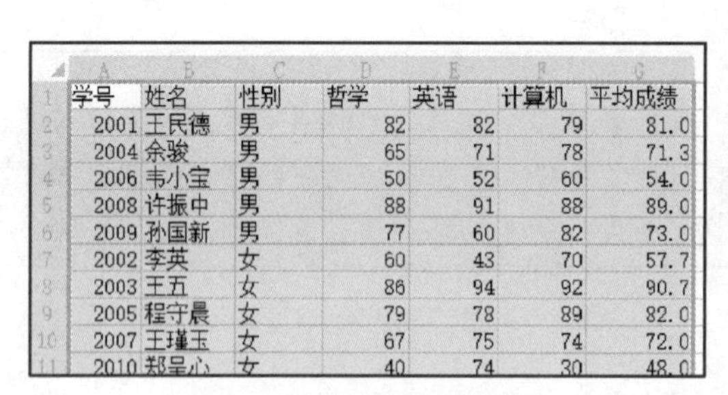

	A	B	C	D	E	F	G
1	学号	姓名	性别	哲学	英语	计算机	平均成绩
2	2001	王民德	男	82	82	79	81.0
3	2004	余骏	男	65	71	78	71.3
4	2006	韦小宝	男	50	52	60	54.0
5	2008	许振中	男	88	91	88	89.0
6	2009	孙国新	男	77	60	82	73.0
7	2002	李英	女	60	43	70	57.7
8	2003	王五	女	86	94	92	90.7
9	2005	程守晨	女	79	78	89	82.0
10	2007	王瑾玉	女	67	75	74	72.0
11	2010	郑呈心	女	40	74	30	48.0

(a) 按“性别”字段进行排序

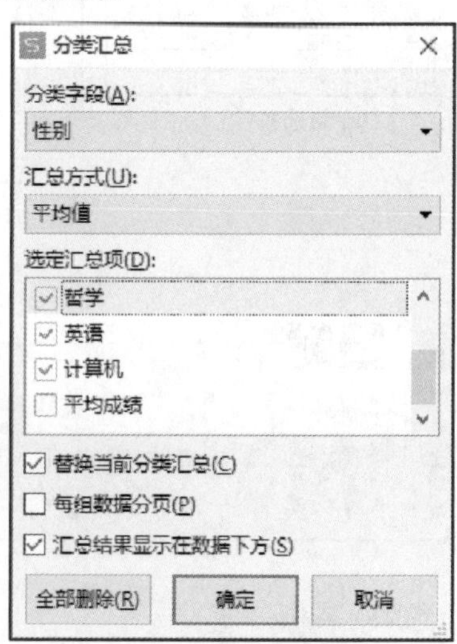

(b)“分类汇总”对话框

	A	B	C	D	E	F	G
1	学号	姓名	性别	哲学	英语	计算机	平均成绩
7			男 平均值	72.4	71.2	77.4	
13			女 平均值	66.4	72.8	71	
14			总平均值	69.4	72	74.2	
15							

(c) 分类汇总结果

图 4-59　分类汇总

删除分类汇总只需在“分类汇总”对话框中，单击“全部删除”按钮即可。

※视频案例要求：

打开工作簿“酒店集团客房出租情况表.xlsx”，完成如下操作。

对工作表“客房出租情况表”内数据清单的内容按主要关键字“出租部门”的升序次序和次要关键字“单价”的降序次序进行排序，对排序后的数据进行分类汇总（汇总结果显示在数据下方），计算各分店所有出租房间的平均单价。

微课

WPS 表格 4.3-19

4.3.5 数据透视表

数据透视表是一种从源数据列表中快速提取并汇总大量数据的交互式表格。利用数据透视表，可以转换行和列以查看源数据的不同汇总结果，以不同的页面显示符合某种条件的数据，可以根据需要汇总、分析、显示区域中的详细数据。之所以称为数据透视表，是因为可以动态地改变它们的版面布置，以便按照不同方式分析数据。当用户试图理解数据表不同元素之间的关系，得出更多原始数据以外的更有用的信息时，数据透视表便是最佳选择。

1. 数据透视表的结构

下面以北京某连锁店 1—3 月的销售额统计表为例来剖析数据透视表的结构。如图 4-60 所示，该连锁店统计表包含字段为“连锁店名称”“月份”“销售额（万元）”，把这 3 个元素提取出来构造一个三维的立方块，这个立方块就是数据透视表的三维结构。

	A	B	C	D
1	北京地区连锁店1-3月销售额统计表			
2	序号	连锁店	月份	销售额（万元）
3	1	海淀区连锁店	1月	15000
4	2	崇文连锁店	1月	11000
5	3	朝阳连锁店	1月	14000
6	4	昌平连锁店	1月	6000
7	5	海淀区连锁店	2月	8000
8	6	崇文连锁店	2月	2000
9	7	朝阳连锁店	2月	7000
10	8	昌平连锁店	2月	4000
11	9	海淀区连锁店	3月	16500
12	10	崇文连锁店	3月	6000
13	11	朝阳连锁店	3月	12000
14	12	昌平连锁店	3月	3000

图 4-60　北京某连锁店 1—3 月的销售额统计表

2. 数据透视表的建立

利用数据透视表向导可以方便地创建数据透视表，其具体操作步骤如下。

① 单击表格中任意一个单元格，然后单击“插入”功能区的“数据透视表”按钮，打开如图 4-61 所示的“创建数据透视表”对话框。选中“新工作表”或“现有工作表”单选按钮，单击“确定”按钮，便建立了空白的数据透视表，如图 4-62 所示。

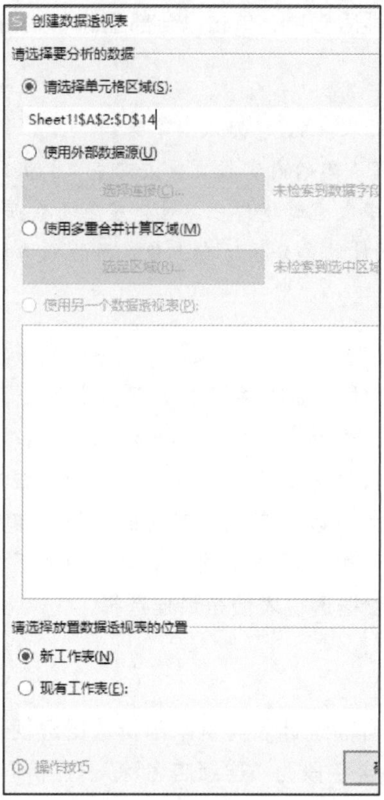

图 4-61 “创建数据透视表”对话框

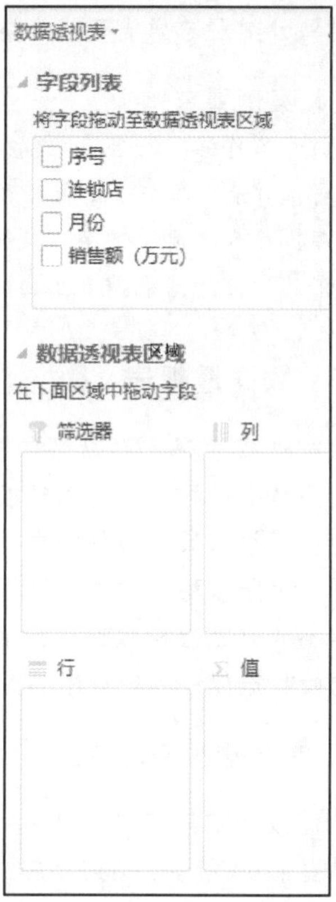

图 4-62 空白的数据透视表

② 向数据透视表中添加字段生成汇总报表。从右侧面板中，将“字段列表”中的“连锁店”“月份”“销售额（万元）”等字段分别拖入“数据透视表区域”中“行”“列”“值”等栏，即可生成所需要的数据透视表，如图 4-63 所示。

求和项:销售额（万元）	月份			
连锁店	1月	2月	3月	总计
昌平连锁店	6000	4000	3000	13000
朝阳连锁店	14000	7000	12000	33000
崇文连锁店	11000	2000	6000	19000
海淀区连锁店	15000	8000	16500	39500
总计	46000	21000	37500	104500

图 4-63 数据透视表

数据透视表的布局设计具有很高的灵活性，用户完全可以根据实际需求制定合理的布局。

需要指出的是，在如图 4-63 所示的窗口中，每个字段名下都有一个下三角按钮，也就是说数据透视表具有更强的筛选功能，筛选的层次也由二维变成三维。例如，关注“朝阳连锁店”和“海淀区连锁店”的销售额，只需单击“连锁店”的下三角按钮，在弹出的下拉列表中选择这两个连锁店；也可以将值字段的“求和项”设置为“平均值”“方差”等其他统计方式。

可见，数据透视表是一张交互式的工作表，可以在不改变原始数据的情况下，按照所选的格式和计算方法对数据进行汇总，可以根据实际工作要求得出需求数据，并且对数据的合理运算可得到原始数据以外的有用信息。建立一张数据透视表可以满足很多视图的需要，从而可以节省为每个需求建立相应视图的大量的工作时间。

※视频案例要求：

打开工作簿文件“销售统计表.xlsx”，完成如下操作。

对工作表“产品销售情况表”内数据清单的内容建立数据透视表，行标签为“分公司”，列标签为“季度”，求和项为“销售数量”，并置于现工作表的I18:M31单元格区域。

微课
WPS 表格 4.3-20

4.4 图表

图表

PPT

由于图表能给人以生动的感性认识，更符合人们的接受习惯，因此使用图表来展示信息就能提供一种更为简洁、普遍的理解信息的方式。WPS 表格的强大功能不仅体现在对数据的处理上，而且它能更方便地把枯燥的数据生成生动的图表展示给信息的需求者。

当然，图表类型对于表达的信息具有重要的影响，对不同的信息，应该采用合适的图表类型来表达。

4.4.1 图表类型

WPS 表格为用户提供的图表类型主要有柱形图、折线图、条形图、饼图等多类图表及若干子类。各类图表又有不同的特点，如图 4-64 所示。

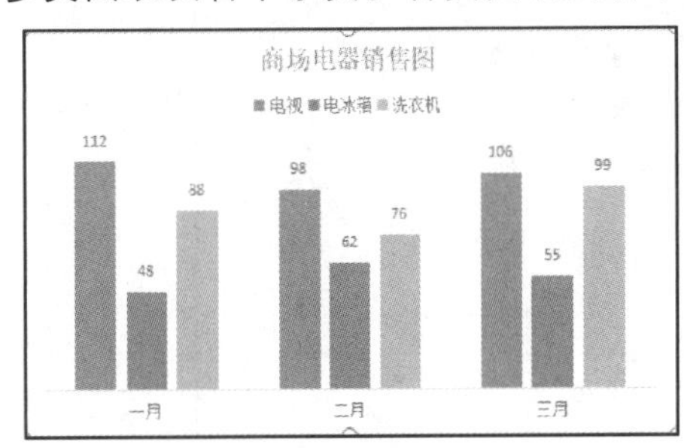

(a) 柱形图

商场电器销售图
—电视 —电冰箱 —洗衣机
112 98 106
88 76 99
48 62 55
一月 二月 三月

(b) 折线图

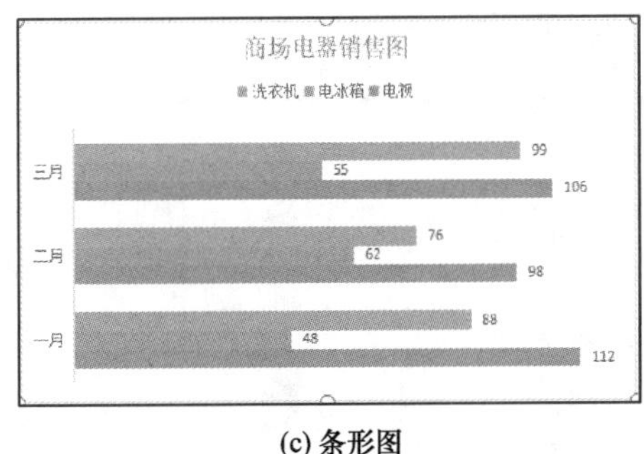

(c) 条形图

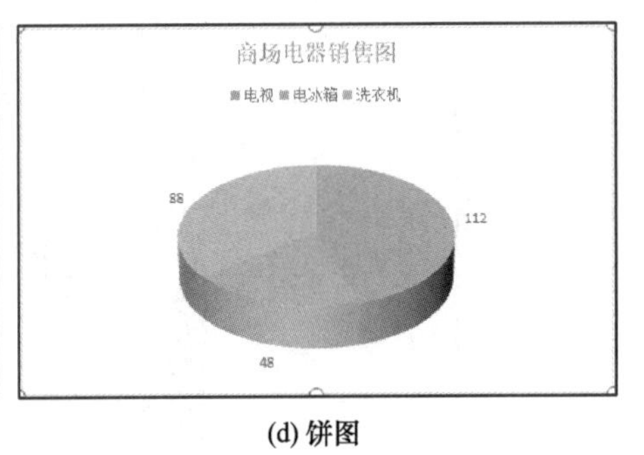

(d) 饼图

图 4-64 各种图表举例

4.4.2 插入图表

图表是根据工作表中的数据生成的，所以在插入图表之前，需要先确定生成图表的数据来源区域，以如图 4-65 所示的书店各类图书销售总量为数据源生成图表，其操作过程如下。

	A	B	C	D	E	F
1	书店销售情况表（万元）					
2	分类	第一季度	第二季度	第三季度	第四季度	销售总量
3	教材类	35.17	28.97	54.34	40.6	159.08
4	科技类	78.56	75.14	87.89	145.55	387.14
5	文艺类	83.23	90.49	88.59	102.14	364.45
6	经济类	87.27	98.43	90.79	99.56	376.05
7	外语类	65.5	69.85	56.68	65.45	257.48
8	儿童类	67.79	82.35	54.13	55.98	260.25

图 4-65　图表数据源

先选定图表数据源的数据区域（图 4-65 中加阴影的部分）。在“插入”功能区中单击“全部图表”下拉按钮，在弹出的下拉菜单中选择“全部图表”命令，“打开如图 4-66 所示的“图表”对话框，从中选择一种图表类型及该类型中的某一子图表类型（这里选择第 1 种类型的第 1 个子类型），单击“插入”按钮，即可生成图表，如图 4-67 所示。

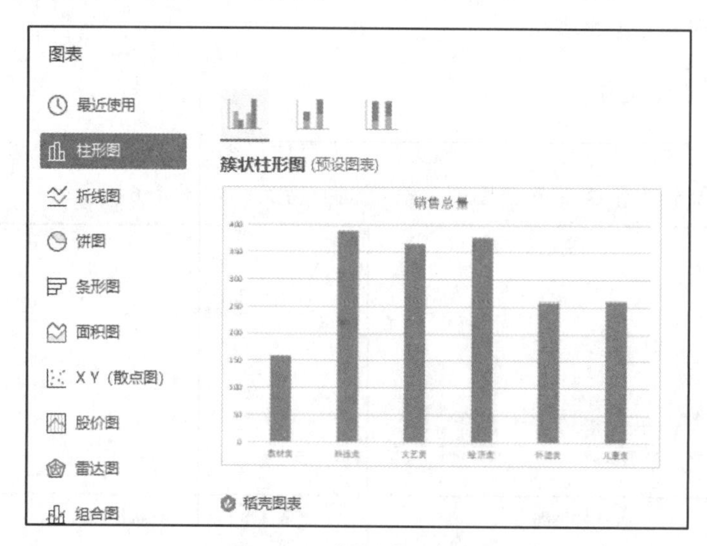

图 4-66　“图表”对话框

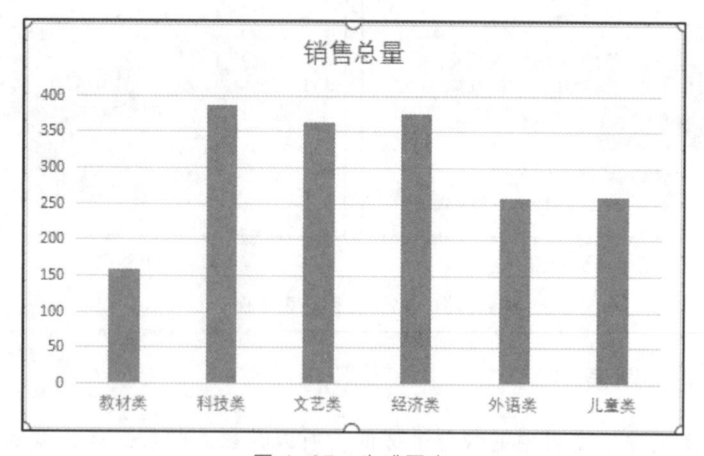

图 4-67　生成图表

4.4.3 编辑图表

用户创建图表后，可以对图表加以修饰，以更好地展示数据关系，修饰方法主要有：

单击图表，在“图表工具”功能区使用相关命令按钮对图表内容进行修改，如图 4-68 所示。

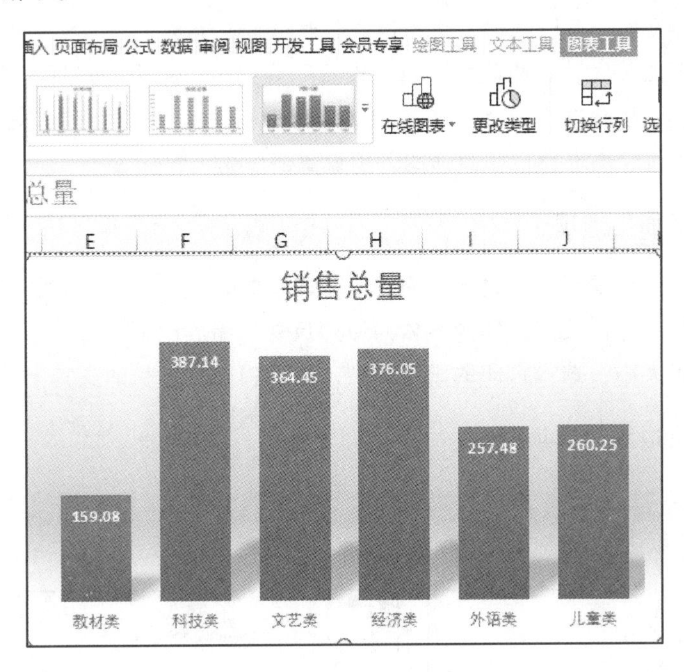

图 4-68 “图表工具”功能区

右击图表中的组成部分，如坐标轴、图表标题、图例、绘图区等，在弹出的快捷菜单中选择相应选项命令来修改内容。

如图 4-69 所示，修饰后的图表更能满足用户的需求。

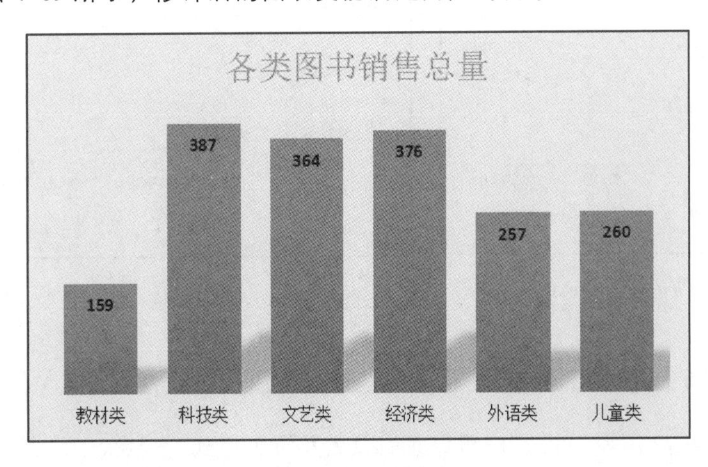

图 4-69 修饰后的图表

打印表格

4.5 打印表格

4.5.1 页面设置

在打印输出工作表之前，需要对打印所用的纸张类型、页边距、打印方向等内容进行设置，可以通过“页面设置”对话框来完成。

在“页面布局”功能区的“页面设置”分组中，单击“对话框启动器”按钮，打开如图 4-70 所示的“页面设置”对话框。用户可以根据不同的需要选择不同的选项卡来进行打印页面的各项设置。

1.“页面”选项卡

- 方向：设置纸张的打印方向为纵向或横向。
- 缩放：可以设定打印内容依照原始尺寸的缩放比例。
- 纸张大小：选择打印的纸张类型（需要相应打印机的支持）。

2.“页边距”选项卡

如图 4-71 所示，从中设置表格边界距纸张边缘上、下、左、右的距离及打印内容在纸张的居中方式。

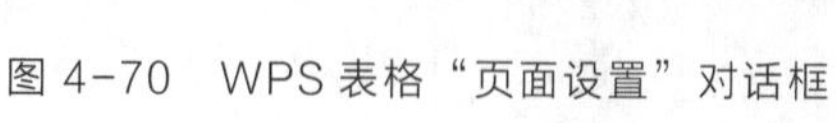
图 4-70 WPS 表格“页面设置”对话框

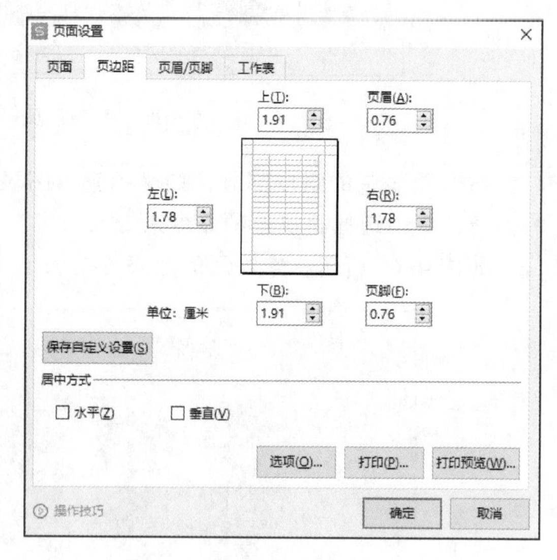

图 4-71 WPS 表格“页边距”选项卡

3.“页眉/页脚”选项卡

如图 4-72 所示，设置打印页面的页眉及页脚格式、内容。

4. “工作表”选项卡

如图 4-73 所示各选项功能如下：

- 打印区域：可以从工作表的数据清单中选择部分区域的数据进行打印。
- 打印标题：可以设置打印表格的顶端标题行和左端标题行的内容。
- 打印：设置打印的效果及批注等内容。
- 打印顺序：选择表格打印的顺序，先行后列还是先列后行。

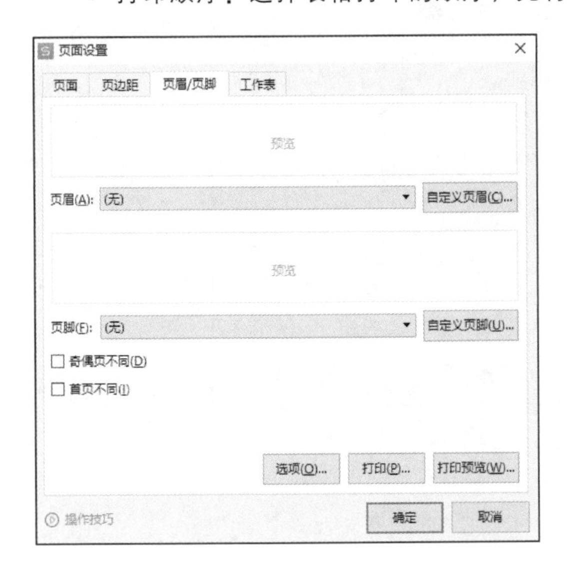

图 4-72 WPS 表格“页眉/页脚”选项卡

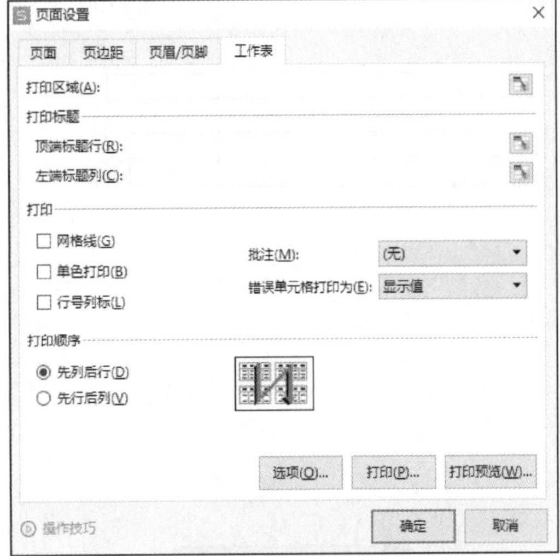

图 4-73 WPS 表格“工作表”选项卡

4.5.2 设置打印区域

在 WPS 表格中打印工作表时，可以设置打印区域，只选择需要打印输出的数据进行打印，在打印区域之外的内容不会被打印输出。方法是，先在工作表中选定要打印区域，然后在“页面布局”功能区的“页面设置”分组中，单击“打印区域”下拉按钮，在下拉菜单中选择“设置打印区域”命令，可以看到选定的区域边框四周出现虚线，虚线以内的部分即为所设置的打印区域部分，进行打印预览时，也只能看到打印区域部分的内容。

如果要取消打印区域的设置，只需在“页面布局”功能区的“页面设置”分组中，单击“打印区域”下拉按钮，在下拉菜单中选择“取消打印区域”命令即可。

4.5.3 打印

单击“文件”按钮，在弹出的下拉菜单中选择“打印”命令，打开如图 4-74 所示的“打印”对话框。设置完毕后，可单击“确定”按钮进行工作表打印。

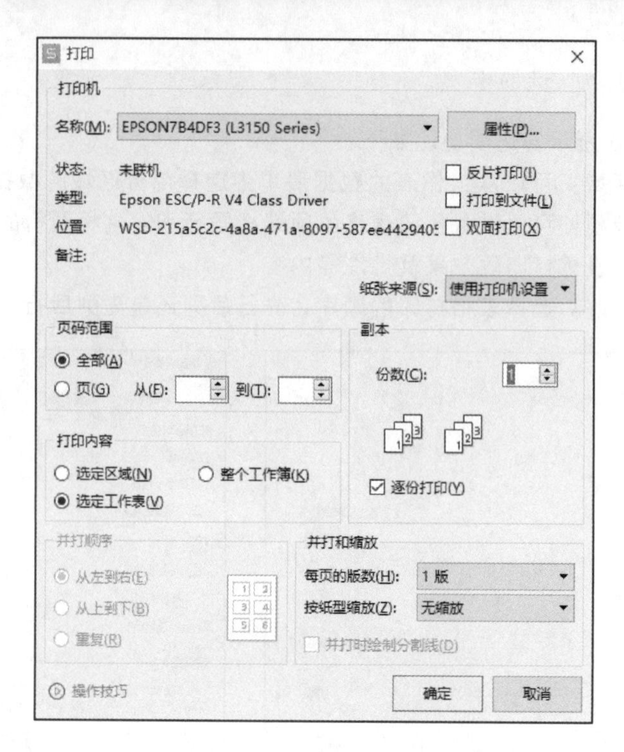

图 4-74　WPS 表格“打印”对话框

4.6　综合实训

【综合实训 4-1】

微课
WPS 表格综合实训 1

※视频案例要求：

打开“工资统计表.xlsx”，按照如下要求完成操作并保存。

1. 选择 Sheet1 工作表，将 A1:H1 单元格合并居中，使用智能填充为“工号”列中的空白单元格添加编号。利用 IF 函数，根据“绩效分对应奖金”工作表中的信息计算“奖金”列（F3:F98 单元格区域）的内容；计算“工资合计”列（G3:G98 单元格区域）的内容（应发工资=基本工资+岗位津贴+奖金）；利用 IF 函数计算“工资等级”列（H3:H98 单元格区域）的内容（如果应发工资大于或等于 18000 为“优”、大于或等于 15000 为“良”，否则为“中”）；利用 COUNTIF 函数计算各组的人数置于 K5:K7 单元格区域，利用 AVERAGEIF 函数计算各组奖金的平均值置于 L5:L7 单元格区域（数值型，保留 2 位小数）；利用 COUNTIFS 函数分别计算各组综合表现为优、良的人数分别置于 K11:K13 和 M11:M13 单元格区域；计算各组内优、良人数所占百分比分别置于 L11:L13 和 N11:N13 单元格区域（均为百分比型，保留 2 位小数）。利用条件格式将“工资等级”列单元格区域值内容为“中”的单元格设置为“红色”（标准色）、“对角线 条纹”填充。

2. 选取 Sheet1 工作表中统计表 2 中的“组别”列（J10:J13）、“优所占百分比”列（L10:L13）、“良所占百分比”列（N10:N13）数据区域的内容建立“堆积柱形图”，图表标题为“工资等级统计图”，位于图表上方，图例位于底部；将图表插入到当前工作表的 J17:N31 单元格区域内，将 Sheet1 工作表重命名为“人员工资统计表”。

【综合实训 4-2】

※视频案例要求：

打开“产品销售情况表.xlsx”，按照如下要求完成对此电子表格的操作并保存。

1. 选择 Sheet1 工作表，将 A1:E1 单元格合并居中。依据 G3:H7 单元格区域“产品单品价格表”中信息，利用 VLOOKUP 函数填写 Sheet1 工作表中“产品单价（万元）”列（C3:C57 单元格区域，数值型，保留 2 位小数）的内容。计算员工不同产品的销售额置于“销售额（万元）”列（E3:E57 单元格区域，数值型，保留 2 位小数）。计算每种产品总的销售数量置于统计表 1 的“销售数量（件）”列（H11:H14 单元格区域，要求利用 SUMIF 函数）。选取“员工销售额统计表”工作表，根据 Sheet1 工作表的内容计算每个员工各种产品总的销售额置于“总销售额（万元）”列（数值型，保留 1 位小数）（要求利用 SUMIF 函数），利用 RANK 函数给出根据总销售额由高到低的排名。利用条件格式蓝色数据条渐变填充修饰 Sheet1 工作表的“销售额（万元）”列（E3:E57 单元格区域）。

2. 选取 Sheet1 工作表中统计表 1 中的“产品名称”列（G10:G14）、“销售数量（件）”列（H10:H14）数据区域的内容建立“簇状条形图”，图表标题为“产品销售数量统计图”，以“布局 3”和“样式 2”修饰图表。将图表插入到当前工作表的 G17:J29 单元格区域内，将 Sheet1 工作表重命名为“员工销售情况表”。

微课
WPS 表格综合实训 2

【综合实训 4-3】

※视频案例要求：

打开“选修课成绩表.xlsx”，按照如下要求完成对此电子表格的操作并保存。

1. 选择 Sheet1 工作表，将 A1:E1 单元格合并为一个单元格，文字居中对齐。依据本工作簿中“学生班级信息表”中信息填写 Sheet1 工作表中“班级”列（D3:D34）的内容（要求利用 VLOOKUP 函数）。依据 Sheet1 工作表中成绩等级对照表信息（G3:H6 单元格区域）填写“成绩等级”列（E3:E34）的内容（要求利用 IF 函数）。计算每门课程的平均成绩置于 H11:H14 单元格区域（要求利用 AVERAGEIF 函数）。计算各班级选课人数置于 H18:H23 单元格区域（要求利用 COUNTIF 函数）。利用条件格式将成绩等级列 E3:E34 单元格区域内的内容为“A”的单元格设置为“浅红填充色深红色文本”、内容为“B”的单元格设置为“绿填充色深绿色文本”。

微课
WPS 表格综合实训 3

2. 选取 Sheet1 工作表中各课程平均成绩中的“课程号”列（G10:G14）、“平均成绩”列（H10:H14）数据区域的内容建立“簇状条形图”，图表标题为“平均成绩统计图”，以“布局 3”和“样式 5”修饰图表，以“中海洋绿—水鸭色渐变”更改图表数据条颜色。将图表插入到当前工作表的 J10:N23 单元格区域内，将 Sheet1 工作表重命名为“学生选课成绩表”。

【综合实训 4-4】

微课
WPS 表格综合实训 4

※视频案例要求：

打开“工资统计表.xlsx”，按照如下要求完成对此电子表格的操作并保存。

1. 选择 Sheet1 工作表，将 A1:G1 单元格合并为一个单元格，文字居中对齐；依据本工作簿的“基础工资对照表”中信息，填写 Sheet1 工作表中“基础工资（元）”列的内容（要求利用 VLOOKUP 函数）。计算“工资合计（元）”列内容（要求利用 SUM 函数，数值型，取整）。计算工资合计范围和职称同时满足条件要求的员工人数置于 K7:K9 单元格区域“人数”列（条件要求详见 Sheet1 工作表中的统计表 1，要求利用 COUNTIFS 函数）。计算各部门员工岗位工资的平均值和工资合计的平均值分别置于 J14:J17 单元格区域“平均岗位工资（元）”列和 K14:K17 单元格区域“平均工资（元）”列（见 Sheet1 工作表中的统计表 2，要求利用 AVERAGEIF 函数，数值型，取整）。利用条件格式将“工资合计（元）”列单元格区域值前 10%项设置为“浅红填充色深红色文本”、最后 10%项设置为“绿填充色深绿色文本”。

2. 选取 Sheet1 工作表中统计表 2 中的“部门”列（I13:I17）、“平均岗位工资（元）”列（J13:J17）和“平均工资（元）”列（K13:K17）数据区域的内容建立“簇状柱形图”，图表标题为“人员工资统计图”，位于图表上方，图例位于底部；将图表插入到当前工作表的 I20:L33 单元格区域内，将 Sheet1 工作表重命名为“工资情况统计表”。

【综合实训 4-5】

微课
WPS 表格综合实训 5

※视频案例要求：

打开“某单位人员工资情况表.xlsx”，按照如下要求完成对此电子表格的操作并保存。

1. 将 Sheet1 工作表的 A1:D1 单元格合并为一个单元格，内容水平居中；计算各职称（高工、工程师、助工）人数（使用 COUNTIF 函数）和基本工资平均值（使用 AVERAGEIF 函数，数值型，保留 0 位小数），置于 G5:G7 和 H5:H7 单元格区域；计算各性别（男、女）在各职称（高工、工程师、助工）上的基本工资平均值（使用 AVERAGEIFS 函数，数值型，取整），置于 L3:L8 单元格区域；利用条件格式对 F4:H7 单元格区域设置“红—黄—绿色阶”。

2. 利用 Sheet1 工作表中 F4:F7 列（职称）、G4:G7 列（人数）和 H4:H7 列（基本工资平均值）3 列数据建立组合图；并设置“基本工资平均值”系列为主坐标，“基本工资平均值”系列的图表类型为“簇状柱形图”；“人数”系列为次坐标，“人数”系列的图表类型为“折线图”；图表标题位于图表上方，图表标题为“人员工资统计图”，设置“显示图例项标示”；将图插入到表 F9:K24 单元格区域，将 Sheet1 工作表重命名为“某单位人员工资统计表”。

【综合实训 4-6】

※视频案例要求：

打开“班级成绩表.xlsx”，按照如下要求完成对此电子表格的操作并保存。

1. 选取 Sheet1 工作表，将 A1:F1 单元格合并为一个单元格，文字居中对齐；利用 VLOOKUP 函数，依据本工作簿中“学生班级信息表”工作表中信息填写 Sheet1 工作表中“班级”列的内容；利用 IF 函数给出“成绩等级”列的内容，成绩等级对照请依据 G4:H8 单元格区域信息；利用 COUNTIFS 函数分别计算每门课程（以课程号标识）一班、二班、三班的选课人数，分别置于 H14:H17、I14:I17、J14:J17 单元格区域；利用 AVERAGEIF 函数计算各门课程（以课程号标识）平均成绩置 K14:K17 单元格区域（数值型，保留 1 位小数）。利用条件格式修饰“成绩等级”列，将成绩等级为 F 的单元格设置颜色为“浅红填充色深红文本”的图案填充。将 G13:K17 单元格区域设置为“表样式浅色 2”的套用表格格式。

2. 选取 Sheet1 工作表内“统计表”下的“课程号”列、“一班选课人数”列、“二班选课人数”列、“三班选课人数”列数据区域的内容建立“簇状柱形图”，图例为 4 门课程的课程号，图表标题为“各班选课人数统计图”，利用图表样式“样式 5”修饰图表，将图插入到当前工作表的 G19:K34 单元格区域，将工作表命名为“选修课程统计表”。

微课
WPS 表格综合实训 6

第 5 章　WPS 2019 演示

本章要点

- 新建演示文稿和管理幻灯片。
- 在幻灯片中插入对象，美化幻灯片。
- 幻灯片对象动画设置和幻灯片切换。
- 幻灯片母版设置和超链接。
- 设置幻灯片的放映方式。
- 打印和输出演示文稿。

WPS 演示主要用于设计、制作宣传、广告、演讲、电子政务公告及教学内容，是电子版的幻灯片。制作的演示文稿可以通过计算机屏幕或投影机播放。WPS 2019 支持更多的动画效果及深度兼容 Microsoft PowerPoint，允许用户在幻灯片中播放音频流和视频流。

本章通过实例项目，详细介绍 WPS 演示的基本知识及相关应用，主要包括 WPS 演示软件的基本框架、幻灯片的基本操作、外观设计、动画设置、幻灯片母版和超链接等操作。通过这些操作的实践练习，熟悉 WPS 演示的基本功能，能根据实际情况制作漂亮、动感的演示文稿。

5.1　演示文稿的基础操作

演示文稿的基础操作

PPT

5.1.1　WPS 演示的工作界面

单击“开始”按钮，在弹出的“开始”菜单中选择“所有程序”→“WPS Office”命令，启动 WPS 2019 软件后，单击“新建”按钮，切换到“P 演示”选项卡，单击“新建空白文档”图标，打开演示文稿工作界面，如图 5-1 所示。

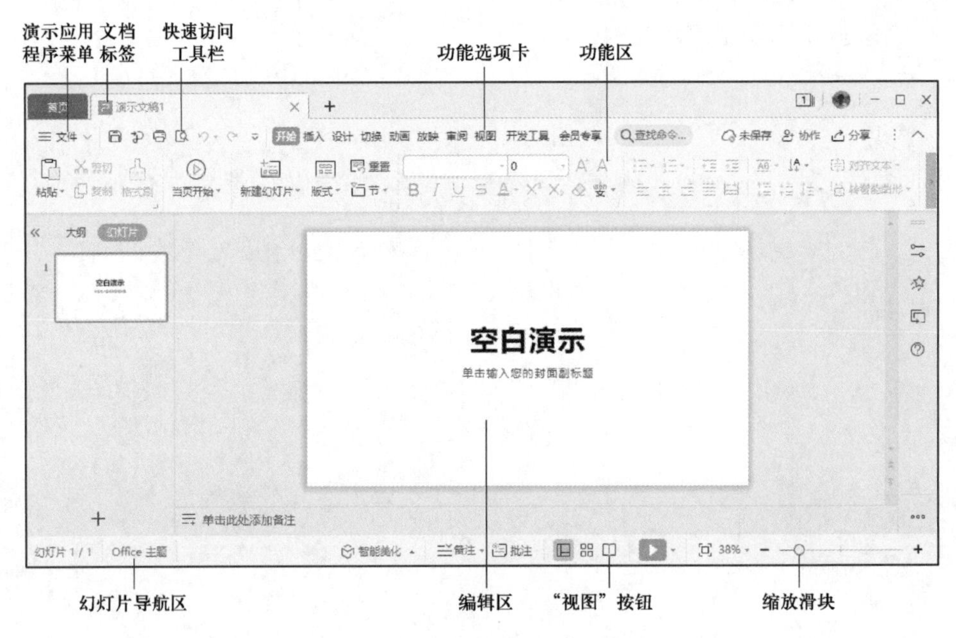

图 5-1　WPS 2019 的工作界面

“文件”按钮：单击窗口左上角的下拉“文件”按钮，弹出下拉菜单，其中主要包括文件、编辑、视图、插入、格式、工具和幻灯片放映等选项。

功能选项卡：WPS 演示将用于文档的各种操作分为“开始”“插入”“设计”“切换”“动画”“放映”“审阅”“视图”和“开发工具”9 个默认的选项卡，每一个选项卡都分别包含相应的功能组和命令按钮。

功能区：单击选项卡名称，可以看到该选项卡对应的功能区。功能区是在选项卡大类下面的功能分组。每个功能区中又包含若干命令按钮、对话框等内容，集中了更多的操作命令，使操作更简单。

幻灯片导航区：按大纲或缩略图形式显示全部幻灯片内容，可以在导航区进行幻灯片的选择、复制、移动和删除操作。

编辑区：用于显示正在编辑的幻灯片，可以对其进行各种编辑操作。

任务窗格：可以在此修改对象属性，也可以进行自定义动画、幻灯片切换等操作。

状态栏：用于显示正在编辑的演示文稿的相关信息。

“视图”按钮：用于切换正在编辑的演示文稿的显示模式。

缩放滑块：用于调整正在编辑的演示文稿的显示比例。

5.1.2　WPS 演示的视图模式

“视图”即 WPS 演示文稿在计算机屏幕上的显示方式。WPS 2019 演示主要提供了“普通”“幻灯片浏览”“备注页”“阅读视图”4 种视图模式，如图 5-2 所示。

图 5-2　视图模式

一般情况下，制作演示文稿时使用“普通”视图；使用“幻灯片浏览”视图可以采用大图标形式显示幻灯片，方便查看；使用“备注页”视图可显示幻灯片备注内容；使用“阅读视图”可全屏显示幻灯片，并可使用翻页按钮浏览幻灯片。

视图的切换非常简单，在“视图”功能区中单击相应的视图按钮，或者在状态栏右下方单击相应的视图按钮，即可实现不同视图的切换。

5.1.3　新建和保存演示文稿

启动 WPS Office 时，一般打开类似如图 5-3 所示窗口，单击窗口左侧的“新建”按钮+，切换到“P 演示”选项卡，如图 5-4 所示。

图 5-3　“新建文档”窗口

图5-4 新建演示文档

① 如图5-4所示，若要建立空白文档，则可以单击“新建空白文档”图标，创建一个新的演示文稿。

② 若要建立基于模板的新文档，则可以单击需要的模板，在打开的在线模板中单击“立即下载”按钮，在新建窗口中打开模板文件，用户可以直接在模板基础上进行编辑。

③ 在新建文稿打开的状态下，单击“快速访问工具栏”中的“保存”按钮，打开“另存文件”对话框，选择希望保存的位置，在“文件名”文本框中输入新的文件名，如“年终总结报告”，单击“保存”按钮即可。对于已经保存过的演示文稿，如果需要保存修改后的结果，可直接单击 “快速访问工具栏”中的“保存”按钮即可；如果希望保存当前内容同时又不替换原来的内容，或者需要保存为其他类型文件，可选择“另存为”命令。

5.1.4 应用幻灯片设计方案

新建的演示文稿默认的幻灯片是白底黑字，应用没有任何装饰背景的演示文稿会显得过于单调，此时模板就可以发挥作用了。模板是一种常见美化幻灯片的操作，选择合适的模板可以快速地制作出漂亮且与众不同的幻灯片。以下给新建的“年终总结报告.dps”应用一种模板。

步骤1：打开“年终总结报告.dps”文档。单击“设计”选项卡，在功能区即可看到模板的选择列表，如图5-5所示。

步骤2：单击“更多设计”按钮，弹出更多设计方案的列表，找到合适的模板，如图5-6所示的“工作总结”，单击该模板，在弹出的对话框中单击“应用本模板风格”按钮即可应用该模板。

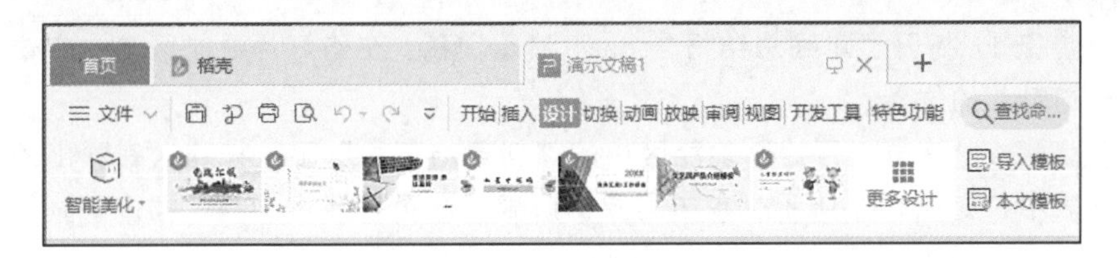

图 5-5 幻灯片模板选择

图 5-6 更多模板

5.2 幻灯片的基础操作

幻灯片的基础操作是制作演示文稿的基础，因为在 WPS 演示中几乎所有的操作都是在幻灯片中完成的。幻灯片的基本操作包括新建、选择、复制、移动、删除幻灯片和幻灯片分节等。

幻灯片的基础操作

5.2.1 新建幻灯片

一个演示文稿往往选择包含多张幻灯片，用户可根据实际需要在演示文稿的任意位置插入新幻灯片。应用软件提供的版式创建的幻灯片，版面上提供了可以输入文字的文本占位符，用户只需单击文本占位符即可输入内容。

空白版式的幻灯片版面上没有文本占位符，需要在幻灯片插入文本框方可输入文本。单击“插入”功能区中的“文本框”下拉按钮，在弹出的下拉列表中选择“横向文本框”或“竖向文本框”命令，然后在需要插入文本的位置拖曳一个文本框，即可输入文本内容。

以下将在“年终总结报告.dps”演示文稿中新建幻灯片，其具体操作步骤如下。

步骤 1：打开“年终总结报告.dps”演示文稿，在幻灯片导航区单击定位要插入幻灯片的位置。

步骤 2：单击“开始”功能区中的“新建幻灯片”下拉按钮，在弹出的下拉列表中，如图 5-7 所示，单击需要的版式，即可在演示文稿中插入一张新幻灯片。

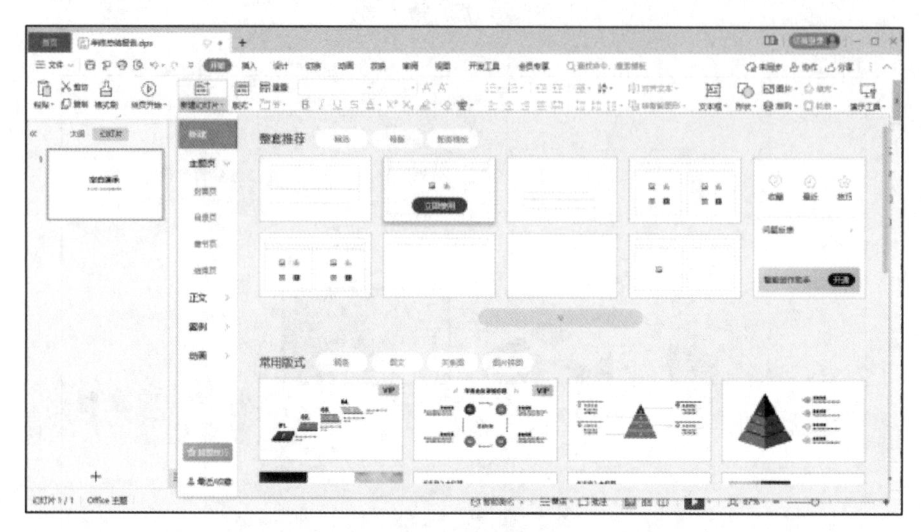

图 5-7　新建幻灯片

5.2.2　幻灯片文字的处理

在 WPS 演示文稿中的文字主要有占位符文本、文本框中的文本、插入的图形中的文本、艺术字文本 4 种。演示文稿中的文字编辑多数是以插入文本框和利用文本占位符的方式实现的。文本框的优势在于可以随意调整大小和位置。文本占位符是属于版式内容的一部分。

1. 文本占位符

占位符是用来占位的符号，是一种带有虚线或阴影线边缘的框，经常出现在演示文稿的模板中，分为文本占位符、表格占位符、图表占位符和图片占位符等类型，如图 5-8 所示。

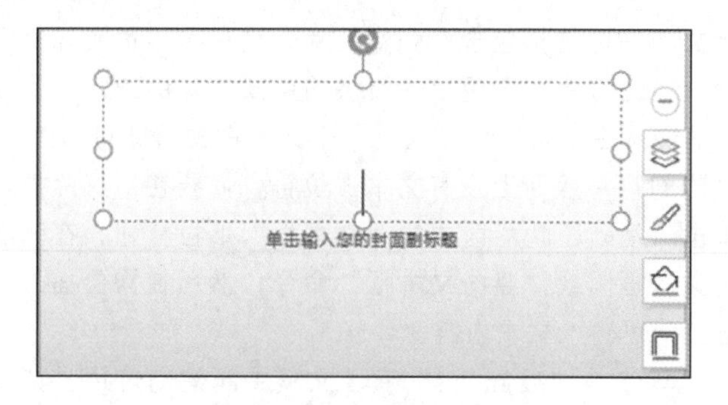

图 5-8　文本占位符

（1）利用文本占位符输入文字

文本占位符在幻灯片中表现为一个虚线框，虚线框内部往往会带有相关操作的提示语，单击鼠标左键之后，激活插入点光标，提示语会自动消失，用户可以输入内容。

文本占位符内输入的文字能在大纲视图中预览，并且按级别不同位置有所不同。

用户可以通过在大纲视图中选中文字进行操作，直接改变所有演示文稿中的字体、字号设置，这是文本占位符的优势；利用插入文本框输入的文字则在大纲视图中不能出现，因此不能利用大纲视图进行批量格式设置操作。

（2）文本占位符的修改

要在幻灯片上修改文本占位符，单击选中文本占位符，然后进行相应操作，如删除选中该文本占位符，按 Delete 键即可直接删除。

（3）文本占位符的恢复

删除后的文本占位符可以利用幻灯片版式重新设置。单击“开始”功能区中的“版式”按钮，在弹出的下拉列表中选择一种母版版式，相应的文本占位符就会重现。

2. 文本框

文本框和文本占位符有相似之处，但也略有不同，相同之处就是都能完成文本内容的输入，但预设版式中文本占位符中的内容能出现在大纲视图中，而后插入的文本框中输入的内容不会出现在大纲视图中。相对来说，利用文本框中输入文字更方便。在幻灯片中插入文本框并输入文字的操作步骤如下。

步骤 1：单击“插入”功能区中的“文本框”下拉按钮，在下拉列表中选择“横向文本框”或“竖向文本框”命令。

步骤 2：此时鼠标移动到幻灯片编辑区中变成黑十字形状，单击后向右下拖动，会预览到文本框大小，满意后释放鼠标，幻灯片编辑区就会出现一个文本框，出现闪烁的输入文字提示符号，输入文字后按 Enter 键即可。

3. 字体格式设置

选中文字，在“开始”功能区“字体”分组中或打开的“字体”对话框中进行字体、字形、字号、字的颜色、下划线等设置。

4. 项目符号和编号设置

选中文字，在“开始”功能区“段落”分组中进行项目符号或编号设置，使文字显示更清晰、更有条理性。

5.2.3 幻灯片版式

版式是指幻灯片内容在幻灯片上的排列方式，幻灯片的版式主要用来改变幻灯片的版面格式，同时也可起到美化幻灯片的效果。WPS 演示文稿每一套新建模板在默认情况下包含 11 种版式，每种版式有属于自己的名称，以及占位符所分布的位置。占位符是版式上的虚线框，其内部可放置文字、图片、表格、艺术字和形状等。

WPS 2019 演示内置的版式分为“在线版式”和“本机版式”两大类。单击“开始”功能区中的“新建幻灯片”下拉按钮，弹出如图 5-9 所示的幻灯片版式列表。根据幻灯片排版需要选择合适的版式即可。

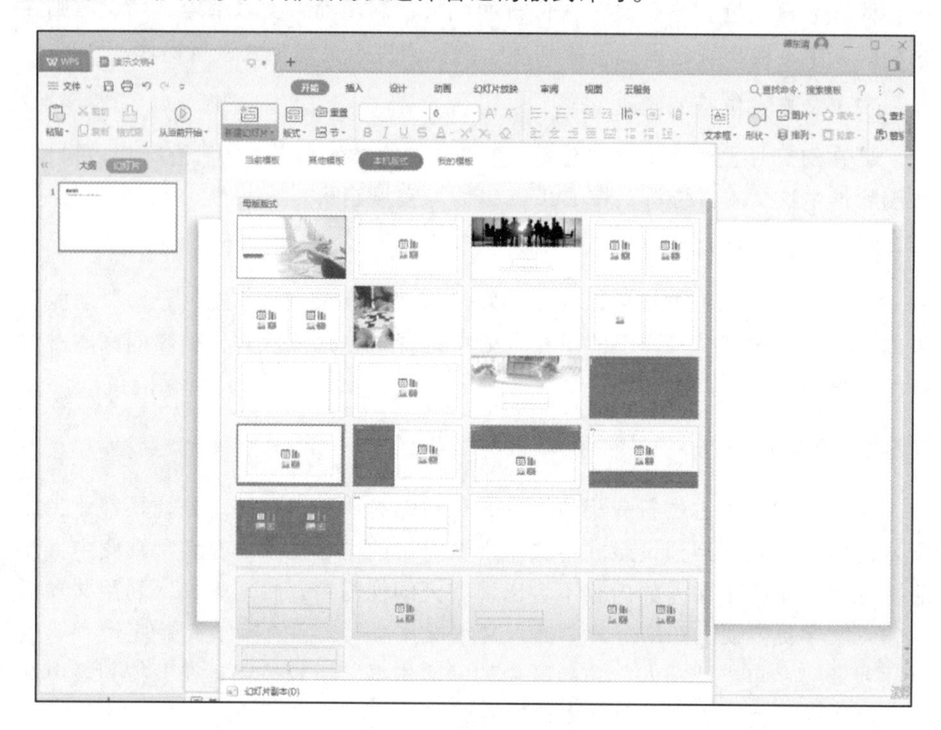

图 5-9　幻灯片版式列表

如果在后续的幻灯片排版过程中需要更换幻灯片版式，可以通过以下两种方法进行修改：

① 从右键菜单中选择并设置。在幻灯片的空白区域右击，在弹出的快捷菜单中选择“版式”命令，在弹出的“母版版式”列表中单击想要更换的版式即可。

② 通过窗口界面的工具按钮进行设置。选中幻灯片，单击“开始”或“设计”功能区中的“版式”按钮，在弹出的“母版版式”列表中单击想要更换的版式即可。

5.2.4　幻灯片管理

演示文稿通常由多张幻灯片组成。在创建完成演示文稿之后，可能需要在某处插入新的幻灯片，或者删除不再需要的幻灯片，有时还需要调整幻灯片的前后顺序，以便更有条理地说明演示内容。而进行这些操作之前，都必须先选择幻灯片，使之成为当前的操作对象。

1. 选择幻灯片

在普通视图模式下，单击幻灯片导航区中的某张幻灯片，即可选定该张幻灯片。

➢ 如需选择连续的多张幻灯片，可在导航区单击选中第 1 张幻灯片，再按住 Shift 键单击要选择的最后一张幻灯片，即可选中这两张幻灯片之间的全部幻灯片。

➢ 如需选择不连续的多张幻灯片，可在导航区单击选中第 1 张幻灯片，再按住 Ctrl 键依次单击要选择的各张幻灯片，即可选中这几张不连续的幻灯片。

➢ 如需选择全部幻灯片，可先在导航区单击任一张幻灯片，再按 Ctrl+A 组合健。

2. 复制幻灯片

复制幻灯片一般在普通视图或浏览视图中进行。下面以在浏览视图下操作为例。

方法 1：右击幻灯片，在弹出的快捷菜单中选择“复制”命令，再找到要插入的位置右击，选择快捷菜单中的“粘贴”命令，将幻灯片粘贴到相应位置。

方法 2：选中将要复制的幻灯片，单击“开始”功能区“剪贴板”分组中的“复制”按钮，将光标定位到要插入的位置，单击“开始”功能区“剪贴板”分组中的“粘贴”按钮，将幻灯片粘贴到相应位置。

提示

单击“复制”按钮和“粘贴”按钮的操作也可以通过使用组合键 Ctl+C 和 Ctrl+V 完成。

在幻灯片导航区右击需要复制的幻灯片，在弹出的快捷菜单中选择“复制幻灯片”命令则可在当前幻灯片下面生成一张一样的幻灯片；选择“复制”命令则可通过“粘贴”命令将当前幻灯片生成一张一样的幻灯片到需要放置的位置，或粘贴到另一个演示文稿。

3. 移动幻灯片

在幻灯片导航区选择需要移动的幻灯片，用鼠标拖动到目标位置后松开鼠标即可。

4. 删除幻灯片

在幻灯片导航区选择一张或多张需要删除的幻灯片，按 Delete 键即可删除。或右击选中幻灯片，在弹出的快捷菜单中选择“删除幻灯片”命令。

5. 为幻灯片分节

为幻灯片分节，可使演示文稿的逻辑性更强，还可以给不同节中的幻灯片设置不同的主题。为幻灯片分节的具体操作步骤如下：

在“幻灯片”窗格中选择需要分节的幻灯片后，单击“开始”功能区中的“节”按钮，在弹出的下拉列表中选择“新增节”命令，即可为幻灯片分节。或者在幻灯片导航区将光标定位到需要分节的位置，然后右击，在弹出的菜单中选择“新增节”命令即可。

在 WPS 演示软件中，不仅可以为幻灯片分节，还可以对节进行操作，包括重命名节、删除节、展开或折叠节等。节的常用操作方法如下。

◆ 重命名节：新增的节名称都是“无标题节”，需要自行进行重命名。选择需要重命名节名称的节，单击“开始”功能区中的“节”按钮，在弹出的下拉列表中选择“重命名节”命令，打开“重命名”对话框，在“名称”文本框中输入节的名称，单击“重命名”按钮。

◆ 删除节：多余的节或无用的节可删除，选中节名称，单击“节”按钮，在弹出的下拉列表中选择“删除节”命令可删除选择的节；选择“删除所有节”命令可删除演示文稿中的所有节。

◆ 展开或折叠节：在演示文稿中既可以将节展开，也可以将节折叠起来。使用鼠标双击节名称就可将其折叠，再次双击就可将其展开。还可以单击“节”按钮，在弹出的下拉列表中选择“全部折叠”或“全部展开”命令，即可将其折叠或展开。

微课
WPS 演示 5.2 项目视频

※视频案例要求：

1. 新建演示文稿，并将文件保存为“年终总结报告.dps”。

2. 第 1 张幻灯片为标题幻灯片版式，标题内容为“年终总结报告”，并适当设置文字格式。

3. 第 2 张～第 6 张幻灯片的内容分别来自“5.2 素材.doc”文件。第 2 张幻灯片标题为“议程”，文本为第 3 张～第 6 张幻灯片的标题；第 3、4 张幻灯片的版式为“标题和内容”。最后一张幻灯片的版式为“空白”，内容为“谢谢观看”。

4. 所有幻灯片应用同一种主题。

5.3 幻灯片美化

幻灯片美化

5.3.1 图片处理

1. 插入图片

为了实现图文并茂的演示效果，在幻灯片中除了输入文本外，还应该插入图片和形状对象来丰富幻灯片的内容。以下将在“工作总结报告.pptx”中插入图片和形状，其具体操作如下。

如果要插入本地文件夹中的图片，单击 “插入”功能区中的“图片”按钮或单击占位符中的“插入图片”按钮，打开“插入图片”对话框，如图 5-10 所示。找到存放图片的文件夹，选择合适的图片插入。

图 5-10 “插入图片”对话框

2．裁剪图片

裁剪图片其实是调整图片大小的一种方式，具体操作步骤如下。

步骤 1：单击选中图片，然后单击图片右侧的“裁剪图片”按钮，此时，在图片四周出现 8 个裁剪点，有“按形状裁剪”和“按比例裁剪”两种方式。在“按形状裁剪”选项卡，选择“矩形”栏中的“对角圆角矩形”选项。

步骤 2：按 Enter 键，或在幻灯片外的空白处单击鼠标，完成裁剪图片的操作。通过裁剪图片，可以只显示图片中的某些部分，减少图片的显示区域，如图 5-11 所示。

(a)

(b)

(c)

图 5-11 裁剪图片

【裁剪图片小技巧】

当幻灯片中插入图片的四周出现 8 个裁剪点后，拖动图片 4 个角上的裁剪点。可以同时裁剪图片的高宽和宽度；如果拖动图片上下两侧中间的裁剪点，则可以裁剪图片的高度；若是拖动图片左右两侧中间的裁剪点，则可以裁剪图片的宽度。

3．调整图片大小

单击选中图片，将鼠标放到图片边缘的控制点上面，按住鼠标拖曳即可调整图片大小，如图 5-12 所示。

图 5-12　调整图片大小

如果要精确设置图片的大小，其具体操作步骤如下。

步骤 1：选择图片。

步骤 2：在“图片工具”功能区的“宽度”和“高度”数值框中输入要设置的数值，根据需要，如果想保持图片的纵横比，则选中“锁定纵横比”复选项，如想随意改变图片高度和宽度，则取消选中“锁定纵横比”复选项，最后按 Enter 键确认设置，如图 5-13 所示。

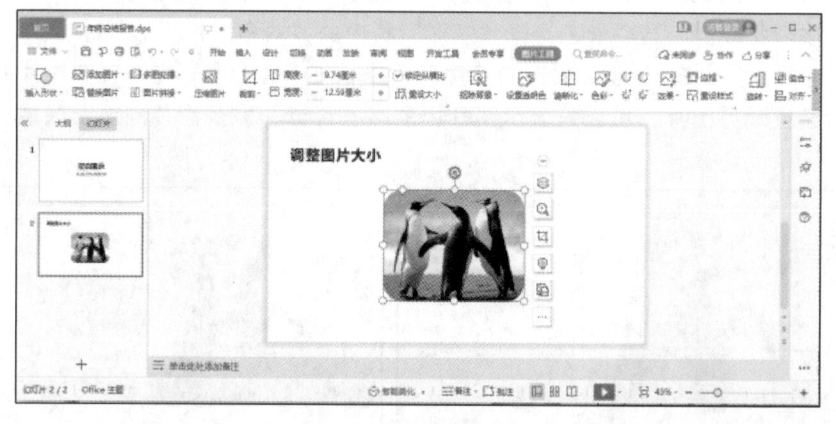

图 5-13　精确设置图片

如对调整后的图片大小不满意，可以单击“图片工具”功能区中的“重设大小”按钮，将图片恢复至初始状态，然后重新对图片的大小进行调整。

4．设置图片轮廓

WPS 演示软件提供了多种预设的图片边框轮廓来应用到所选图片中，其具体操作步骤如下。

步骤 1：选中图片，单击“图片工具”功能区中的“图片轮廓”下拉按钮，在弹出的下拉列表中选择所需边框颜色，即可给图片应用相应的边框颜色。在对图片轮廓的颜色进行设置时，可以选择“图片轮廓”列表中的“取色器”选项，当鼠标指针变为画笔样式时，在要进行取色的位置单击鼠标，此时颜色就被记录下来。

步骤 2：再次单击“图片工具”功能区中的“图片轮廓”下拉按钮，在弹出的下拉列表中选择所需图片轮廓线型，如图 5-14 所示。

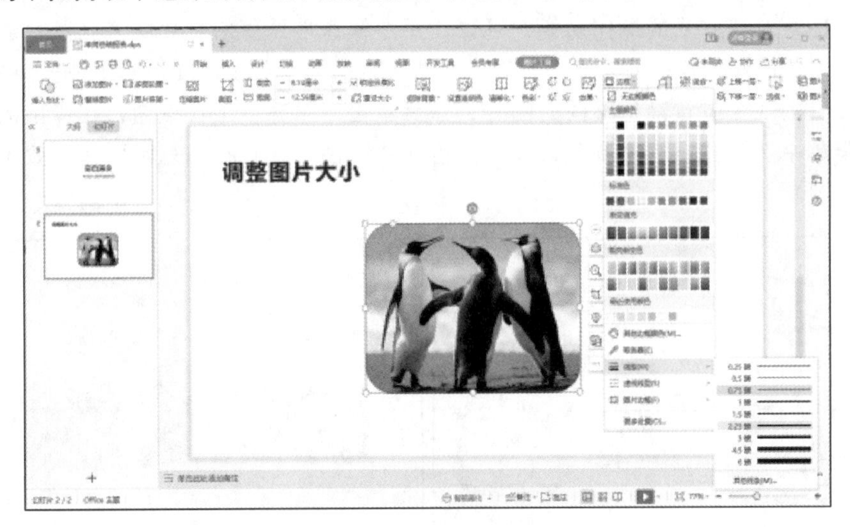

图 5-14 图片轮廓设置

5．设置图片效果

WPS 演示软件有强大的图片调整功能，通过它可快速实现图片轮廓的添加、设置图片倒影效果和调整亮度、对比度等操作，设置图片效果的具体操作步骤如下。

步骤 1：选中图片，单击“图片工具”功能区中的“图片效果”按钮右侧的下拉按钮，在弹出的列表中选择所需效果类型，有阴影、倒影、发光、柔化边缘和三维旋转等类型，如图 5-15 所示。

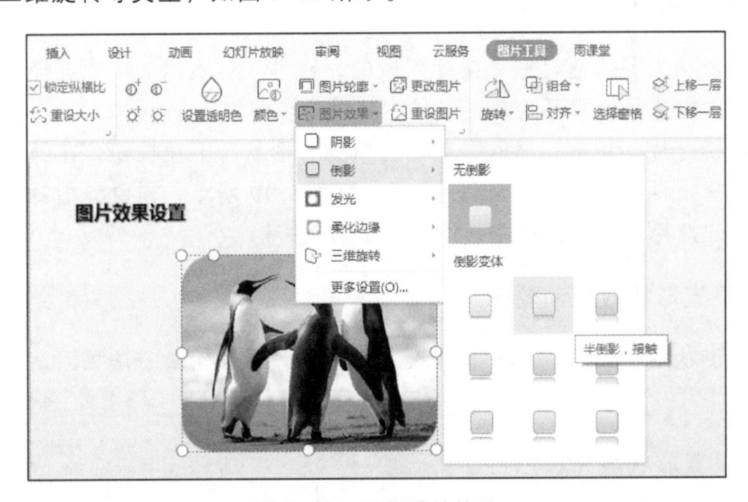

图 5-15 设置图片效果

步骤 2：若要设置图片倒影，则选择“倒影”命令，在弹出的级联菜单中选择喜欢的倒影类型即可，如图 5-15 所示的“半倒影，接触”类型。

6. 设置图片对齐方式

图片对齐方式的操作功能，可以让用户快速地调整幻灯片中多张图片的位置，主要操作功能有左对齐、右对齐、靠上对齐等。如图 5-16 所示，先选中幻灯片中的 3 张位置高低不同的图片，然后单击“对齐”下拉按钮，在弹出的下拉菜单中选择“靠上对齐”命令，即可让 3 张图片顶端在同一水平线，效果更加美观。

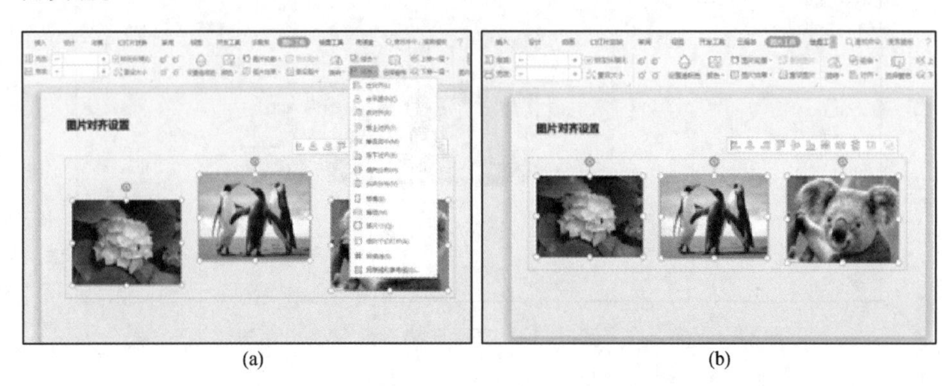

(a)　　　(b)

图 5-16　图片对齐方式

5.3.2　绘制与编辑形状

演示文稿中的形状包括线条、矩形、圆形、箭头、星形以及流程图等，利用这些不同的形状或形状组合，往往可以制作出与众不同的幻灯片视觉效果，吸引观众的注意。

1. 绘制形状

绘制形状主要是通过拖动鼠标完成的，在 WPS 演示软件中选择需要绘制的形状后，拖动鼠标即可绘制该形状。其操作步骤如下：

选择幻灯片，单击“插入”功能区中的“形状”下拉按钮，在弹出的下拉列表中选择一种形状，如“圆角矩形”，如图 5-17 所示，当鼠标指针变成十字形时，在幻灯片上按住鼠标左键拖出一个圆角矩形。

2. 设置形状效果和轮廓

设置形状效果和轮廓的方法和设置图片的效果和轮廓方法相同，这里就不再赘述。

3. 设置形状填充颜色

单击选中圆角矩形，单击“绘图工具”功能区中的“填充”下拉按钮，在下拉列表中选择填充颜色，如“金橘黄，着色 3，浅色，80% ”颜色，如图 5-18 所示。

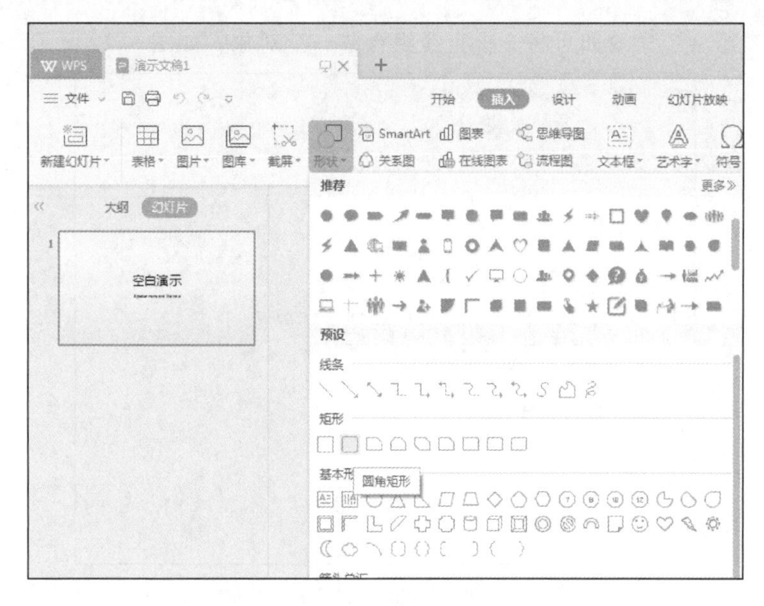

图 5-17 绘制形状

图 5-18 绘制形状

4. 组合形状

如果一张幻灯片中有多个形状，一旦调整其中任意一个形状，很可能会影响其他形状的排列和对齐。通过组合形状，则可以将这些形状组合成一个整体，既能单独编辑单个形状，也能一起调整。以下将在“年终总结报告.dps”中组合绘制的 2 根直线，具体操作步骤如下。

步骤 1：选中任意一根直线，然后单击“绘图工具”功能区中的“选择”下拉按钮，在弹出的下拉列表中选择“选择窗格”命令，如图 5-19 所示，打开“选择窗格”任务窗格。

步骤 2：在“本页的对象”列表中，按住 Shift 键，同时选择 2 根直线形状对象。单击“绘图工具”功能区中的“组合”下拉按钮，在弹出的下拉列表中选择“组合”命令即可将 2 根直线组合成一个对象，如图 5-20 所示。

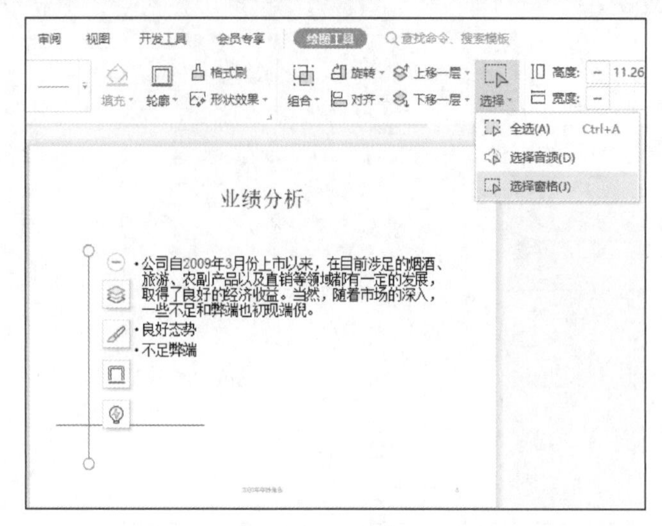

图 5-19　“选择窗格”任务窗格

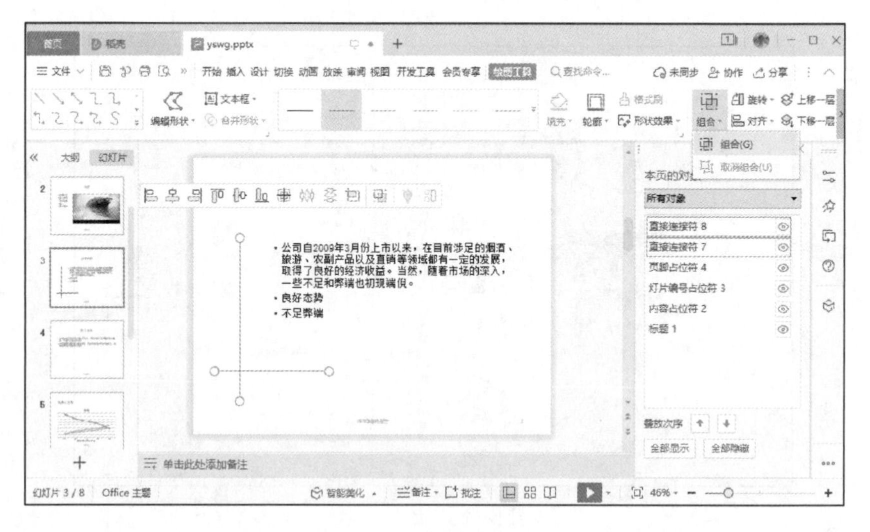

图 5-20　组合形状

注：当幻灯片的对象比较少时，例如以上选择直线的操作，也可以按住 Ctrl 键或 Shift 键，然后逐个单击直线对象选中对象。

那为何要利用“选择窗格”任务窗格来选择对象？当幻灯片中插入多个对象，尤其是对象之间相互叠加遮挡时，利用配合 Ctrl 键和 Shift 键来选择幻灯片中的对象时很容易出错，此时借助“选择窗格”任务窗格可以快速且准确地选择幻灯片中的对象。

5.3.3　调整对象叠放顺序

在制作幻灯片时，为了达到展示内容丰富、动画生动、画面美观的效果，常常需要在一张幻灯片中加入许多图片和形状对象，为此需要调整幻灯片中对象的叠放位置，也方便选择对象来设置动画效果。调整对象的叠放位置有两个地方：一是选中对象后，在对象相应的工具面板进行；二是打开对象选择窗格，单击任务窗格下方的叠放次序按钮进行操作，如图 5-21 所示。

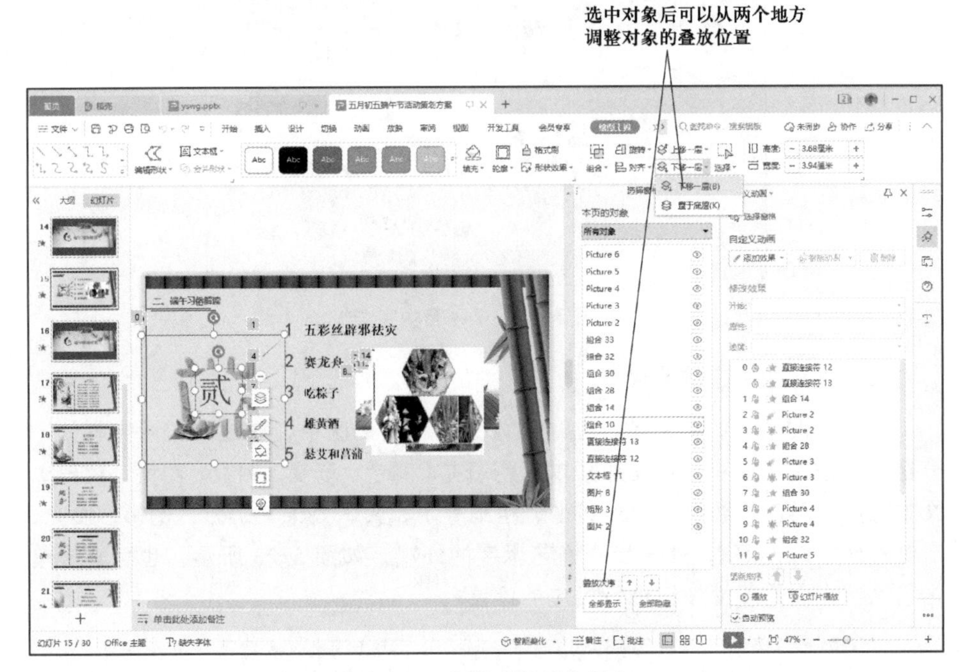

图 5-21 调整对象叠放顺序

5.3.4 插入与编辑艺术字

在设计演示文稿时，为了使幻灯片更加美观和形象，常常需要用到艺术字功能。艺术字是一种文字样式库，将艺术字添加到演示文稿中，可以制作出富有艺术性的、不同于普通文字的特殊文本效果，它可以达到美化文档的目的。以下介绍在幻灯片中插入与编辑艺术字的相关操作，包括插入艺术字、设置艺术字的格式和效果等。

（1）插入艺术字

方法 1：单击“插入”功能区中的“艺术字”按钮，弹出“预设样式”下拉列表，如图 5-22 所示，单击选择一种样式，在幻灯片中出现“请在此处输入文字”的艺术字编辑文本框，在该文本框输入文字即可。

方法 2：在幻灯片中选中文本框，在“文本工具”功能区中的“艺术字样式”分组中选择“预设样式”，将文本框中的文字变为艺术字。

（2）设置艺术字的格式

选中需要改变字体和段落格式的艺术字，通过“文本工具”功能区中的“文本”分组和“段落”分组中的工具，可以设置艺术字的字体、字号、字间距、颜色、对齐方式等。

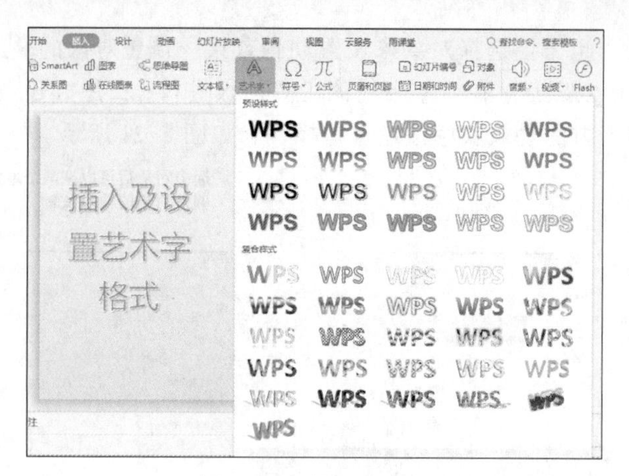

图 5-22 插入艺术字

（3）设置艺术字的效果

选中需要修改的艺术字，在“文本工具”功能区中，通过“艺术字样式”分组可以应用预设样式、设置文本颜色填充（颜色、渐变、图片、图案、纹理）、文本轮廓（颜色、线型、虚线线型、粗细等）和文本效果（阴影、倒影、发光、三维旋转、转换等），进一步修饰艺术字的外观，如图 5-23 所示，也可直接单击艺术字右侧的属性按钮进行相应的设置。

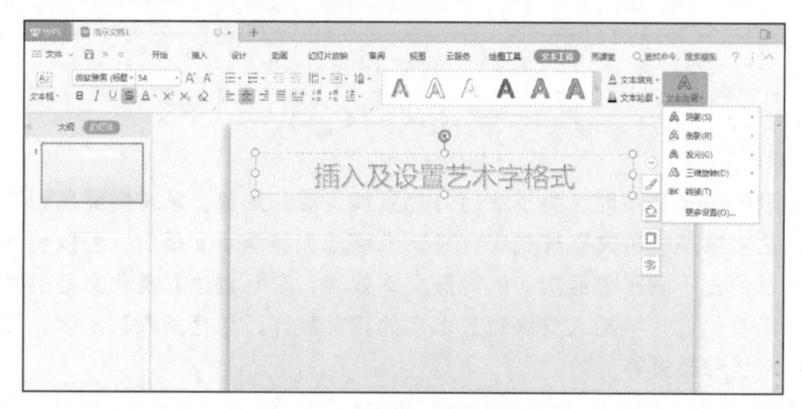

图 5-23 设置艺术字的效果

5.3.5 插入智能图形

智能图形在 PowerPoint 中也称为 SmartArt 图形，是信息和观点的视觉表示形式。WPS 自带的智能图形，包括列表、流程、循环、层次、关系、矩阵等多种关系，能够快速、轻松、有效地表达信息。可以从多种不同布局中来创建 SmartArt 图形。以创建组织结构图为例，操作步骤如下：

单击“插入”功能区中的“智能图形”下拉按钮，在弹出的下拉列表中选择“智能图形”命令，打开“选择智能图形”对话框，在对话框左侧选择层次结构类别，在右侧选中组织结构图，然后单击“插入”按钮，即可在幻灯片中插入如图 5-24 所示的组织结构框架。

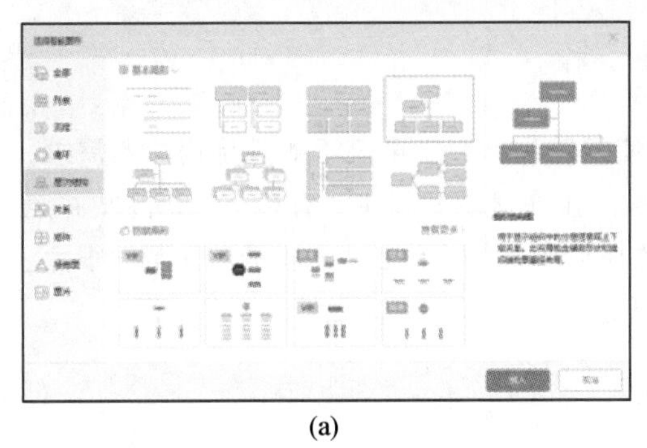

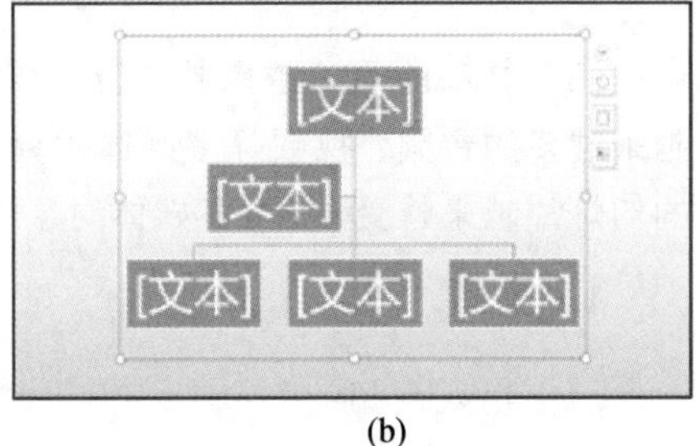

(a) (b)

图 5-24 插入智能图形

单击图表中的输入框，输入文字内容。如果不需要某个项目（文本框）时，选中它，然后按 Delete 键即可删除，如图 5-25 所示。

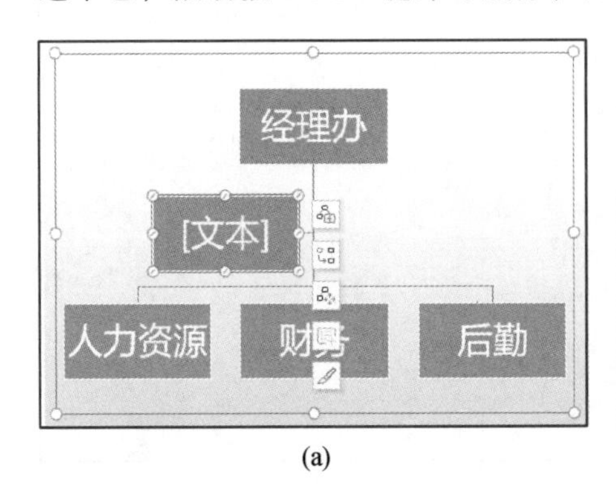

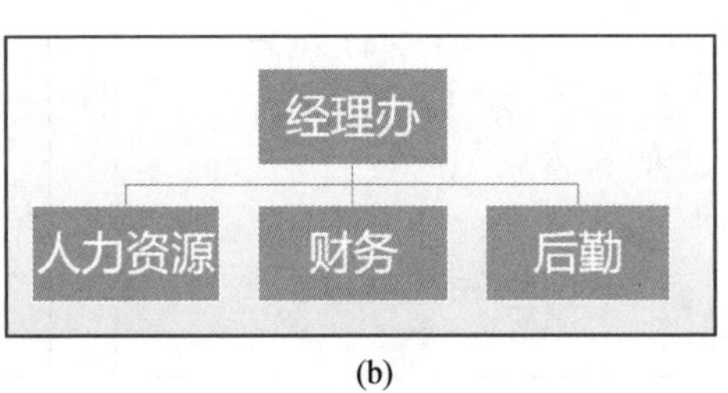

(a) (b)

图 5-25 编辑组织结构图

选中组织结构图，在软件窗口上面会自动增加显示“设计”和“格式”两个选项卡，在这两个选项卡的功能区中可以对组织结构图进行进一步的美化和结构设计，如图 5-26 所示。其他 SmartArt 图形的操作与组织结构图类似。

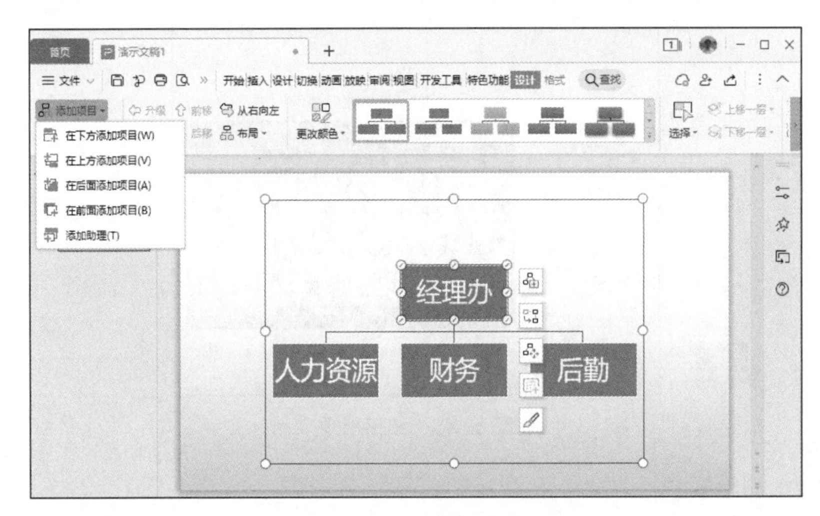

图 5-26 组织结构图

5.3.6　应用多媒体对象

演示文稿的用途越来越广泛，仅使用图片、文字早已不能满足用户的需求，越来越多的音频、视频等多媒体对象被应用在演示文稿中，有声有色、图文并茂的幻灯片越来越受欢迎。多媒体对象的播放可控性很强，对于演示活动帮助很大。

1．视频

（1）插入视频

选择需要添加视频的幻灯片，在“插入”功能区中单击“视频”下拉按钮，从弹出的下拉列表中选择“嵌入本地视频”或“链接到本地视频”命令，打开“插入视频”对话框，如图 5-27 所示。

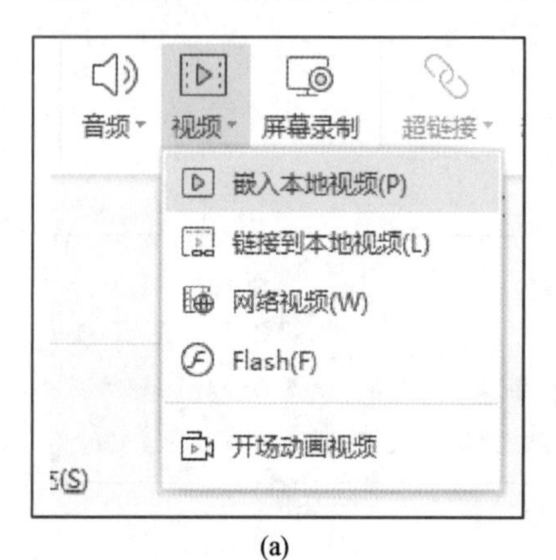

(a)

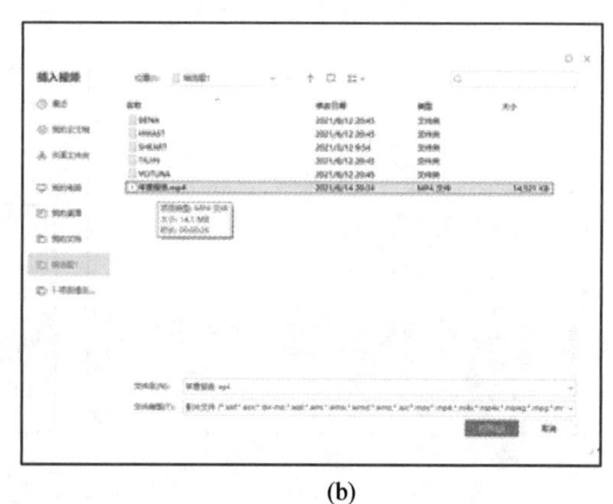

(b)

图 5-27　插入视频

在“插入视频”对话框中选择目标视频，双击打开。视频插入幻灯片后，可以通过拖动的方式移动其位置，拖动其四周的尺寸控点还可以改变其大小。选择视频，单击下方的“播放/暂停”按钮可在幻灯片上预览视频，如图 5-28 所示。

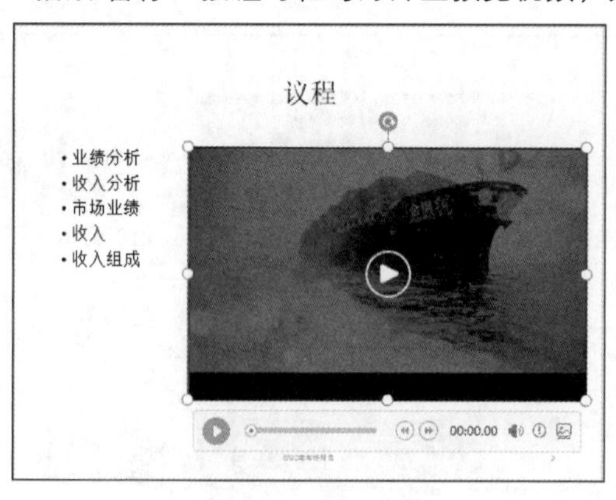

图 5-28　调控视频

（2）删除视频

选中插入的视频对象（包括 Flash 文件），按 Delete 键删除即可删除视频。

或单击“开始”功能区的“剪切”按钮删除视频。

2．音频

演示文稿在播放过程中如需播放音乐，可以利用插入背景音乐等方法实现，具体操作步骤如下。

（1）利用“插入”功能区插入背景音乐

步骤 1：单击“插入”功能区中的“音频”按钮，在弹出的下拉菜单中选择“嵌入背景音乐”命令。

步骤 2：在打开的“从当前页插入背景音乐”对话框中，选取包含所需声音文件的文件夹，再选择所需背景音乐文件，单击“打开”按钮。

如果当前幻灯片为第 1 张，则音乐插入到第 1 张幻灯片中。如果当前页不是第 1 张幻灯片，且其他幻灯片都未添加背景音乐，则打开提示窗口提示“您是否从第一页开始插入背景音乐?”，如图 5-29 所示，单击“是”或“否”按钮。单击“是”按钮则将背景音乐添加到首页，即背景音乐从幻灯片开始演示时就开始播放，播放到最后一页；单击“否”按钮，则将背景音乐添加到当前页，即背景音乐从当前页开始播放，播放到最后一页。

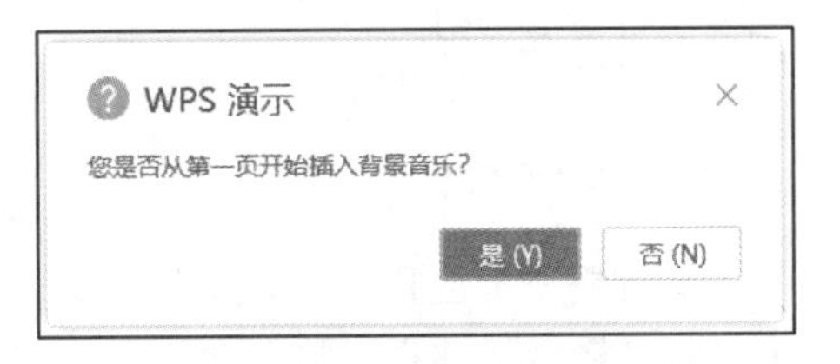

图 5-29　插入背景音乐

背景音乐添加好后，选择声音图标，单击图标下方的“播放/暂停”按钮，可在幻灯片上测试播放效果，鼠标任意单击编辑窗口中空白处，即可结束音乐播放（提示：背景音乐在幻灯片放映的状态下播放）。单击小喇叭按钮，拖动音量滑块调节音量，如图 5-30 所示。

图 5-30　播放背景音乐

（2）删除背景音乐

选中幻灯片中的音频小喇叭图标，按 Delete 键删除音频，系统会自动打开一个“删除背景音乐”对话框，提示“确实要删除从本页开始的背景音乐吗?”，单击“是”按钮删除背景音乐。

微课
WPS 演示 5.3 项目视频

※视频案例要求：

打开演示文稿 PPT5-3.PPTX 文件，完成以下操作。

1. 将幻灯片版式改为“两栏内容”。

2. 将文件夹中“瀑布.jpg”插入至右侧内容区。

3. 插入一张版式为“空白”的幻灯片作为第 1 张幻灯片，并插入音频“同桌的你.mp3”，在“播放”选项卡中设置自动播放并在放映时隐藏。

5.3.7　应用表格

1. 插入表格

表格是一种应用十分广泛的工具，用户可以根据需要插入表格，一个设计精美的表格会更加突出展示效果。在 WPS 演示文稿中插入表格的方法有多种，最为常用的是单击幻灯片的占位符中的“插入表格”按钮和单击“插入”功能区中的“表格”按钮。

方法 1：单击“插入”功能区中的“表格”下拉按钮，弹出“表格”下拉列表，可以根据需要拖曳鼠标选定行、列数，如图 5-31 所示，松开鼠标即可在当前幻灯片中显示所需表格。

方法 2：如果制作的表格行列数较多，则需要在“表格”下拉列表中选择“插入表格”命令，在打开的“插入表格”对话框中输入行数和列数，如图 5-32 所示，单击“确定”按钮，即可在当前幻灯片中插入一张表格。

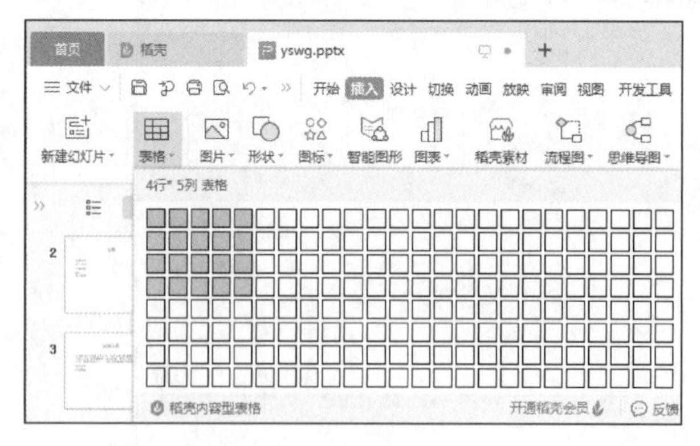

图 5-31　插入表格

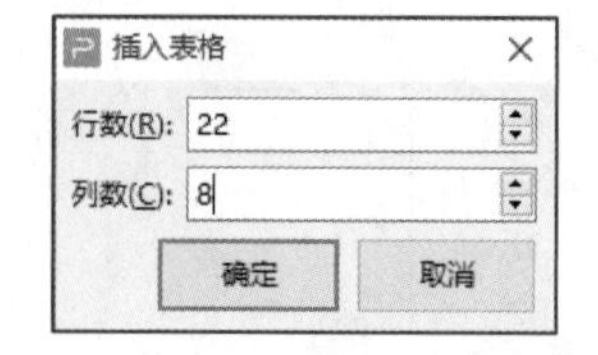

图 5-32　“插入表格”对话框

方法 3：单击幻灯片占位符中的“插入表格”按钮，打开如图 5-33（a）所示的“插入表格”对话框。

在“行数”文本框中输入需要的行数，在“列数”文本框中输入需要的列数。单击“确定”按钮，将表格插入到幻灯片中，如图 5-33（b）所示。

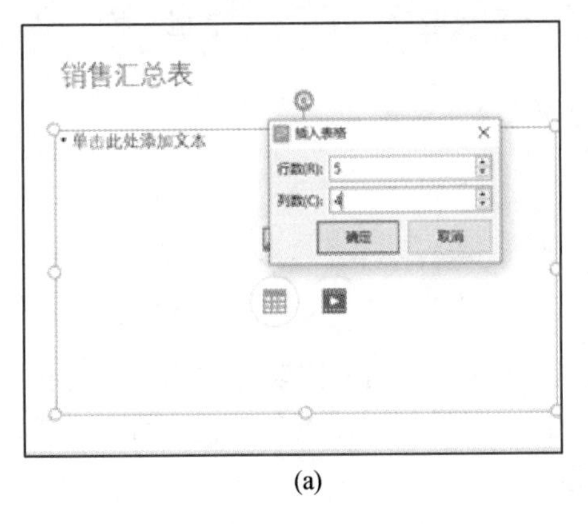

(a)

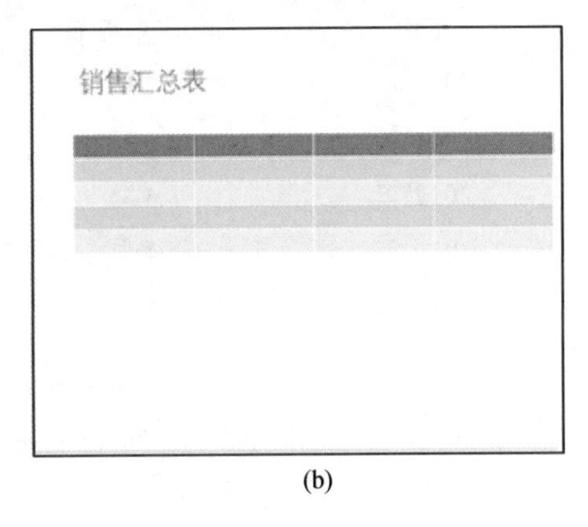

(b)

图 5-33 表格

2．操作表格

选中表格对象后，功能区中将出现“表格工具”和“表格样式”两个选项卡。

（1）“表格工具”选项卡。

在该选项卡的功能区可以进行表格行、列的添加和删除，合并或拆分单元格，单元格文本对齐方式等设置。

（2）“表格样式”选项卡。

在该选项卡的功能区可以进行表格边框颜色、边框粗细，表格填充颜色等样式设置。

给表格设置边框时，可依次选择绘图边框组的笔样式、笔画粗细、笔颜色，然后再单击应用至“边框”按钮，在下拉列表中单击要设置的框线位置。

5.3.8 应用图表

在进行总结汇报的时候，配合图表进行数据分析，效果会非常直观明了。一般情况下，在数据反馈中都是数不如表，表不如图。图表使数据在表达上更加形象、生动，这也是为什么图表能被非常广泛使用的原因之一。

WPS 演示中经常用到的图表有柱形图、圆饼图等，这些图都是基于一定的数据建立起来的，所以需要先建立数据表格然后才能生成图表。以下进行实例操作：

操作要求：在幻灯片中插入一个标准折线图，并按照如下数据信息调整幻灯片中的图表内容。

年份	笔记本电脑	平板电脑	智能手机
2010 年	7.6	1.4	1.0
2011 年	6.1	1.7	2.2
2012 年	5.3	2.1	2.6
2013 年	4.5	2.5	3
2014 年	2.9	3.2	3.9

步骤 1：在该幻灯片中单击文本占位符框中的“插入图表”按钮，在打开的“插入图表”对话框中选择“折线图”图标。单击“插入”按钮，将会在该幻灯片中插入一个折线图，如图 5-34 所示。

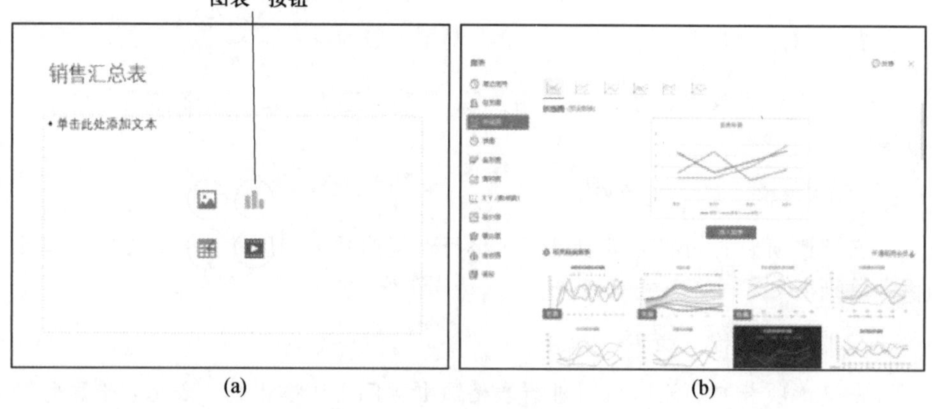

图 5-34　插入图表

步骤 2：选中幻灯片中的图表，单击“图表工具”功能区中的“编辑数据”按钮，打开 WPS 表格处理软件及显示图表示例数据，根据题意要求向表格中填入相应内容，即更换软件默认的数据（注意：需要将原数据区域框的大小拖曳到与现数据区域大小相一致），如图 5-35 所示。

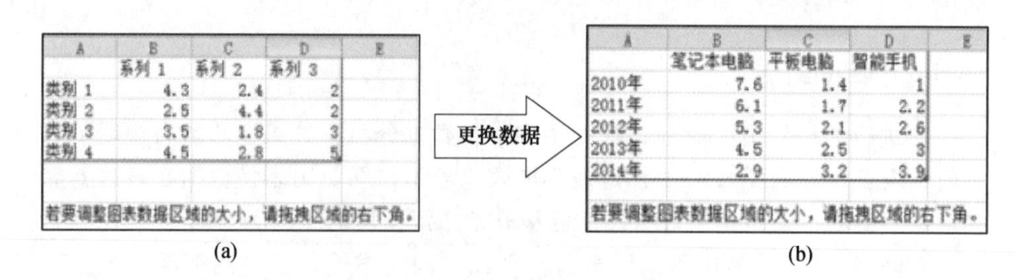

A	B	C	D	E
	系列 1	系列 2	系列 3	
类别 1	4.3	2.4	2	
类别 2	2.5	4.4	2	
类别 3	3.5	1.8	3	
类别 4	4.5	2.8	5	

若要调整图表数据区域的大小，请拖拽区域的右下角。

A	B	C	D	E
	笔记本电脑	平板电脑	智能手机	
2010年	7.6	1.4	1	
2011年	6.1	1.7	2.2	
2012年	5.3	2.1	2.6	
2013年	4.5	2.5	3	
2014年	2.9	3.2	3.9	

若要调整图表数据区域的大小，请拖拽区域的右下角。

图 5-35　更换数据

步骤 3：输入完成后，直接关闭 WPS 表格处理软件，即可在幻灯片得到相应的折线图，如图 5-36 所示。

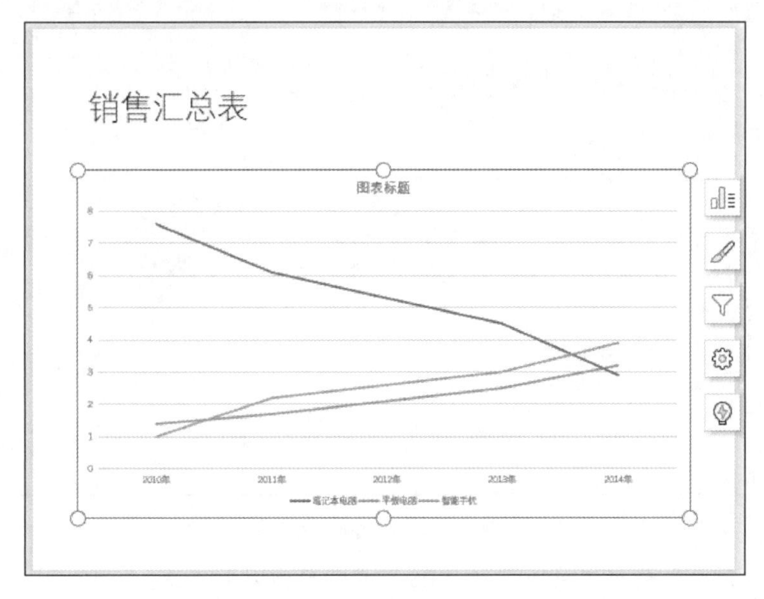

图 5-36 折线图

5.4 幻灯片动画设置

幻灯片动画设置

PPT

在演示文稿中设置动画可以提高幻灯片演示的灵活性，让原本静止的演示文稿更加生动。WPS 演示提供的动画效果非常生动，并且操作起来非常简单。

5.4.1 添加动画

幻灯片的动画设置分为幻灯片切换与幻灯片对象的动画设置。以下是幻灯片对象的动画设置示例。

步骤 1：打开“年终总结报告.dps”，查看第 3 张幻灯片，在幻灯片中选择要设置动画的对象，如选择“标题”文本框，选中对象后，单击“动画”选项卡，在“动画”样式列表框中可以选择系统提供的常用动画效果，如图 5-37 所示。

图 5-37 “动画”功能区

步骤 2：单击“动画”样式列表框右下角的下拉按钮，弹出“动画”列表，如图 5-38 所示。

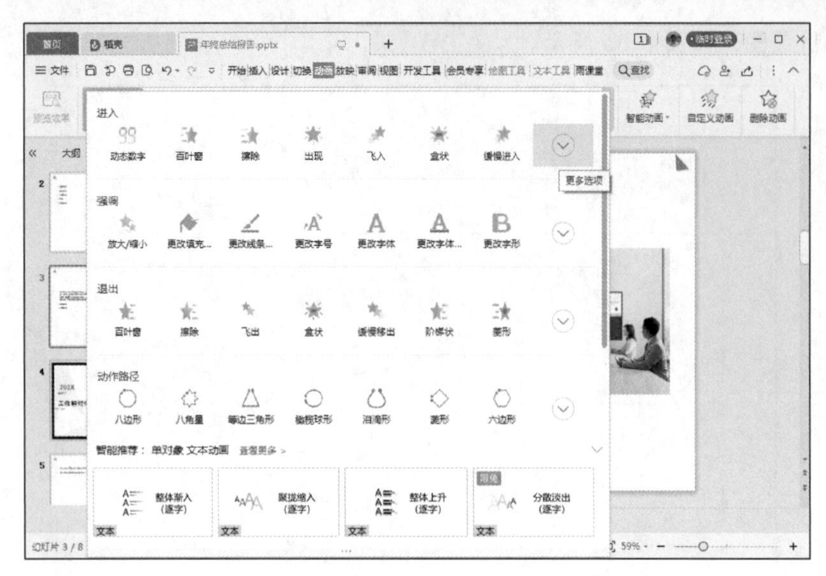

图 5-38　“动画”列表

从“动画”列表中可以看到 WPS 动画共分为以下 4 类：

（1）进入

在图 5-38 中“进入”类型中选择“更多选项”选项，弹出如图 5-39 所示列表，从中可以看到“进入”类型又细分为基本型、细微型、温和型和华丽型 4 类动画（强调、退出也有一样的细分类型）。

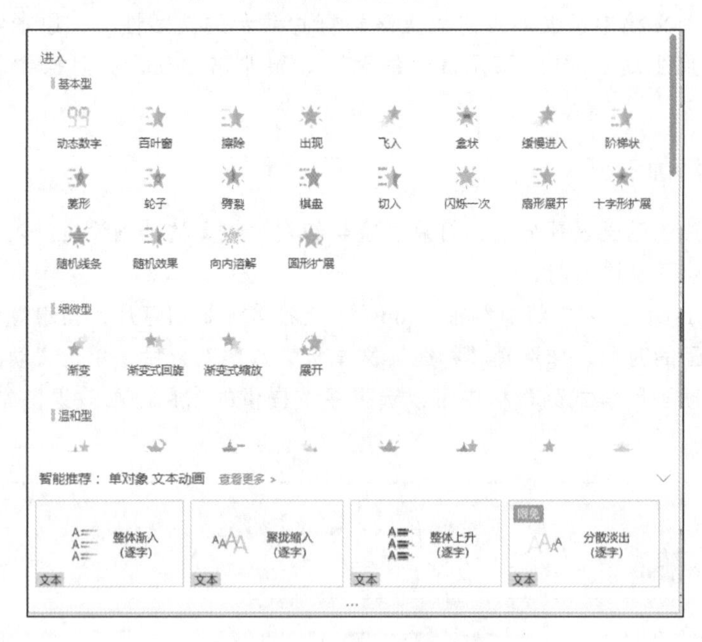

图 5-39　更多进入动画设置

（2）强调

当需要利用动画效果强调某些文字或对象时，使用该功能。常见的强调动画效果有放大/缩小、更改字号、改变颜色和渐变等，强调动画效果可以设置成与其他动画同时播放。

（3）退出

设置对象如何离开幻灯片，如百叶窗、飞出等。

（4）动作路径

动作路径的主要作用是为对象添加按照预置路径或自定义路径运动的动画效果，操作步骤如下。

在动画列表中选择一种动画，如“出现”。其他文本内容和图片的动画设置方法与标题设置相同，如图片动画设置为“轮子”，设置好动画的幻灯片如图 5-40 所示动画设置效果。

图 5-40　动画设置效果

5.4.2　自定义动画

（1）弹出“自定义动画”任务窗格

方法 1：在“动画”功能区的“动画”分组中，单击“自定义动画”按钮。

方法 2：在普通视图中选取要设置动画的对象，右击，在快捷菜单中选择“自定义动画”命令。

（2）动画效果设置

在“自定义动画”任务窗格可以对动画的“开始”“方向”和“速度”等选项进行设置，如图 5-41 所示，如将“开始”由“单击时”改为“之后”，方向由“自底部”改为“自顶部”，速度由“非常快”改为“中速”。

“开始”“方向”和“速度”各选项作用如下：

➢ 开始：在“开始”列表中有“之前”“之后”和“单击时”3 种开始方

式可选。“单击时”是以单击幻灯片的方式启动动画，“之前”是指在启动列表中前一动画的同时启动动画，“之后”是指在播放完列表中前一动画之后立即启动动画。

➢ 延迟时间：为某一动画结束后和下一动画开始前添加的延迟时间，单位为秒，数值可输可选。

➢ 速度：单位为秒，数值可输可选，默认有 5 种切换时间。

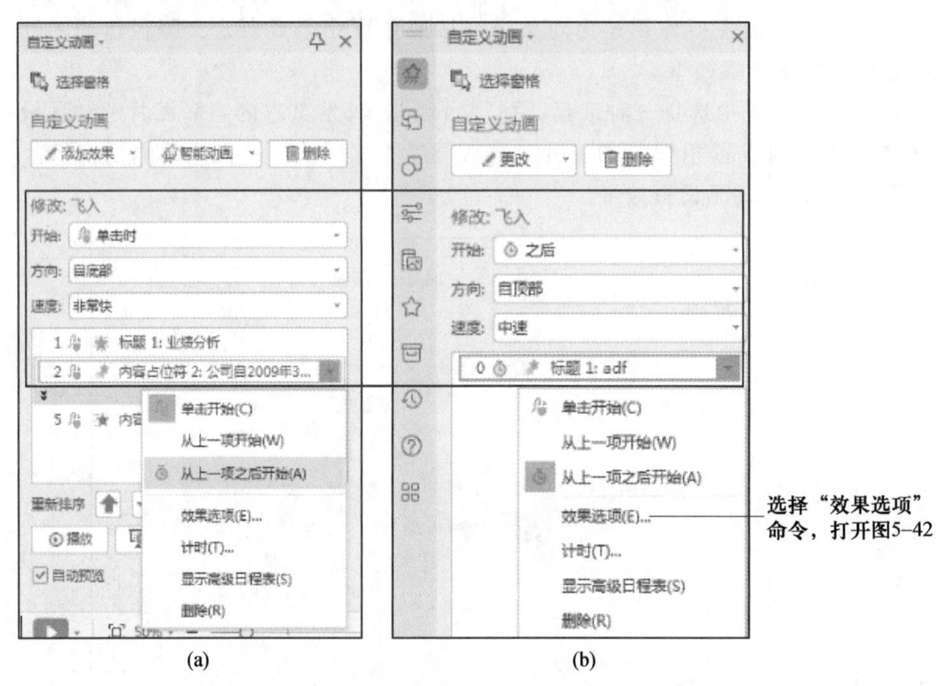

图 5-41　自定义动画

如果需要对某个动画效果进行更细致的动画设置，可以在“自定义动画”任务窗格单击该动画右侧的▼按钮，在弹出的下拉菜单中选择“效果选项”命令，打开如图 5-42 所示动画效果设置对话框，有“效果”“计时”和“正文文本动画”3 个选项卡。

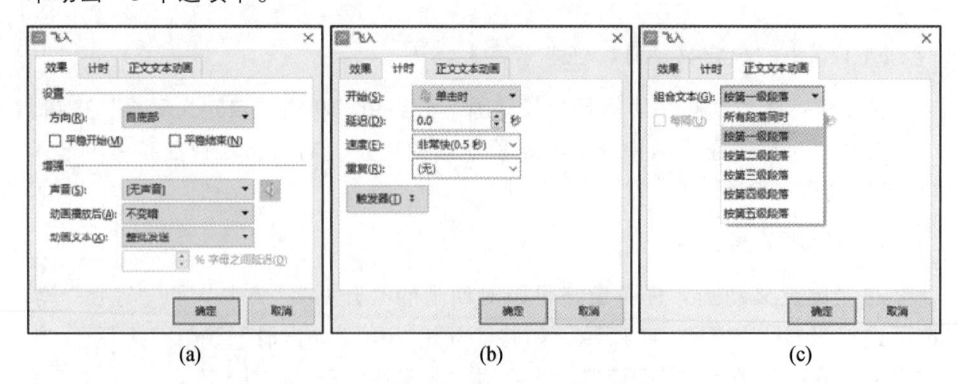

图 5-42　动画效果设置

➢ 重复：可设置动画播放次数，数值可输可选。

➢ 触发器：单击“触发器”按钮，会出现两个选项，一个选项为“部分单击序列动画”，等同于任意单击启动此动画；另一个选项为“单击下列对象时启动效果”，单击右侧的下拉按钮，选择需要触发的对象，单击“确定”按钮即可。

提示

默认情况下，占位符中的文字以字母为单位运动，如果想以段落或者整体为单位，可以在“正文文本动画”选项卡中进行修改。

5.4.3 设置动画播放顺序

从图 5-43 中，可以看到每个设置了动画的对象左侧有一个数字标志，这个标志就是对象动画播放的顺序。一张幻灯片中动画的播放顺序默认是按照添加动画顺序进行的。若需重新调整动画放映的先后顺序，可选定对象，然后在“重新排序”处单击“向上”或“向下”按钮调整，也可以选定某一对象后，直接按住鼠标左键拖曳至需要放映的次序。

图 5-43 调整动画播放顺序

如需预览动画效果，可单击“自定义动画”任务窗格中的“播放”按钮；如需进入幻灯片放映视图显示动画效果，可单击“幻灯片播放”按钮。

5.4.4 为一个对象添加多个动画

在幻灯片中可以给对象设置多个动画效果，方法是：在设置单个动画之后，再次选择添加动画后的对象，然后单击“自定义动画”任务窗格中的“添加效果”按钮，在弹出的列表中选择所需动画样式，即可为单个对象再次添加一个动画效果，按照相同的方法，可以继续为单个对象添加多个动画。以下进行一架飞机从幻灯片左下角飞入，然后从页面右上端飞出幻灯片的动画设置示例。

步骤 1：打开“年终总结报告.dps”，在第 2 张幻灯片的左下角插入一架飞机图片，然后设置图片动画为进入类型的“飞入”，“开始”选项设置为“之后”，“方向”设置为“自左下部”，速度为“慢速”，如图 5-44 所示。

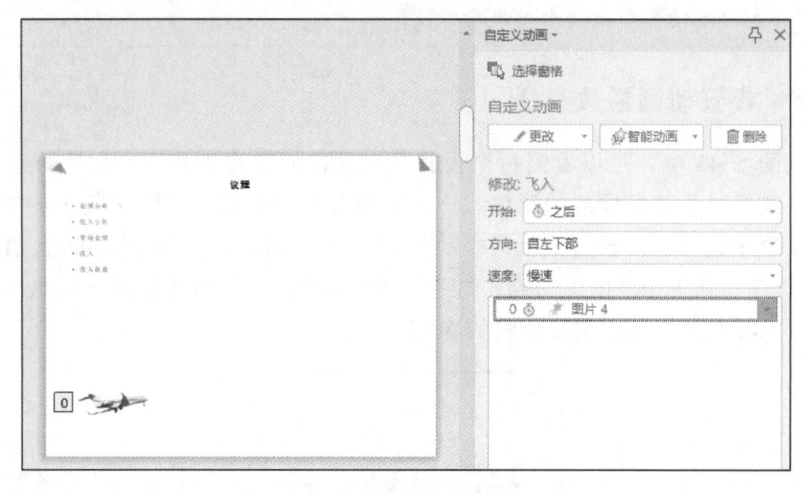

图 5-44 飞入动画

步骤 2：选中飞机，单击“自定义动画”任务窗格中的“添加效果”按钮，在弹出的列表中选择“绘制自定义路径”中的“自由曲线”，然后在幻灯片上面绘制一条从飞机位置通往幻灯片右上角的曲线，曲线画好后可以随意调整。设置动画“开始”选项为“之后”，路径为“解除锁定”，“速度”为“中速”，如图 5-45 所示。

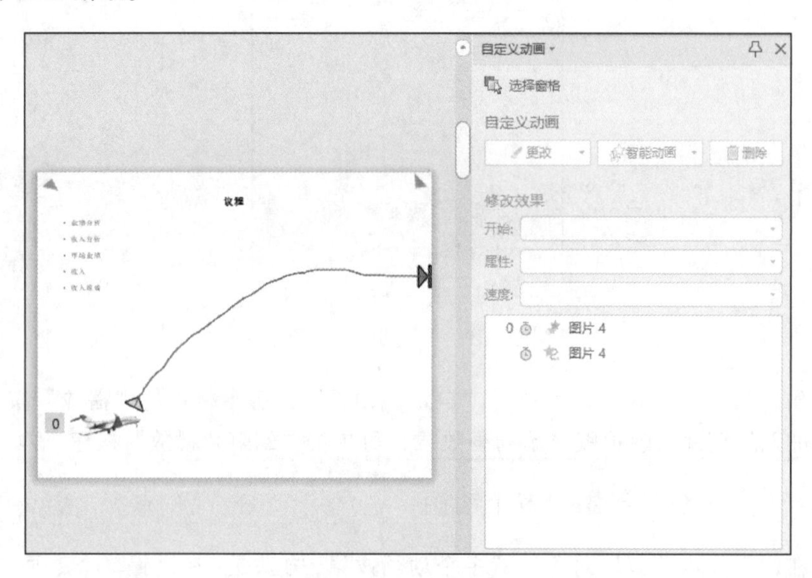

图 5-45 路径动画

步骤 3：选中飞机，单击“自定义动画”任务窗格中的“添加效果”按钮，在弹出的列表中设置图片动画为“退出”类型的“飞出”，“开始”选项设置为“之后”，“方向”为“到右侧”，“速度”为“快速”。

步骤 4：单击“动画”功能区的“预览效果”按钮，可以看到飞机从幻灯片缓慢飞入然后从页面右上端飞出消失的动画效果。

5.5 幻灯片切换设置

幻灯片切换设置

幻灯片切换效果是指幻灯片与幻灯片之间的过渡效果，也就是从前张幻灯片转至下一张幻灯片之间要呈现的效果。

5.5.1 添加切换动画

WPS 演示软件有多种切换效果，可给每张幻灯片设置不同的切换效果。

方法 1：选中幻灯片，在“切换”功能区中的“切换方式”列表中选择一种切换效果，如图 5-46 所示。单击“切换方式”列表框右下的▼按钮，可以弹出更多切换效果列表，如图 5-47 所示。

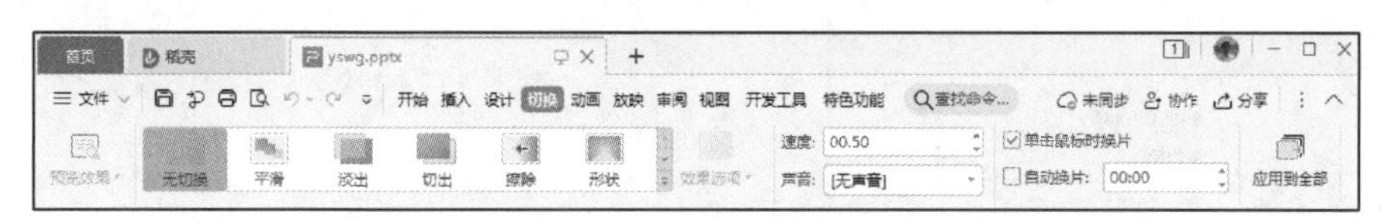

图 5-46 “切换”功能区

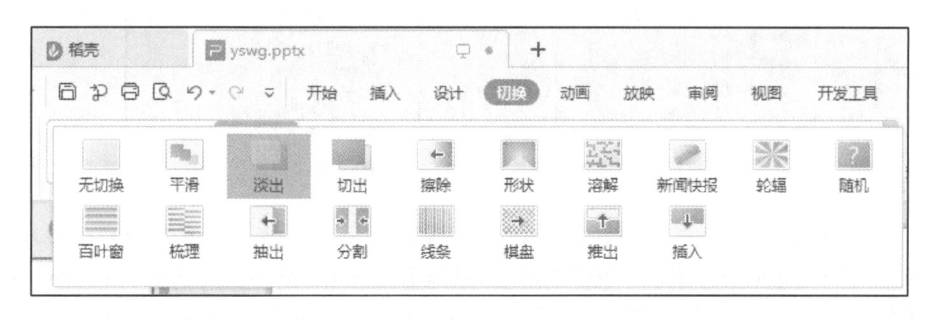

图 5-47 “切换方式”列表

方法 2：右击幻灯片编辑窗口中的空白处，在快捷菜单中选择“幻灯片切换”命令，打开“幻灯片切换”任务窗格，然后在“切换方式”列表中选择一种切换效果，如图 5-48 所示。

5.5.2 幻灯片切换设置

在图 5-48“幻灯片切换”任务窗格中可以进行如下幻灯片切换设置：

① 单击“声音”右侧的▼按钮，在弹出的列表选取一种声音；可选中“循环放映，到下一个声音开始时”复选项。

② 换片方式：

选中“单击鼠标时换片”复选项，播放状态可以实现单击鼠标立即切换效果。

选中“自动换片”复选项，在其后的输入框内可输入切换时间，如图 5-49 所示，播放状态可以实现以设定的时间自动换页。

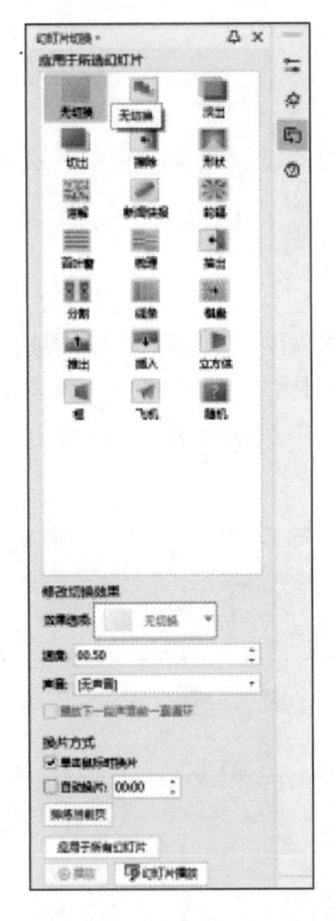

图 5-48 “幻灯片切换”任务窗格　　　　图 5-49　换片方式

③ 单击“排练当前页”按钮，进入播放状态，打开“预演”窗口，显示播放需要的时间，当幻灯片中的所有元素播放完后，单击屏幕，在弹出的“WPS 演示”询问对话框单击“是”按钮，则自动在“自动换片”复选项后的输入框内保留当前的排练时间。

④ 单击“应用于所有幻灯片”按钮，将设置应用至所选幻灯片。

设置完毕，此时应用了幻灯片切换效果的幻灯片左下角都会添加动画图标。

5.5.3　幻灯片切换效果的取消

要取消某张幻灯片的切换效果，则先选中该幻灯片，然后在“切换”功能区的“切换方式”列表里选择“无切换”方式，即可取消本页幻灯片的切换效果。

在“幻灯片切换”任务窗格中，如果在“切换方式”列表里选中“无切换”方式，然后单击“应用于所有幻灯片”按钮，则会取消所有幻灯片切换效果。

※视频案例要求：

打开“pptx5-5.pptx”，按照如下要求操作并保存。

1. 为整个演示文稿应用一种主题。

2. 将第 2 张幻灯片版式修改为“两栏内容”，将素材文件夹下的图片“电脑.jpg”插入到右侧内容区，图片动画设置为“进入/百叶窗”，并插入备注“时代的进步”。

3. 为所有幻灯片应用“擦除”切换效果。

微课
WPS 演示 5.5
项目视频

应用幻灯片母版

5.6　应用幻灯片母版

5.6.1　幻灯片母版

幻灯片母版，是存储有关设计模板信息的幻灯片，包括字形、占位符大小、背景设计等。

使用幻灯片母版的主要优点是可以对演示文稿中的幻灯片（包括以后添加到演示文稿中的幻灯片）进行统一的版面设置，如在每张幻灯片中显示公司的 Logo 图片。如果演示文稿包含的幻灯片页数较多，可使用母版设置将大大提高演示文稿的编辑效率。

5.6.2　编辑幻灯片母版

以下通过编辑幻灯片母版的方式给多张幻灯片右上角放置一张公司 LOGO 图片为例进行操作。

步骤 1：打开“年终总结报告.dps”文档后，单击“视图”功能区中的“幻灯片母版”按钮，如图 5-50 所示。

图 5-50　进入母版

步骤 2：此时进入母版视图，如图 5-51 所示，可以看到幻灯片导航区显示的是幻灯片模板列表，编辑区显示的是当前选中的模板页。

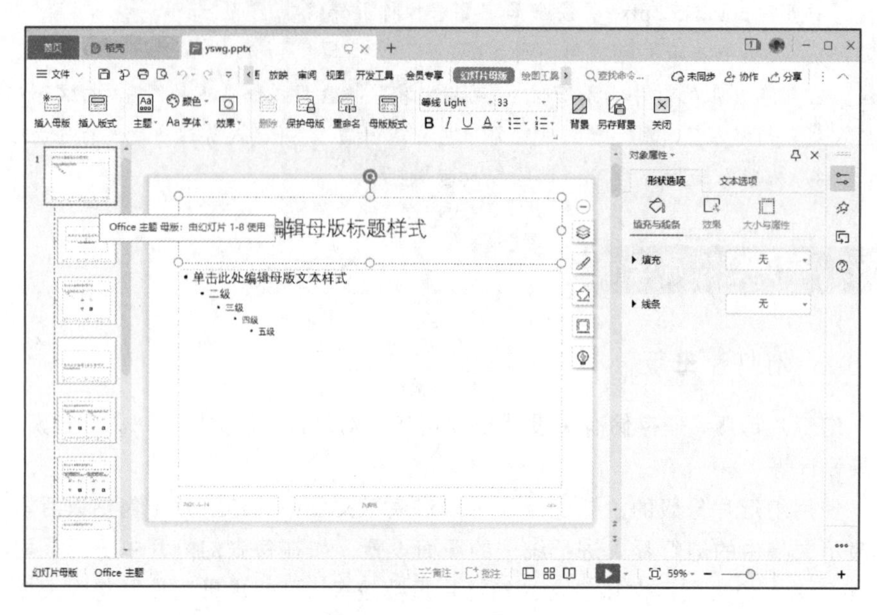

图 5-51　幻灯片母版视图

步骤 3：在幻灯片导航区选中最上面的模板页，鼠标移到该模板页上面可以看到所有幻灯片都使用了该模板。在编辑区给幻灯片左上角插入一张图片“logo.jpg”。插入图片后，可以看到下面所有版式的幻灯片左上角也都有了图片“logo.jpg”，如图 5-52 所示。

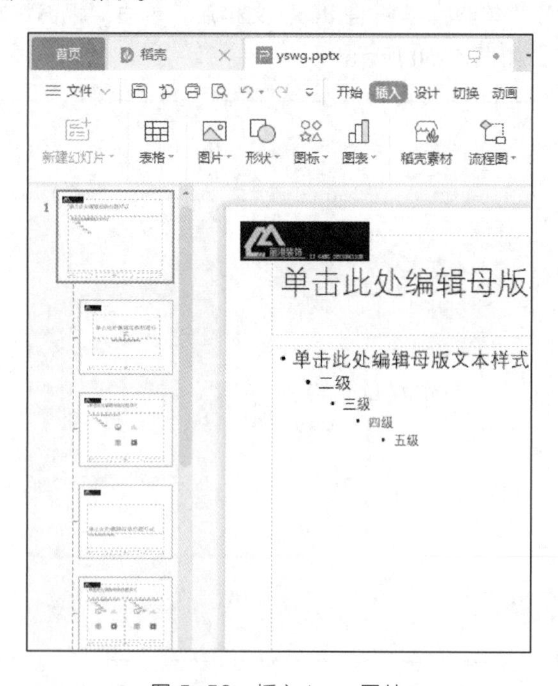

图 5-52　插入 logo 图片

步骤 4：可以根据需要设置某个版式的模板（即可以通过插入图片、形状、线条、文本框等多种方式进行设计），将鼠标放到某个版式上面时，可以看出该版式由哪几张幻灯片使用，如图 5-53 所示。

图 5-53 母版版式应用

步骤 5：设置完成后再切换到“幻灯片母版”选项卡，单击功能区中最右侧的“关闭”按钮，退出母版编辑模式。

步骤 6：返回正常的编辑状态下，可以看到，所有的幻灯片左上角都有一张 logo 图片，如图 5-54 所示。

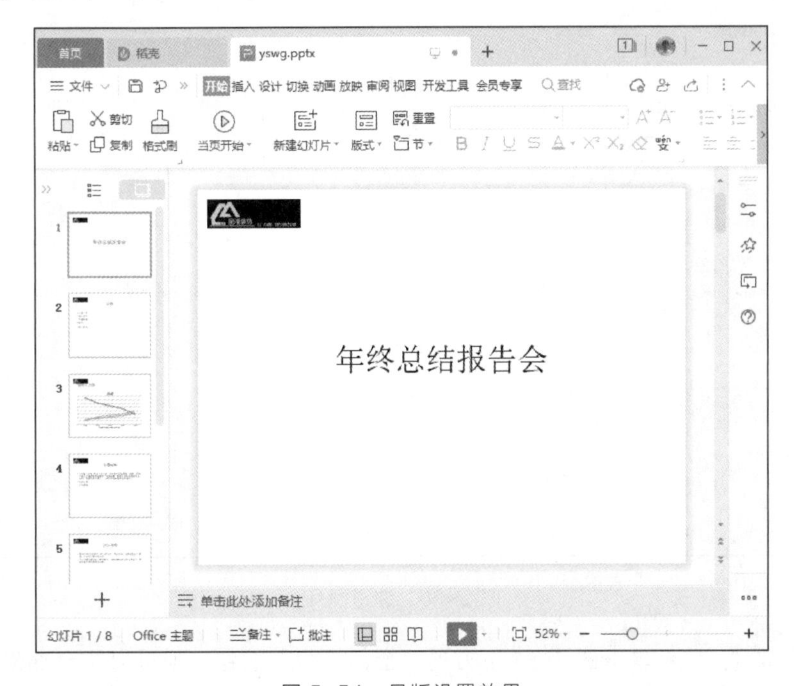

图 5-54 母版设置效果

5.6.3　幻灯片背景设置

WPS 演示提供了几十种背景填充效果，可产生风格各异的背景效果。同一演示文稿中的幻灯片，既可使用相同背景设置，也可使用多种不同的背景设置风格美化幻灯片，颜色、纹理或图案都可以作为幻灯片的背景，还可以使用图片作为幻灯片的背景。以下是设置图片背景实例操作步骤。

步骤 1：打开“年终总结报告.dps”文档，右击第 3 张幻灯片空白处，在弹出的快捷菜单中选择“设置背景格式”命令，打开“对象属性”任务窗格。

步骤 2：在“对象属性”任务窗格“填充”栏中选中“图片或纹理填充”单选按钮，如图 5-55 所示。

步骤 3：单击“图片填充”选项的右侧的▼按钮，在下拉列表中选择“本地文件”选项，打开“选择纹理”对话框，在其中选择素材中的图片“bj.jpg”，并单击“打开”按钮，如图 5-56 所示。

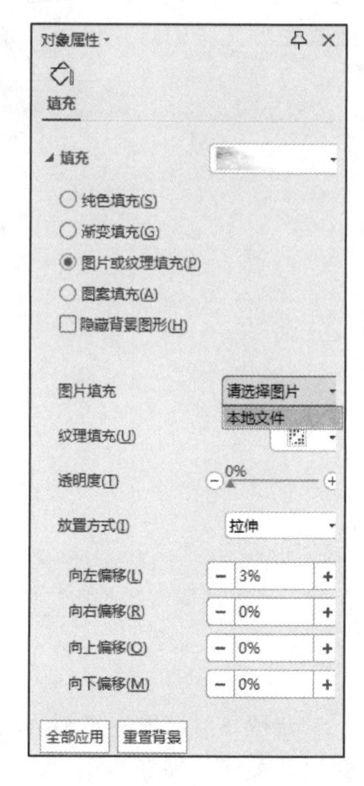

图 5-55　设置背景格式

图 5-56　选择图片

步骤 4：如果单击图 5-55 下方的“全部应用”按钮，则可以给全部幻灯片应用相同的背景图片。背景设置后的效果如图 5-57 所示。

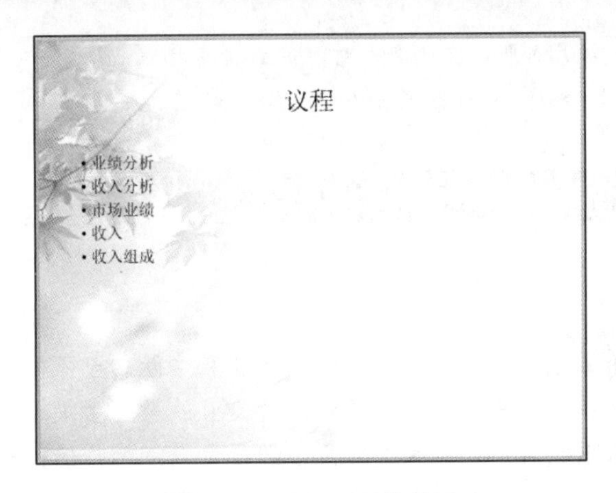

图 5-57 背景设置的效果

5.6.4 幻灯片页眉页脚和编号

在“插入”功能区中单击“页眉页脚”或“幻灯片编号”或“日期和时间”按钮，都会打开“页眉和页脚”对话框，如图 5-58 所示。

在该对话框中选中“幻灯片编号”“页脚”和“标题幻灯片中不显示”3 个复选框，在“页脚”文本框中输入“2020 年年终报告”。单击“应用”按钮，则将设置应用到当前幻灯片。如果单击“全部应用”按钮，则将设置应用到全部幻灯片。在“页眉和页脚”对话框还可以设置自动更新或设置固定的日期和时间。

在“页眉和页脚”对话框的预览区可以看到各项设置在幻灯片中的位置，这些位置可以通过在幻灯片母版中修改。页眉和页脚的应用效果如图 5-59 所示。

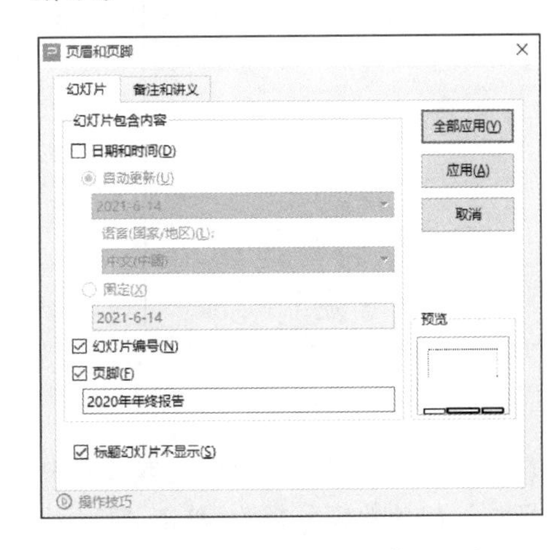

图 5-58 “页眉和页脚”对话框

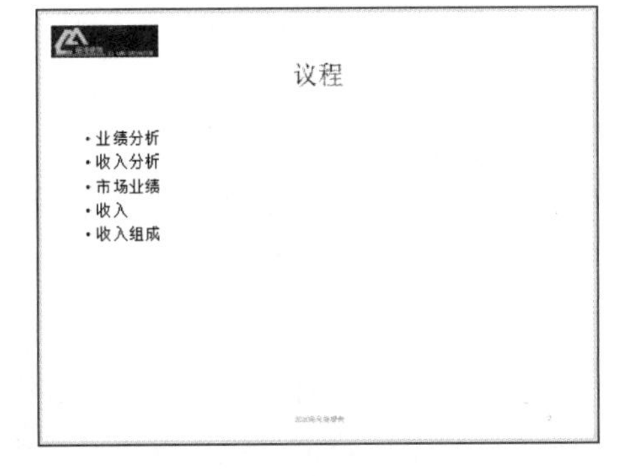

图 5-59 页眉和页脚的应用效果

微课
WPS 演示 5.6
项目视频

※视频案例要求：

1. 打开演示文稿 PPTX5-6.PPTX 文件，完成以下操作。

2. 利用幻灯片母版，在所有幻灯片的右上角插入 ppt5-6.jpg 图片。除标题幻灯片外的所有幻灯片的标题设置为“黑体、54 磅、深蓝”。

创建和编辑超链接

5.7 创建和编辑超链接

5.7.1 超链接

使用超链接和动作设置可以在同一演示文稿中跳转至不同的幻灯片，或者引入当前演示文稿外的其他文件，是幻灯片交互的重要手段。在一个演示文稿中常常有一个目录幻灯片，目录幻灯片一般是后续幻灯片的标题的列表。目录幻灯片能更明晰地表达主题，使观众能够事先了解演讲内容的框架，对协助他们了解将要演讲的内容是十分有利的。下面以“年终总结报告会.dps”的目录幻灯片为例介绍创建超链接。

步骤 1：打开“年终总结报告会.dps”，选取需要设置超链接的文本或对象，如选中第 2 张目录幻灯片的“业绩分析”4 个字，然后单击“插入”功能区中的“超链接”按钮，或者右击对象，在弹出的快捷菜单选择“超链接”命令，打开“插入超链接”对话框，如图 5-60 所示。

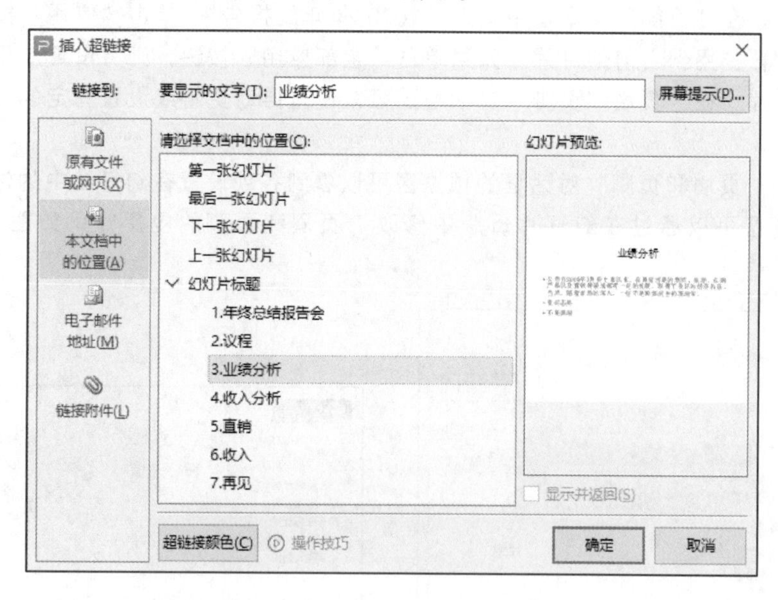

图 5-60 “插入超链接”对话框

步骤 2：在“插入超链接”对话框中的“链接到”列表中选择“本文档中的位置”选项，从列表中选取要链接的幻灯片，如“业绩分析”。单击“确定”按钮即可建立超链接。建立了超链接的文字一般在默认情况下字体会变为蓝色和文字下面有下画线，如图 5-61 所示。

步骤 3：播放演示文稿，在播放状态下，将鼠标移到“业绩分析”上面，鼠标变为手指形状，单击“业绩分析”超链接，即可跳转到“业绩分析”幻灯片。

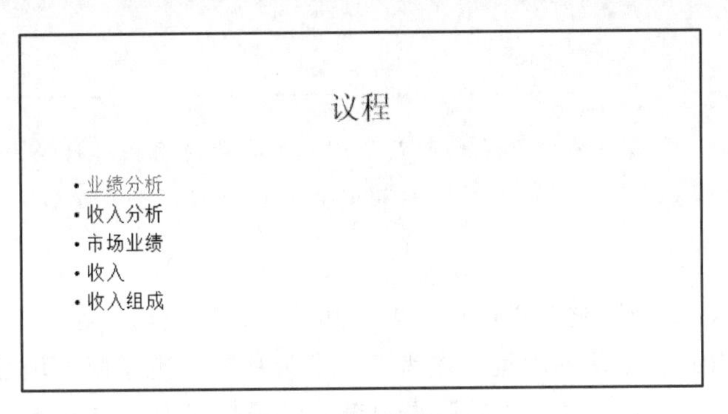

图 5-61 超链接

在“插入超链接”对话框中还可进行以下操作：

① 在“链接到”列表中选择“原有文件或网页”选项，可以选取要链接的文件或网页，或在地址栏输入要链接的文件路径或网页地址，如图 5-62 和图 5-63 所示。

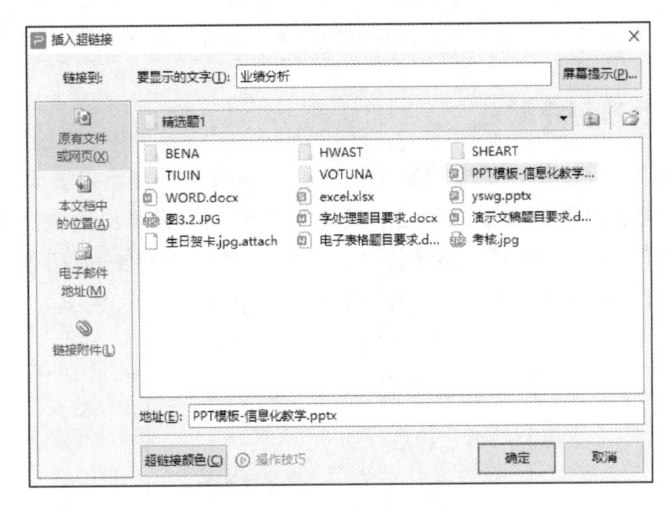

图 5-62 链接到文件

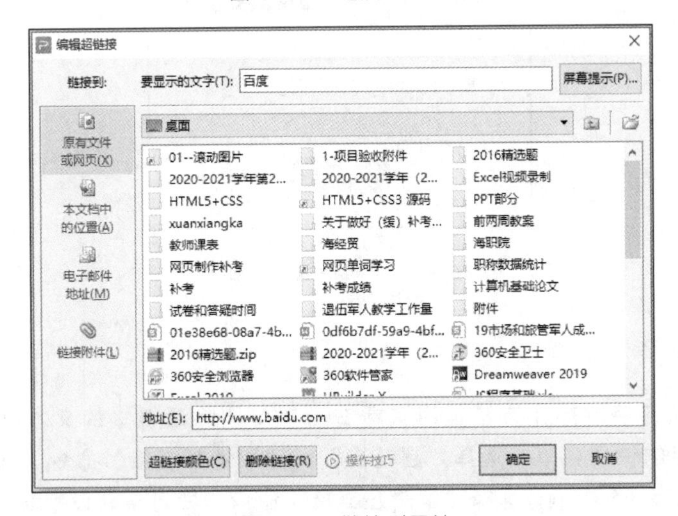

图 5-63 链接到网站

提示

当链接到某个文件时，需要注意链接地址的路径问题，尽量使用相对路径，如果在链接地址中见到类似于“C: \xx\xxx\xx”的内容，则使用的是绝对路径，如果将目标文件更换路径，则链接将失效。

② 在“链接到”列表中选择“电子邮件地址”选项，在“电子邮件地址”框中键入所需的电子邮件地址，或者在“最近用过的电子邮件地址”框中选取所需的电子邮件地址，在“主题”框中键入电子邮件消息的主题。

提示

建立超链接的对象可以是文字、图片或形状等。

在“插入超链接”对话框中，单击“屏幕提示”按钮，会打开“设置超链接屏幕提示”，输入提示文字，单击“确定”按钮，返回“插入超链接”对话框，单击“确定”按钮。设置屏幕提示是为在播放时能准确分清超链接对象，鼠标指向设置超链接的对象时显示预设的内容。

5.7.2　更改超链接颜色

根据幻灯片版面颜色更改超链接颜色，使链接文字显示得更为清晰。

操作方法是用鼠标右击已建立了超链接的文本，在弹出的快捷菜单中选择“超链接颜色”命令，打开“超链接颜色”对话框，如图 5-64 所示，修改超链接颜色（如改为绿色），单击“应用到当前”按钮即可。

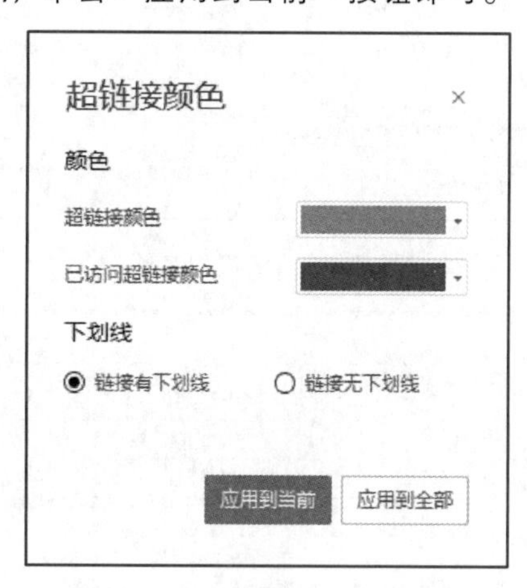

图 5-64　“超链接颜色”对话框

5.7.3　取消超链接

取消超链接的操作方法是用鼠标右击想要删除超链接的文本或图片等对象，在弹出的快捷菜单中选择“超链接”→“取消超链接”命令，即可取消超链接，如图 5-65 所示；选择“编辑超链接”命令，即可重新设置超链接。

图 5-65 取消超链接

5.7.4 动作设置

WPS 演示的动作设置功能可以对幻灯片中的图形图像、文本内容设置动作，利用动作也可设置超链接，具体包括两类：第一类是单击鼠标时完成指定动作，第二类是移动鼠标时完成指定动作。选中对象后，在“插入”功能区中单击“动作”按钮，可以在打开的“动作设置”对话框中完成动作设置。

以“年终总结报告.dps”为例，采用动作设置实现从每一张正文幻灯片返回到“目录”幻灯片的超链接。为了快速在多张幻灯片中实现这个功能，可以配合母版来操作。操作步骤如下：

步骤 1：打开“年终总结报告.dps”，单击“视图”功能区中的“幻灯片母版”按钮，进入幻灯片母版编辑状态。

步骤 2：在幻灯片导航区选中多张幻灯片共同使用的母版（注：鼠标放在母版上面有提示，如图 5-66 所示）。

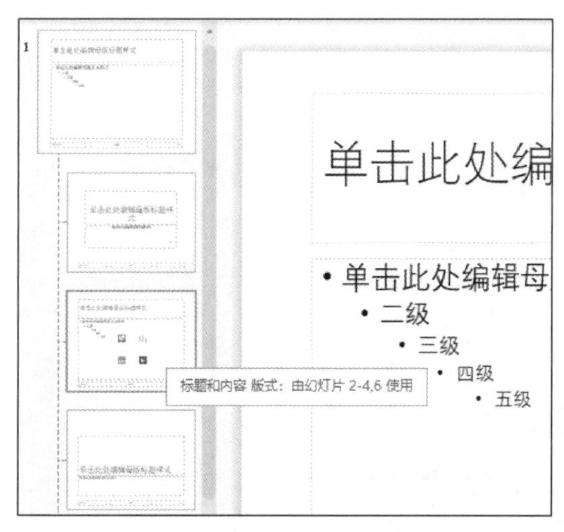

图 5-66 幻灯片母版

步骤 3：单击“插入”功能区中的“形状”按钮，在弹出的下拉列表中选择“矩形”栏中的“圆角矩形”选项，在幻灯片编辑窗口拖动绘制圆角矩形，修改圆角矩形的样式，然后在圆角矩形中输入“返回”两字，如图 5-67 所示。

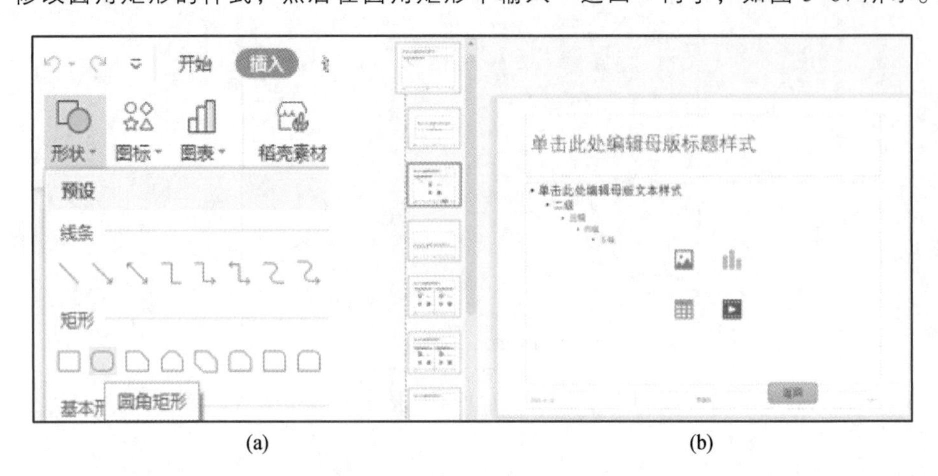

(a)　　(b)

图 5-67　圆角矩形按钮

步骤 4：选中“返回”按钮，单击“插入”功能区中的“动作”按钮，打开“动作设置”对话框，在“动作设置”对话框中选择“鼠标单击”选项卡，选中“超链接到”单选按钮，在“超链到”列表中选择“幻灯片”选项，如图 5-68 所示。在打开的“超链接到幻灯片”对话框的“幻灯片标题”列表中选择“议程”幻灯片，即“目录”幻灯片，然后一直单击“确定”按钮即可，效果如图 5-69 所示。

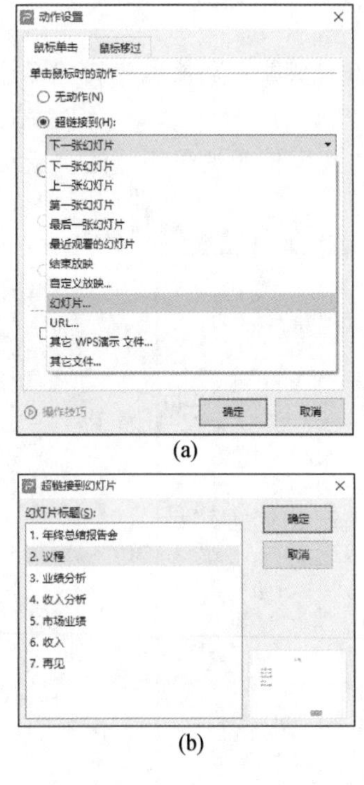

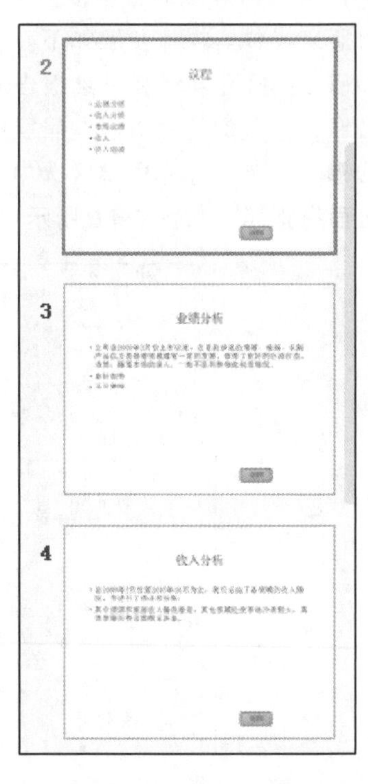

图 5-68　动作设置　　图 5-69　母版动作设置效果

步骤 5：关闭幻灯片母版状态，返回幻灯片普通视图，这时在幻灯片导航区可以看到使用相同母版的幻灯片都有一个“返回”按钮。

步骤 6：播放演示文稿，单击幻灯片的“返回”按钮，即可返回目录幻灯片。

提示

在“动作设置”对话框有“鼠标单击”和“鼠标移过”两个选项卡，它们设置超链接的功能相同，其区别在于一个是鼠标单击对象时（如“返回”按钮）实现超链接，一个是鼠标移动到对象上面时实现超链接。

※视频案例要求：

打开演示文稿 PPTX5-7.PPTX 文件，完成以下操作。

1. 根据第 2 张幻灯片目录内容，分别创建超链接到第 3 张～第 5 张幻灯片。
2. 分别在第 3 张～第 5 张幻灯片上创建一动作按钮返回到第 2 张幻灯片。
3. 在第 1 张幻灯片上插入一文本内容“友情链接”，创建超链接到 http://www.eedu.org.cn。

微课
WPS 演示 5.7
项目视频

5.8　放映演示文稿

放映演示文稿

幻灯片的放映方式可以决定幻灯片的播放顺序，一般放映方式有自定义放映、演讲者放映和展台放映等。

5.8.1　自定义放映

自定义放映是用户根据需要，可以自行设定播放的幻灯片（即可以针对不同的客户显示不同的幻灯片），以及调整幻灯片放映顺序。操作示例如下：

步骤 1：打开“年终总结报告.dps”，单击“放映”功能区中的“自定义放映”按钮，打开如图 5-70 所示的“自定义放映”对话框。

步骤 2：单击“自定义放映”对话框中的“新建”按钮，打开如图 5-71 所示的“定义自定义放映”对话框。在“幻灯片放映名称”后的输入框中可输入名称，也可采用默认名称“自定义放映 1”，再次建立自定义放映时，默认名称为“自定义放映 2”，默认名称后的数字依次加一。选择左边框的幻灯片，单击中间的“添加”按钮，依次添加到右侧的放映窗口中。注意，此时的添加顺序决定了幻灯片的放映顺序，用户按照自己预定的顺序添加即可。如果添加的幻灯片放映顺序需要调整，则可通过右侧的“向上”⇧ 或“向下”⇩ 按钮进行调整。如需删除右侧的幻灯片，选中需删除的幻灯片后再单击“删除”按钮。

步骤 3：设置完毕后，单击“确定”按钮即可完成自定义放映设置，在“自定义放映”对话框中即可出现一个“自定义放映 1”的放映方式名称。

在“自定义放映”对话框中单击“删除”按钮，可以删除“自定义放映 1”；单击“复制”按钮，可以复制出另一个设置好的“自定义放映 1”，显示名称为

“(复件) 自定义放映 1”；单击“编辑”按钮，可以重新设置选中的自定义放映。

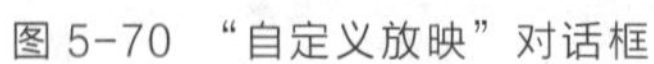
图 5-70　“自定义放映”对话框

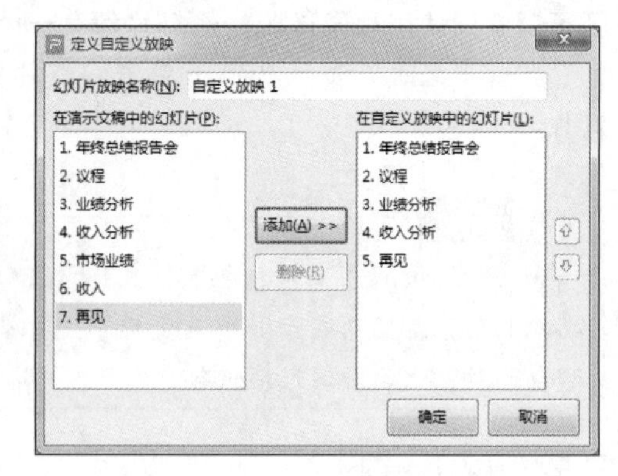

图 5-71　“定义自定义放映”对话框

5.8.2　放映方式选择

单击“放映”功能区中的“放映设置”按钮，打开如图 5-72 所示的“设置放映方式”对话框。

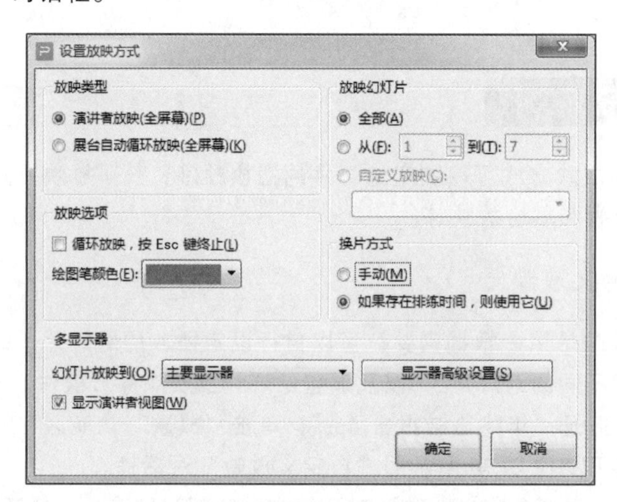

图 5-72　“设置放映方式”对话框

(1) 放映类型

“放映类型”有演讲者放映 (全屏幕) 和展台自动循环放映 (全屏幕) 两种类型。演讲者放映方式支持鼠标操作；在展台自动循环放映方式下不支持鼠标操作，要停止播放并退出，只能按 Esc 键。

(2) 放映幻灯片

选中“全部”或“从第几张到第几张”单选按钮，确定范围。“自定义放映”则是按照自定义放映方式设置的顺序进行放映。

(3) 放映选项

选中“循环放映，按 Esc 键终止”复选框可控制是否循环放映。在演讲者放映（全屏幕）类型中绘图笔的颜色可选；在展台自动循环放映（全屏幕）类型（默认选中）中绘图笔的颜色为不可选状态。

（4）换片方式

可选择“手动”或“如果存在排练时间，则使用它”。

5.8.3 显示和隐藏幻灯片

如在演示文稿播放中不需放映某张幻灯片，用户可以将其隐藏。隐藏幻灯片可以在普通视图或幻灯片浏览视图中操作。下面以在普通视图中操作为例：

步骤 1：打开“年终总结报告.dps”，在普通视图的“幻灯片”选项卡上，选取要隐藏的幻灯片。

步骤 2：在“放映”功能区中单击“隐藏幻灯片”按钮即可；或鼠标右击，从弹出的快捷菜单中选择“隐藏幻灯片”命令，如图 5-73 所示。

步骤 3：在隐藏的幻灯片旁边，代表幻灯片编号的数字上出现带反斜杠“\”的方框标记，这是隐藏幻灯片图标，如图 5-74 所示。幻灯片设置隐藏后，在播放演示文稿时将不播放这些隐藏的幻灯片。当需要播放隐藏的幻灯片时，需要重新执行一次隐藏操作，即可取消幻灯片隐藏设置。

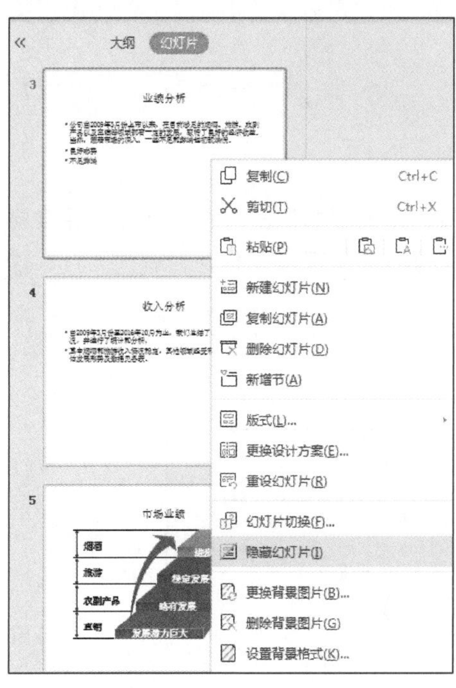

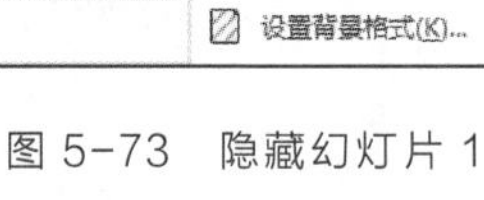

图 5-73 隐藏幻灯片 1

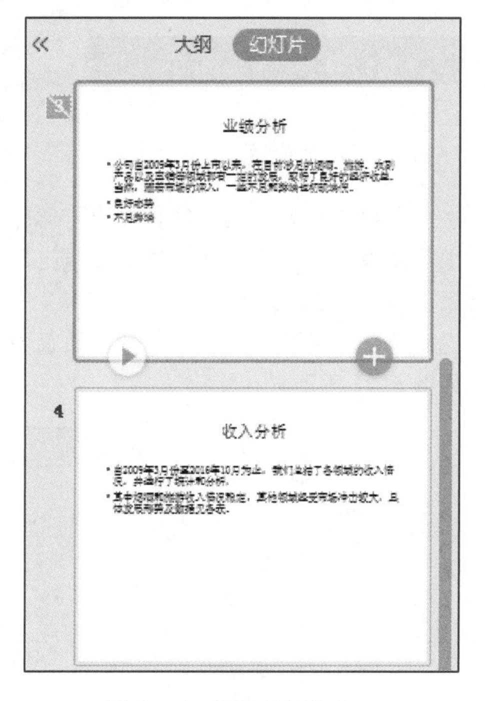

图 5-74 隐藏幻灯片 2

5.8.4 排练计时

排练计时主要是方便用户在播放前，对每张幻灯片在演讲时播放的时长进行预演，通过预演效果，确定每张幻灯片放映的时长。

步骤 1：打开“年终总结报告.dps”，单击“放映”功能区中的“排练计时”按钮，进入幻灯片放映模式。每放映一张幻灯片，用户讲解该幻灯片中的内容，并可以通过录音的方式，保存讲解的过程，讲解完毕后，在屏幕左上角单击“下一项”按钮，如图 5-75 所示，即可切换至下一张幻灯片。

当所有的幻灯片均播放完毕后，自动弹出如图 5-76 所示的对话框，如果用户对此次预演效果比较满意，则可单击“是”按钮保存预演效果。

图 5-75　排练计时

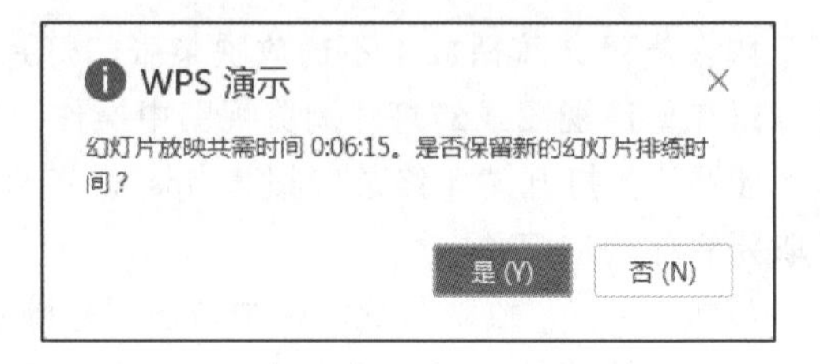

图 5-76　排练计时询问对话框

步骤 2：在“设置幻灯片放映”对话框中，设置“换片方式”为“如果存在排练时间，则使用它”，则幻灯片在投影时，即可按照排练计时的方式投影给观众。

打印和输出演示文稿

5.9　打印和输出演示文稿

5.9.1　页面设置

文稿处理完之后，往往需要打印输出，以纸质的形式保存或传递，并且要求版面美观、布局合理。这就要求打印之前先进行打印设置，之后预览打印效果，满意之后再进行打印。

单击“设计”功能区中的“页面设置”按钮，打开“页面设置”对话框，如图 5-77 所示。

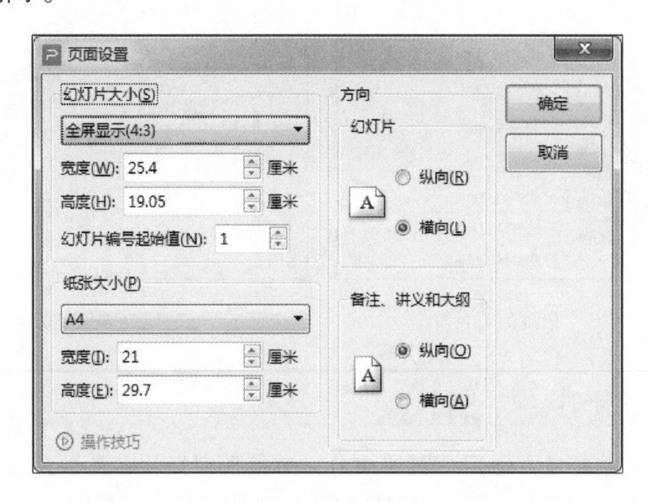

图 5-77　WPS 演示的“页面设置”对话框

在其中可以设置幻灯片大小，纸张大小、方向等。

5.9.2 打印预览

单击“快速访问工具栏”中的“打印预览”按钮，展开“打印预览”窗口，如图 5-78 所示。

(a) 快速访问工具栏

(b)

图 5-78 打印预览

“打印预览”窗口中各按钮的含义如下：

打印内容：单击“打印内容”下拉按钮，在下拉菜单中选择相应命令，可打印整张幻灯片、备注页或大纲等。

横向、纵向：设置幻灯片页面按横向或纵向打印。

打印隐藏幻灯片：在打印预览中，显示被隐藏的幻灯片。

幻灯片加框：设置给幻灯片加上边框后打印。

页眉页脚：设置幻灯片打印时的页眉和页脚。

颜色：设置以彩色或纯黑白方式打印当前演示文稿。

返回：关闭幻灯片预览窗口，返回幻灯片的普通视图模式。

5.9.3 打印演示文稿

单击“快速访问工具栏”中的“打印”按钮，打开“打印”对话框，如图 5-79 所示。

在“打印机”区的“名称”下拉列表中可选择打印机型号，还可设置手动双面打印、打印到文件等。

在“打印范围”区内可设置打印页面范围，可以选择打印全部、当前幻灯片、选定幻灯片。

在“打印内容”区中可选取打印幻灯片、备注、大纲或讲义。

在“颜色”区内可设置打印的颜色为黑白或彩色。

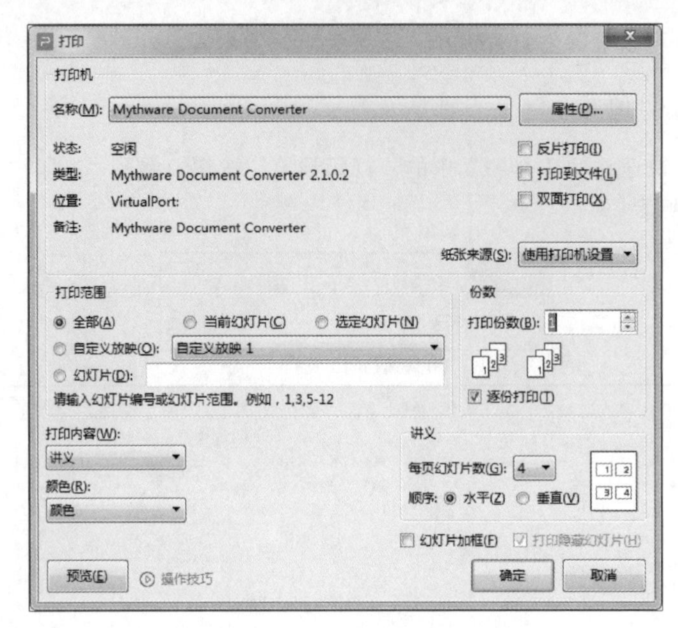

图 5-79 “打印”对话框

在“打印份数”区中可以输入打印的份数，以及选择是否逐份打印。

5.9.4 打包演示文稿

打包是指将演示文稿及其相关的媒体文件复制到指定的文件夹中，避免因为插入的音频、视频文件的位置发生变化，产生无法播放的现象，也便于演示文稿的重新编辑。WPS 演示提供的演示文稿打包工具，不仅使用方便，而且非常可靠。WPS 演示的文件打包有两种形式，分别是将演示文档打包成文件夹和将演示文档打包成压缩文件。

1. 将演示文档打包成文件夹

步骤 1：将当前演示文件保存。

步骤 2：单击“文件”按钮，在弹出的下拉菜单中选择“文件打包”→“将演示文档打包成文件夹”命令，打开“演示文件打包”对话框，如图 5-80 所示。同时选中“同时打包成一个压缩文件”复选项，单击“确定”按钮。

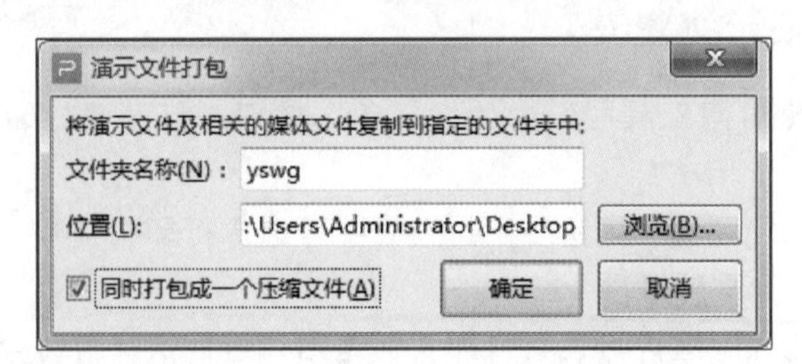

图 5-80 “演示文件打包”对话框

步骤 3：打开“已完成打包”对话框，提示“文件打包已完成，您可以进行其他操作”提示框，有“打开文件夹”和“关闭”两个按钮可选择。如单击

“打开文件夹”按钮，则打开打包的文件夹，其中显示包含的演示文件和插入的音频、视频等文件。

2. 将演示文档打包成压缩文件

“将演示文档打包成压缩文件”和“打包成文件夹”的操作基本相同，区别在于“将演示文档打包成缩文件”是将演示文稿和插入的音频、视频打包成一个压缩文件，而“将演示文档打包成文件夹”是将演示文稿和插入的音频、视频打包成一个文件夹。在打包成文件夹的操作中，如选中“同时打包成一个压缩文件”复选框，就会同时将演示文档打包成一个压缩文件和一个文件夹。

5.10 综合实训

【综合实训 5-1】

※视频案例要求：

根据下面要求制作演示文稿。

1. 新建演示文稿“冰箱的使用.dps”。

2. 第 1 张幻灯片版式为“标题幻灯片”，主标题为“冰箱不是食品的‘保险箱’”，副标题为“不适合放入冰箱的食物”。主标题设置为黑体、53 磅；副标题为 25 磅。第 1 张幻灯片的背景设置为“金山”纹理。

3. 第 2 张幻灯片版式为“两栏内容”，标题为“冰箱不是万能的”。将素材文件夹下的图片文件“冰箱.jpg”插入到第 2 张幻灯片右侧的内容区，图片效果为“倒影”类型的“半倒影，接触”。图片动画设置为“盒状”。将素材文件夹中“冰箱.docx”文档第 1 段文本插入到左侧内容区，文本设置动画“擦除”。动画顺序是先文本后图片。

4. 第 3 张幻灯片版式为“标题和内容”，标题为“不该存放在冰箱中的 8 种食物表”，内容区插入 9 行 2 列表格，表格样式为“中度样式 2，强调 1”，第 1 列列宽为 4.23 厘米。第 1 行中的第 1、2 列内容依次为“种类”和“不宜存放的原因”，参考素材文件夹下“冰箱.docx”文档的内容，按淀粉类、鱼、荔枝、草莓、香蕉、西红柿、叶菜及黄瓜青椒的顺序从上到下将适当内容填入表格其余 8 行，表格第 1 行和第 1 列文字全部设置为“居中”和“垂直居中”对齐方式。

5. 页脚内容为奇数的幻灯片切换方式为“轮幅”，效果选项为“4 根”。页脚内容为偶数的幻灯片切换方式为“形状”，效果选项为“扇形展开”。

微课
WPS 演示综合实训 1

【综合实训 5-2】

微课
WPS 演示综合实训 2

※视频案例要求：

打开素材文件夹中的演示文稿“品茶.dps”，按照下列要求完成对此文稿的修饰并保存。

1. 为整个演示文稿应用一种主题。

2. 在第 1 张幻灯片前面插入一张新幻灯片，版式为“空白”，设置这张幻灯片的背景为“纸纹 2”的纹理填充；插入“浓香型铁观音乌龙茶”艺术字，艺术字字体大小为 76 磅，预设样式为“图案填充—窄横线，轮廓—着色 3，内部阴影”。

3. 在第 3 张幻灯片前面中插入一张新幻灯片，版式为“标题和内容”，在标题处输入文字“冲泡方法”，在文本框中按顺序输入第 4 到第 9 张幻灯片的标题，并且添加相应幻灯片的超链接。

4. 在幻灯片的最后插入一张版式为“标题和内容”的幻灯片，在标题处输入文字“产品信息”，在内容栏处插入一个 SmartArt 图形，结构如图 5-81 所示，图中的所有文字从素材文件夹下的文件“素材.txt”中获取。

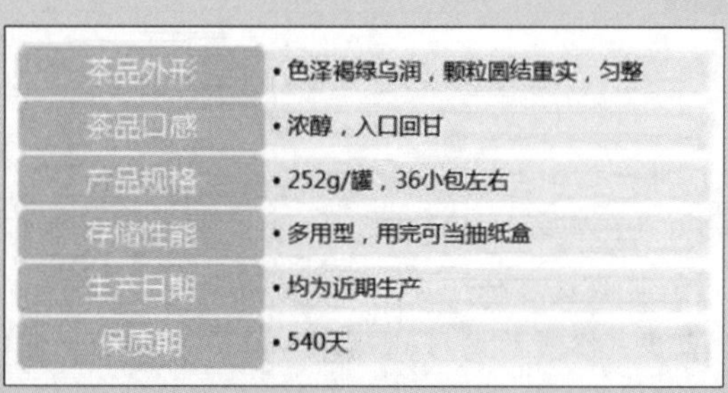

茶品外形 • 色泽褐绿乌润，颗粒圆结重实，匀整
茶品口感 • 浓醇，入口回甘
产品规格 • 252g/罐，36小包左右
存储性能 • 多用型，用完可当抽纸盒
生产日期 • 均为近期生产
保质期 • 540天

图 5-81 品茶

第6章　计算机网络与网络信息应用

本章要点

- 计算机网络基础知识。
- Internet 的基础知识、网络接入方式及在 Windows 7 中设置 ADSL 接入的方法。
- 信息素养的内涵及大学生信息素养的基本要求。
- 搜索引擎的使用方法与检索文献的方法。
- 使用 IE 浏览器浏览网上信息、脱机浏览、设置浏览器主页、查看历史记录的方法。
- 电子邮箱、QQ 和 MSN 的使用方法，并了解 BBS 的概念。

当今时代，网络已被广泛地应用到了工作和生活的方方面面，它给人们带来了很多便利，并成为人们生活中不可缺少的一部分。本章将从计算机网络的基础知识入手，以如何检索、使用、分享网络信息资源为主线，介绍网络信息应用的基本方法。

计算机网络基础

6.1　计算机网络基础

计算机网络是将若干台独立的计算机通过传输介质相互物理地连接，并通过网络软件逻辑地相互联系到一起而实现信息交换、资源共享、协同工作和在线处理等功能的计算机系统。计算机网络给人们的生活带来了极大的方便，如办公自动化、网上银行、网上订票、网上查询、网上购物等。计算机网络不仅可以传输数据，更可以传输图像、声音、视频等多种媒体形式的信息，在人们的日常生活和各行各业中发挥着越来越重要的作用。目前，计算机网络已广泛应用于政治、经济、军事、科学以及社会生活的方方面面。

6.1.1　计算机网络概述

1. 计算机网络的基本概念

计算机网络是计算机技术与通信技术相结合的产物，最早出现于 20 世纪 50 年代，它是指通过通信线路和通信设备将分布在不同地点的具有独立功能的多个计算机系统互相连接起来，在网络软件的支持下实现彼此之间的数据通信和资源共享的系统。

将两台计算机用通信线路连接起来可构成最简单的计算机网络，而 Internet 则是将世界各地的计算机连接起来的最大规模的计算机网络。

2. 计算机网络的基本功能

计算机网络最主要的功能是资源共享和通信，除此之外还有负荷均衡、分布处理和提高系统安全与可靠性等功能。

（1）软、硬件共享

计算机网络允许网络上的用户共享网络上各种不同类型的硬件设备，可共享的硬件资源包括高性能计算机、大容量存储器、打印机、图形设备、通信线路、通信设备等。共享硬件的好处是提高硬件资源的使用效率、节约开支。

现在已经有许多专供网上使用的软件，如数据库管理系统、各种 Internet 信息服务软件等。共享软件允许多个用户同时使用，并能保持数据的完整性和一致性。特别是客户机/服务器（Client/Server，C/S）和浏览器/服务器（Browser/Server，B/S）模式的出现，人们可以使用客户机来访问服务器，而服务器软件是共享的。在 B/S 方式下，软件版本的升级修改，只要在服务器上进行，全网用户都可立即享受。可共享的软件种类很多，包括大型专用软件、各种网络应用软件、各种信息服务软件等。

（2）信息共享

信息也是一种资源，Internet 就是一个巨大的信息资源宝库，其上有极为丰富的信息，它就像是一个信息的海洋，有取之不尽、用之不竭的信息与数据。每一个接入 Internet 的用户都可以共享这些信息资源。可共享的信息资源有搜索与查询的信息、Web 服务器上的主页及各种链接、FTP 服务器中的软件、各种各样的电子出版物、网上大学、网上图书馆以及网上消息、报告和广告等。

（3）通信

通信是计算机网络的基本功能之一，计算机网络可以为网络用户提供强有力的通信手段。建设计算机网络的主要目的就是让分布在不同地理位置的计算机用户能够相互通信、交流信息。计算机网络可以传输数据、声音、图像、视频等多媒体信息。利用网络的通信功能，可以发送电子邮件、打电话、在网上举办视频会议等。

（4）负荷均衡与分布处理

负荷均衡是指将网络中的工作负荷均匀地分配给网络中的各计算机系统。当网络上某台主机的负载过重时，通过网络和一些应用程序的控制和管理，可以将任务交给网络上其他的计算机去处理，充分发挥网络系统上各主机的作用。分布处理将一个作业的处理分为 3 个阶段：提供作业文件、对作业进行加工处理和输出处理结果。在单机环境下，上述 3 步都在本地计算机系统中进行。在网络环境下，根据分布处理的需求，可将作业分配给其他计算机系统进行处理，以提高系统的处理能力，高效地完成一些大型应用系统的程序计算以及大型数据库的访问等。

（5）系统的安全与可靠性

系统的安全与可靠性对于军事、金融和工业过程控制等部门的应用特别重要。计算机通过网络中的冗余部件可大大提高可靠性。例如，在工作过程中，一台机器出了故障，可以使用网络中的另一台机器；网络中一条通信线路出了故障，可以取道另一条线路，从而提高了网络整体系统的可靠性。

6.1.2 计算机网络的产生与发展

计算机网络最早出现于 20 世纪 50 年代，是通过通信线路将远方终端资料传送给主计算机处理，形成一种简单的联机系统。随着计算机技术和通信技术的不断发展，计算机网络也经历了从简单到复杂，从单机到多机的发展过程，其演变过程主要可分为面向终端的计算机网络、计算机通信网络、计算机互联网络和高速互联网络 4 个阶段。

1. 面向终端的计算机网络

第一代计算机网络是面向终端的计算机网络。面向终端的计算机网络又称为联机系统，建于 20 世纪 50 年代初，是第一代计算机网络。它由一台主机和若干个终端组成，较典型的有 1963 年美国空军建立的半自动化地面防空系统（SAGE），其结构如图 6-1 所示。在这种联机方式中，主机是网络的中心和控制者，终端（键盘和显示器）分布在各处并与主机相连，用户通过本地的终端使用远程的主机。

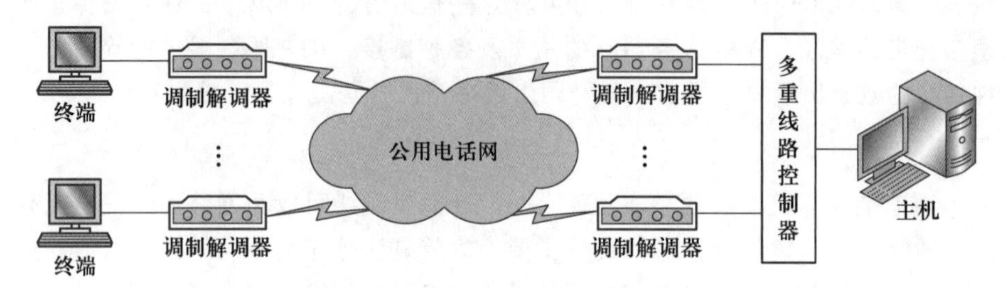

图 6-1　第一代计算机网络结构示意图

分布在不同办公室，甚至不同地理位置的本地终端或者是远程终端通过公共电话网及相应的通信设备与一台计算机相连，登录到计算机上，使用该计算机上的资源，这就有了通信与计算机的结合。这种具有通信功能的单机系统被称为第一代计算机网络——面向终端的计算机通信网络，也是计算机网络的初级阶段，如图 6-2 所示。严格地讲，这不能算是网络，但它将计算机技术与通信技术相结合了，可以让用户以终端方式与远程主机进行通信了，所以视它为计算机网络的雏形。

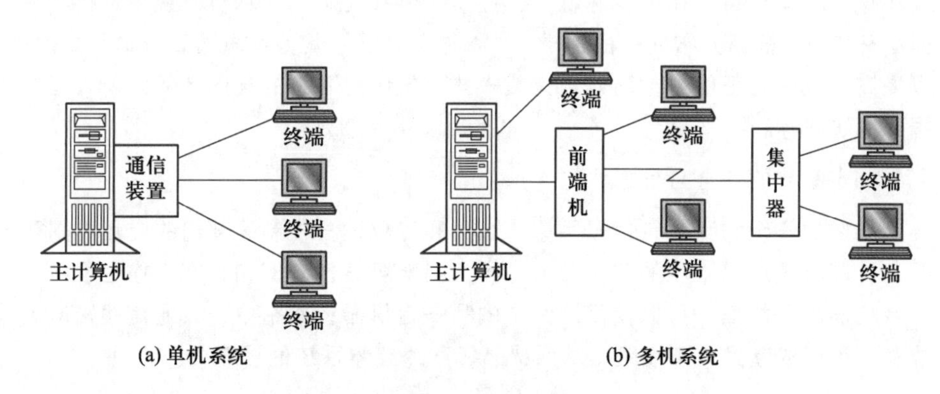

图 6-2　具有通信功能的单机系统

这里的单机系统是一台主机与一个或多个终端连接，在每个终端和主机之间都有一条专用的通信线路，这种系统的线路利用率比较低。当这种简单的单机联机系统连接大量的终端时，存在两个明显的缺点：一是主机系统负担过重，二是线路利用率低。为了提高通信线路的利用率和减轻主机的负担，在具有通信功能的多机系统中使用了集中器和前端机（Front End Processor，FEP）。集中器用于连接多个终端，让多台终端共用同一条通信线路与主机通信。前端机放在主机的前端，承担通信处理功能，以减轻主机的负担。

2. 计算机通信网络

第二代计算机网络是以共享资源为目的的计算机通信网络。面向终端的计算机网络只能在终端和主机之间进行通信，不同的主机之间无法通信。从 20 世纪 60 年代中期开始，出现了多个主机互联的系统，可以实现计算机和计算机之间的通信。真正意义上的计算机网络应该是计算机与计算机的互联，即通过通信线路将若干个自主的计算机连接起来的系统，称之为计算机—计算机网络，简称为计算机通信网络。

计算机通信网络在逻辑上可分为两大部分：通信子网和资源子网，二者合一构成以通信子网为核心，以资源共享为目的的计算机通信网络，如图 6-3 所示。用户通过终端不仅可以共享与其直接相连的主机上的软、硬件资源，还可以通过通信子网共享网络中其他主机上的软硬件资源。计算机通信网的最初代表是美国国防部高级研究计划局开发的 ARPANET，它也是如今 Internet 的雏形。

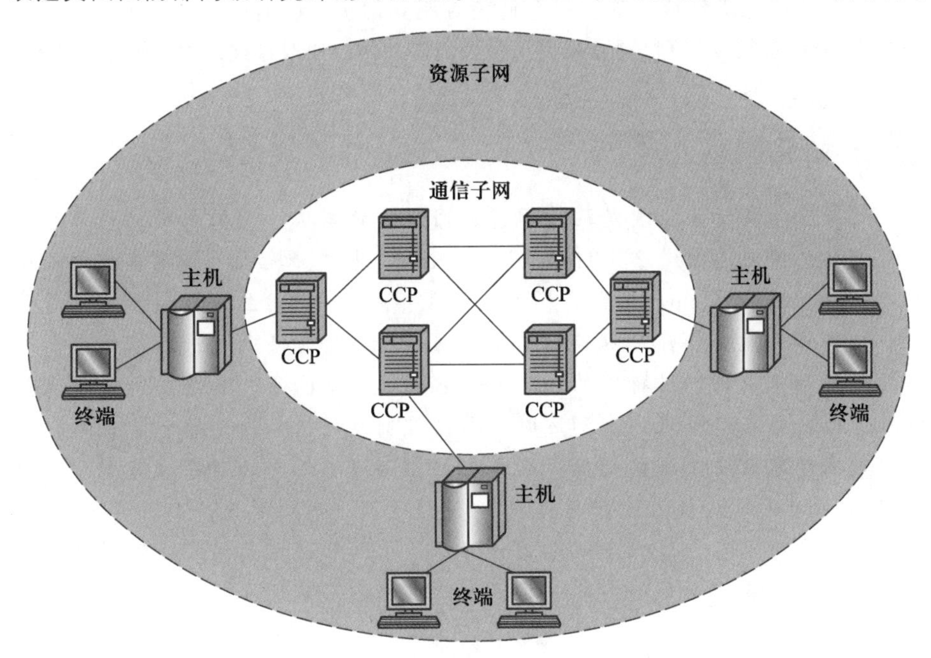

图 6-3　第二代计算机网络结构示意图

（1）资源子网

资源子网由主计算机系统、终端、终端控制器、联网外设、各种软件资源与信息资源组成。资源子网负责全网的数据处理业务，向网络用户提供各种网络资源与网络服务。

主计算机系统简称为主机（Host），它可以是大型机、中型机或小型机。主机是资源子网的主要组成单元，它通过高速通信线路与通信子网的通信控制处理机相连接。普通用户终端通过主机接入网内。主机要为本地用户访问网络的其他主机设备与资源提供服务，同时要为网中远程用户共享本地资源提供服务。

终端（Terminal）是用户访问网络的界面。终端可以是简单的输入/输出终端，也可以是带有微处理机的智能终端。智能终端除具有输入/输出信息的功能外，本身具有存储与处理信息的能力。终端可以通过主机连入网内，也可以通过终端控制器、报文分组组装与拆卸装置或通信控制处理机联入网内。

（2）通信子网

通信子网由通信控制处理机（Communication Control Processor，CCP）、通信线路和其他通信设备组成，完成网络数据传输和转发等通信处理任务。

通信控制处理机在网络拓扑结构中被称为网络结点。一方面，它作为与资源子网的主机、终端相连接的接口，将主机和终端连入网内；另一方面，它又作为通信子网中的分组存储转发结点，完成分组的接收、校验、存储和转发等功能，实现将源主机报文准确发送到目的主机的功能。

通信线路为通信控制处理机与通信控制处理机、通信控制处理机与主机之间提供通信信道。计算机网络采用了多种通信线路，如双绞线、同轴电缆、光纤、无线通信信道等。

知识链接：

资源子网实际上主要是运行用户应用程序的主机，主机由用户所拥有。资源子网主要由通信线路（Transmission line，也称传输线）和通信控制处理机（Switching element，也称交换单元）两个独立的部分组成。通信线路用于主机之间传送数据位，可以是双绞线、同轴电缆、光纤或无线通信信道。通信控制处理机是指一种特殊的计算机，它们连接了两条、三条或更多条通信线路，当数据在一条进线上到达时，通信控制处理机必须选择一条出线，以便将数据转发出去，这些交换计算机在过去有许多不同的名字，其中“路由器（Router）”是目前使用最普遍的名字。通信子网一般由电信公司或者 Internet 服务提供商所拥有。将一个网络划分为资源子网和通信子网的方法同样适用于现代广域网络。

3．计算机互联网络

随着广域网（Wide Area Network，WAN）与局域网的发展以及微型计算机的广泛应用，使用大型机与中型机的主机—终端系统的用户减少，网络结构发生了巨大的变化。大量的微型计算机通过局域网接入广域网，而局域网与广域网、广域网与广域网的互联是通过路由器实现的。用户计算机需要通过校园网、企业网或 Internet 服务提供商（Internet Services Provider，ISP）接入地区主干网，地区主干网通过国家主干网联入国家间的高速主干网，这样就形成一种由路由器互联的大型、层次结构的现代计算机网络，即互联网络，它是第三代计算机网络，是第二代计算机网络的延伸。图 6-4 给出了计算机互联网络的简化结构示意图。

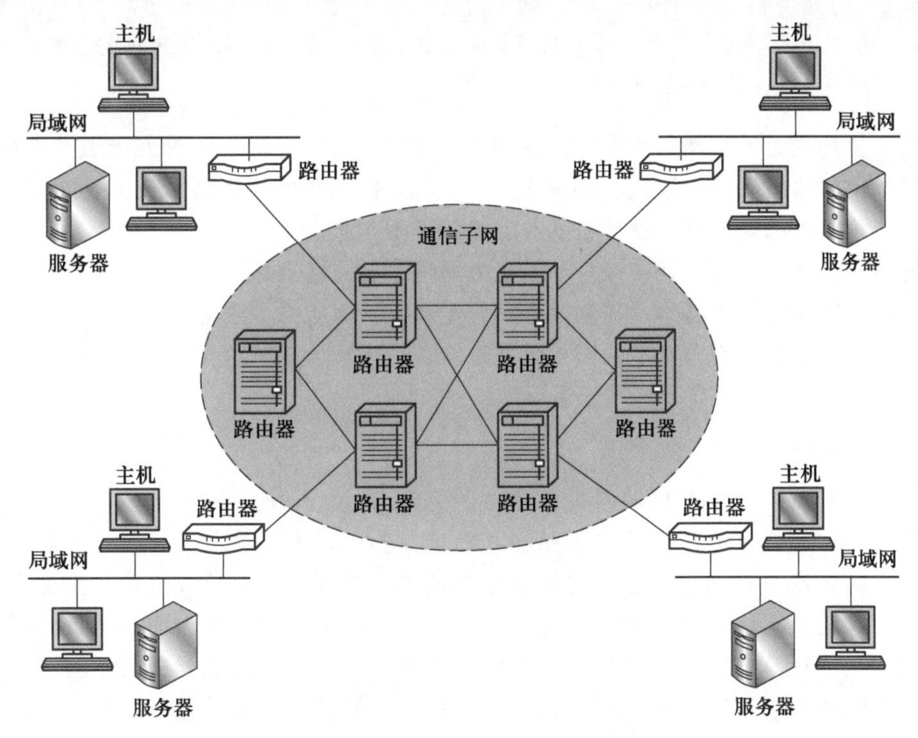

图 6-4 计算机互联网络结构示意图

（1）广域网的发展

广域网的发展是从 ARPANET 的诞生开始的。ARPANET 是第一个分组交换网，它的出现标志着以资源共享为目的的计算机网络的诞生。这一时期美国许多计算机公司开始大力发展计算机网络，纷纷推出自己的产品和结构。例如，1974 年 IBM 公司推出“系统网络体系结构（SNA）”，1975 年 DEC 公司提出的“分布式网络体系结构 DNA”概念。

当时，网络应用也正在向各行各业甚至于个人普及和发展，发展网络的需求十分迫切，这就促进了计算机网络的发展，使许多国家加强了基础设施的建设，开始建设公用数据网。早期的公用数据网是采用模拟的公用交换电话网，通过调制解调器，将计算机的数字信号调制为模拟信号，经交换电话网传送给另一端的调制解调器（Modem），经 Modem 的解调再将模拟信号恢复为数字信号，从而被计算机接收，以完成通信，这种技术传输速率比较低。后来又发展为公用数据网，典型的公用数据网有美国的 Telenet、日本的 DDX、加拿大的 DATAPAC，我国于 1993 年和 1996 年分别开通的公用数据网 ChinaPAC 和提供数字专线服务的 DDN，这些都为广域网的发展提供了通信基础。公用数据网在 20 世纪 70～80 年代得到很大的发展，并且随着计算机网络技术的发展和网络应用需求的增加，广域网又开发了如帧中继（Frame relay）、综合业务数据网（ISDN）、交换多兆位数据服务（SMDS）等公用数据网。这些公用数据网的诞生与发展极大地促进了广域网的发展。当前，由于光纤介质的不断普及，直接在光纤介质上传输数据和波分多路复用的技术（WDM）也已开始投入使用，这使得广域网的发展进入了一个新的历史时期，大大提高了广域网的数据传输速率。

（2）局域网的发展

早期的计算机网络大多为广域网，局域网的出现与发展是在 20 世纪 70 年代出现了微型计算机以后。20 世纪 80 年代，由于微型计算机的性能不断地提高，价格不断地降低，计算机从“专家”群里走入“大众”之中，应用从科学计算走入事务处理，使得微型计算机大量进入各行各业的办公室，甚至家庭。这时，微型计算机得到了蓬勃发展。由于微型计算机的大量涌现和广泛分布，基于信息交换和资源共享的需求越来越迫切，人们要求一栋楼或一个部门的计算机能够互联，于是局域网应运而生。

（3）网络互联与标准化

计算机广域网和局域网大多是由研究部门、大学或计算机公司自行开发研制的，它们没有统一的体系结构和标准，各个厂家生产的计算机产品和网络产品无论在技术上还是在结构上都有很大的差异，从而造成不同厂家生产的计算机及网络产品很难实现互联，这给用户的使用带来极大的不便，同时也约束了计算机网络的发展。这种发展形势对网络的继续发展极为不利。不同的网络要求遵循统一的标准以实现互联，于是统一网络的标准提到了日程上来。

1977 年国际标准化组织（ISO）为适应网络标准化的发展趋势，在研究分析已有的网络结构经验的基础上，开始研究“开放系统互连（OSI）”问题。ISO 于 1984 年公布了“开放系统互连基本参考模型”的止式文件，即 OSI 参考模型（Open System Interconnection /Reference Model，OSI/RM）。OSI/RM 已被国际社会广泛地认可，对推动计算机网络的理论与技术的发展，对统一网络体系结构和协议并实现不同网络之间的互联起到了积极的作用。从此，计算机网络进入了标准化网络阶段。图 6-5 是通过租用电信部门的数据通信网络互联起来的局域网示意图。

图 6-5　局域网示意图

（4）Internet

全世界出现了不计其数的局域网、广域网，如何将它们连接起来，以便达到扩大网络规模和实现更大范围的资源共享，Internet 的出现正好解决了这个问题。Internet 俗称因特网，是全球规模最大，覆盖面积最广的互联网。Internet 自产生以来就呈现出爆炸式的发展。

4．高速互联网络

进入 20 世纪 90 年代，随着计算机网络技术的迅猛发展，特别是 1993 年美国宣布建立国家信息基础设施（National Information Infrastructure，NII）后，世界上许多国家都纷纷制定和建立本国的 NII，从而极大地推动了计算机网络技术的发展，使计算机网络的发展进入一个崭新的阶段，这就是第四代计算机网络，即高速互联网络阶段。

通常意义上的计算机互联网络是通过数据通信网络实现数据的通信和共享的，此时的计算机网络，基本上以电信网作为信息的载体，即计算机通过电信网络中的 X.25 网、DDN 网、帧中继网等传输信息。

随着互联网的迅猛发展，人们对远程教学、远程医疗、视频会议等多媒体应用的需求大幅度增加。这样，以传统电信网络为信息载体的计算机互联网络不能满足人们对网络速度的要求，促使网络由低速向高速、由共享到交换、由窄带向宽带方向迅速发展，即由传统的计算机互联网络向高速互联网络发展。

如今，以 IP 技术为核心的计算机网络（信息网络，也称高速互联网络）将成为网络（计算机网络和电信网络）的主体，信息传输、数据传输将成为网络的主要业务，一些传统的电信业务也将在信息网络上开通，但其业务量只占信息业务的很小一部分。

目前，全球以 Internet 为核心的高速计算机互联网络已形成，Internet 已经成为人类最重要的、最大的知识宝库。与第三代计算机网络相比，第四代计算机网络的特点是网络的高速化和业务的综合化。网络高速化有网络宽频带和传输低时延两个特征。使用光纤等高速传输介质和高速网络技术，可实现网络的高速率；使用快速交换技术，可保证传输的低时延。网络业务综合化是指一个网中综合了多种媒体（如语音、视频、图像和数据等）的信息。业务综合化的实现依赖于多媒体技术。

5．计算机网络的发展趋势

计算机网络的发展方向是 IP 技术+光网络，光网络将会演进为全光网络。从网络的服务层面上看将是一个 IP 的世界，通信网络、计算机网络和有线电视网络将通过 IP 三网合一；从传送层面上看将是一个光的世界；从接入层面上看将是一个有线和无线的多元化世界。

（1）三网合一

目前广泛使用的网络有通信网络、计算机网络和有线电视网络。随着技术的不断发展，新的业务不断出现，新旧业务不断融合，作为其载体的各类网络也不断融合，使目前广泛使用的三类网络正逐渐向单一、统一的 IP 网络发展，即所谓的“三网合一”。

在 IP 网络中可将数据、语音、图像、视频均归结到 IP 数据包中，通过分组交换和路由技术，采用全球性寻址，使各种网络无缝连接，IP 协议将成为各种网络、各种业务的“共同语言”，实现所谓的 Everything over IP。

实现“三网合一”并最终形成统一的 IP 网络后，传递数据、语音、视频只需要建造、维护一个网络，简化了管理，也会大大地节约开支，同时可提供集成服务，方便了用户。可以说“三网合一”是网络发展的一个最重要的趋势。

（2）光通信技术

光通信技术已有 30 多年的历史。随着光器件、各种光复用技术和光网络协议的发展，光传输系统的容量已从 Mb/s 级发展到 Tb/s 级，提高了近 100 万倍。

光通信技术的发展主要有两个大的方向：一是主干传输向高速率、大容量的 OTN 光传送网发展，最终实现全光网络；二是接入向低成本、综合接入、宽带化光纤接入网发展，最终实现光纤到家庭和光纤到桌面。全光网络是指光信息流在网络中的传输及交换始终以光的形式实现，不再需要经过光/电、电/光变换，即信息从源结点到目的结点的传输过程中始终在光域内。

（3）IPv6 协议

TCP/IP 协议簇是 Internet 基石之一，而 IP 协议是 TCP/IP 协议簇的核心协议，是 TCP/IP 协议簇中网络层的协议。目前 IP 协议的版本为 IPv4。IPv4 的地址位数为 32 位，即理论上约有 42 亿个地址。随着 Internet 应用的日益广泛和网络技术的不断发展，IPv4 的问题逐渐显露出来，主要表现有地址资源枯竭、路由表急剧膨胀、对网络安全和多媒体应用的支持不够等。

IPv6 是下一版本的 IP，也可以说是下一代 IP。IPv6 采用 128 位地址长度，几乎不受限制地提供地址。理论上约有 3.4×10^{38} 个 IP 地址，而地球的表面积以平方厘米为单位也仅有 5.1×10^{18} cm^2，即使按保守方法估算 IPv6 实际可分配的地址，1 cm^2 上可分配到若干亿个 IP 地址。IPv6 除一劳永逸地解决了地址短缺问题外，同时也解决了 IPv4 中的其他缺陷，主要有端到端 IP 连接、服务质量（QoS）、安全性、多播、移动性、即插即用等。

知识链接：

IPv6 的优势非常明显，几年前就有很多 IPv6 实验网出现。目前有很多公司已经宣布支持 IPv6，我国第一个 IPv6 试验网也于 2004 年 12 月开通，IPv6 的时代即将到来。

（4）宽带接入技术

计算机网络必须要有宽带接入技术的支持，各种宽带服务与应用才有可能开展。因为只有解决了接入网的带宽瓶颈问题，骨干网和城域网（Metropolitan Area Network，MAN）的容量潜力才能真正发挥出来。尽管当前宽带接入技术有很多种，但只要是不和光纤或光结合的技术，就很难在下一代网络中应用。目前光纤到户（Fiber To The Home，FTTH）的成本已下降至可以被用户接受的程度。这里涉及两种新技术：一种是基于以太网的无源光网络（Ethernet Passive Optical Network，EPON）的光纤到户技术；另一种是自由空间光系统（Free Space

Optical，FSO）。

由 EPON 支持的光纤到户技术正在异军突起，它能支持 Gb/s 级别的数据传输速率，并且在不久的将来成本会降到与数字用户线路（Digital Subscriber Line，DSL）和光纤同轴电缆混合网（Hybrid Fiber Cable，HFC）相同的水平。

FSO 技术是通过大气而不是光纤传送光信号，它是光纤通信与无线电通信的结合。FSO 技术能提供接近光纤通信的速率，可达到 1 Gb/s，它既在无线接入带宽上有了明显的突破，又不需要在稀有资源无线电频率上有很大的投资，因为不要许可证。FSO 和光纤线路比较，系统不仅安装简便，时间少很多，而且成本也低很多。FSO 现已在企业和居民区得到应用，但是和无线接入技术一样，易受环境因素干扰。

（5）移动通信系统技术

5G 系统比现用的 3G 和 4G 系统传输容量更大，灵活性更高。它以多媒体业务为基础，已形成很多的标准，并将引入新的商业模式，将更是以宽带多媒体业务为基础，使用更高更宽的频带，传输容量也会更大。它们可在不同的网络间无缝连接，提供满意的服务；同时网络可以自行组织，终端可以重新配置和随身携带，是一个包括卫星通信在内的端到端的 IP 系统，可与其他技术共享一个 IP 核心网。它们都是构成下一代移动互联网的基础设施。

知识链接：

随着移动通信和网络技术的发展，在任何时间，任何地点都能接入网络，以获取所需的信息，已成为人们的普遍需求，也成为网络的发展方向之一。而移动计算技术将使得这种需求得到实现。移动计算技术将使得计算机或其他信息设备在没有与固定的物理连接设备相连的情况下接入网络并传输数据、信息。移动通信需要解决传输层的可靠性、实时性、安全性问题，以及网络层的路由问题，也需要数据链路层的移动组网技术和物理层的无线通信技术的支持。移动计算技术经过几年的推进和发展，其标准和产品已日渐成熟，应用也日益广泛。移动计算技术的应用在许多领域获得了巨大的成功，并涌现出许多令人耳目一新的系统设备。

6.1.3 计算机网络的基本组成

计算机网络是一个非常复杂的系统。网络的组成，根据应用范围、目的、规模、结构以及采用的技术不同而不尽相同，但计算机网络都必须包括硬件和软件两大部分。网络硬件提供的是数据处理、数据传输和建立通信通道的物质基础，而网络软件是真正控制数据通信的。软件的各种网络功能需依赖于硬件去完成，二者缺一不可。计算机网络的基本组成主要包括以下 4 部分，常被称为计算机网络的四大要素。

1. 计算机系统

建立两台以上具有独立功能的计算机系统是计算机网络的第一个要素，计算机系统是计算机网络的重要组成部分，是计算机网络不可缺少的硬件元素。计算机网络连接的计算机可以是巨型机、大型机、小型机、工作站或微机，以及便携式计算机或其他数据终端设备（如终端服务器）。

计算机系统是网络的基本模块，是被连接的对象。其主要作用是负责数据信息的收集、处理、存储、传播和提供共享资源。在网络上可共享的资源包括硬件资源（如巨型计算机、高性能外围设备、大容量磁盘等）、软件资源（如各种软件系统、应用程序、数据库系统等）和信息资源。

2．通信线路和通信设备

计算机网络的硬件部分除了计算机本身以外，还要有用于连接这些计算机的通信线路和通信设备，即数据通信系统。通信线路分有线通信线路和无线通信线路。有线通信线路指的是传输介质及其介质连接部件，包括光纤、同轴电缆、双绞线等；无线通信线路是指以无线电、微波、红外线和激光等作为通信线路。通信设备指网络连接设备、网络互联设备，包括网卡、集线器（Hub）、中继器（Repeater）、交换机（Switch）、网桥（Bridge）和路由器（Router）以及调制解调器（Modem）等其他的通信设备。使用通信线路和通信设备将计算机互连起来，在计算机之间建立一条物理通道，以传输数据。通信线路和通信设备负责控制数据的发出、传送、接收或转发，包括信号转换、路径选择、编码与解码、差错校验、通信控制管理等，以完成信息交换。通信线路和通信设备是连接计算机系统的桥梁，是数据传输的通道。

3．网络协议

协议是指通信双方必须共同遵守的约定和通信规则，如 TCP/IP 协议、NetBEUI 协议、IPX/SPX 协议。它是通信双方关于通信如何进行所达成的协议，例如，用什么样的格式表达、组织和传输数据，如何校验和纠正信息传输中的错误，以及传输信息的时序组织与控制机制等。现代网络都是层次结构，协议规定了分层原则、层次间的关系、执行信息传递过程的方向、分解与重组等约定。在网络上通信的双方必须遵守相同的协议，才能正确地交流信息，就像人们谈话要使用同一种语言一样，如果谈话时使用不同的语言，就会造成相互间的沟通障碍，那么将无法进行正常交流。因此，协议在计算机网络中是至关重要的。

一般说来，协议的实现是由软件和硬件分别或配合完成的，部分由联网设备来承担。

4．网络软件

网络软件是一种在网络环境下使用和运行或者控制和管理网络工作的计算机软件。根据软件的功能，计算机网络软件可分为网络系统软件和网络应用软件两大类型。

（1）网络系统软件

网络系统软件是控制和管理网络运行、提供网络通信、分配和管理共享资源的网络软件，它包括网络操作系统（Network Operating System，NOS）、网络协议软件、通信控制软件和管理软件等。

网络操作系统是指能够对局域网范围内的资源进行统一调度和管理的程序。它是计算机网络软件的核心程序，是网络软件系统的基础。

网络协议软件（如 TCP/IP 协议软件）是实现各种网络协议的软件。它是网络软件中最重要的核心部分，任何网络软件都要通过协议软件才能发生作用。

（2）网络应用软件

网络应用软件是指为某一个应用目的而开发的网络软件（如远程教学软件、电子图书馆软件、Internet 信息服务软件等）。网络应用软件为用户提供访问网络的手段、网络服务、资源共享和信息的传输。

6.1.4 计算机网络的拓扑结构

网络拓扑结构是计算机网络结点和通信链路所组成的几何形状。计算机网络有很多种拓扑结构，最常用的网络拓扑结构包括总线型结构、环状结构、星状结构、树状结构、网状结构等。各种不同的网络拓扑结构如图 6-6 所示。

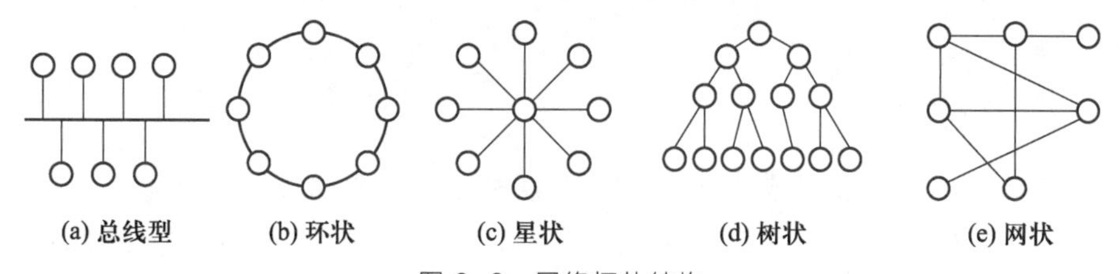

图 6-6 网络拓扑结构

1. 总线型结构

总线型结构采用一条单根的通信线路（总线）作为公共的传输通道，所有的结点都通过相应的接口直接连接到总线上，并通过总线进行数据传输。

总线型网络使用广播式传输技术，总线上的所有结点都可以发送数据到总线上，数据沿总线传播。但是，由于所有结点共享同一条公共通道，所以在任何时候只允许一个站点发送数据。当一个结点发送数据，并在总线上传播时，数据可以被总线上的其他所有结点接收。各站点在接收数据后，分析目的物理地址再决定是否接收该数据。粗、细同轴电缆以太网就是这种结构的典型代表。

总线型拓扑结构具有如下特点：

- 结构简单、灵活，易于扩展。
- 共享能力强，便于广播式传输。
- 网络响应速度快，但负荷重时性能迅速下降。
- 局部站点故障不影响整体，可靠性较高。但是，总线出现故障，则将影响整个网络。

- 易于安装，费用低。

2. 环状结构

环状结构是各个网络结点通过环接口连在一条首尾相接的闭合环状通信线路中，每个结点设备只能与它相邻的一个或两个结点设备直接通信。如果要与网络中的其他结点通信，数据需要依次经过两个通信结点之间的每个设备。环状网络既可以是单向的也可以是双向的。单向环状网络的数据绕着环向一个方向发送，数据所到达的环中的每个设备都将数据接收经再生放大后将其转发出去，直到数据到达目标结点为止。双向环状网络中的数据能在两个方向上进行传输，因此设备可以和两个邻近结点直接通信。如果一个方向的环中断了，数据还可以在相反的方向在环中传输，最后到达其目标结点。

环状结构有两种类型，即单环结构和双环结构。令牌环（token ring）是单环结构的典型代表，光纤分布式数据接口（FDDI）是双环结构的典型代表。

环状拓扑结构具有如下特点：

- 在环状网络中，各工作站间无主从关系，结构简单。
- 信息流在网络中沿环单向传递，延迟固定，实时性较好。
- 两个结点之间仅有唯一的路径，简化了路径选择，但可扩充性差。
- 可靠性差，任何线路或结点的故障，都有可能引起全网故障，且故障检测困难。

3. 星状结构

星状结构的每个结点都由一条点对点链路与中心结点（公用中心交换设备，如交换机、集线器等）相连。星状网络中的一个结点如果向另一个结点发送数据，首先将数据发送到中央设备，然后由中央设备将数据转发到目标结点。信息的传输是通过中心结点的存储转发技术实现的，并且只能通过中心结点与其他结点通信。星状网络是局域网中最常用的拓扑结构。

星状拓扑结构具有如下特点：

- 结构简单，便于管理和维护。
- 易实现结构化布线；结构易扩充、易升级。
- 通信线路专用，电缆成本高。
- 星状结构的网络由中心结点控制与管理，中心结点的可靠性基本上决定了整个网络的可靠性。
- 中心结点负担重，易成为信息传输的瓶颈，且中心结点一旦出现故障，会导致全网瘫痪。

4. 树状结构

树状结构（也称星状总线拓扑结构）是从总线型和星状结构演变来的。网络中的结点设备都连接到一个中央设备（如集线器）上，但并不是所有的结点都直接连接到中央设备，大多数的结点首先连接到一个次级设备，次级设备再与中央设备连接。

树状拓扑结构的主要特点如下：

- 易于扩展，故障易隔离、可靠性高。
- 电缆成本高。
- 对根结点的依赖性大，一旦根结点出现故障，将导致全网不能工作。

5. 网状结构与混合型结构

网状结构是指将各网络结点与通信线路连接成不规则的形状，每个结点至少与其他两个结点相连，或者说每个结点至少有两条链路与其他结点相连。大型互联网一般都采用这种结构，如我国的教育科研网 CERNET、Internet 的主干网都采用网状结构。

网状拓扑结构有以下主要特点：

- 可靠性高；结构复杂，不易管理和维护；线路成本高；适用于大型广域网。
- 因为有多条路径，所以可以选择最佳路径，减少时延，改善流量分配，提高网络性能，但路径选择比较复杂。

混合型结构是由以上几种拓扑结构混合而成的，如环星状结构，它是令牌环网和 FDDI 网常用的结构。再如总线型和星状的混合结构等。

6.1.5 计算机网络的分类

计算机网络的分类方式很多，按照不同的分类原则，可以得到各种不同类型的计算机网络。例如，按通信距离，可分为广域、局域网和城域网；按信息交换方式，可分为电路交换网、分组交换网和综合交换网；按网络拓扑结构可分为星状网、树状网、环状网和总线结构网；按通信介质，可分为双绞线网、同轴电缆网、光纤网和卫星网等；按传输带宽，可分为基带网和宽带网；按使用范围，可分为公用网和专用网；按速率，可分为高速网、中速网和低速网；按通信传播方式，可分为广播式和点到点式。以下是两种常用的分类方法。

1. 局域网、城域网和广域网

按照网络覆盖的地理范围的大小，网络可分为局域网、城域网和广域网 3 种类型。各类网络的特征参数见表 6-1。

表 6-1 各类网络的特征参数

网络分类	缩写	分布距离	计算机分布范围	传输速率
局域网	LAN	10 m 左右	房间	4 Mb/s～1 Gb/s
		100 m 左右	楼宇	
		1000 m 左右	校园	
城域网	MAN	10 km	城市	50 kb/s～100 Mb/s
广域网	WAN	100 km 以上	国家或全球	9.6 kb/s～45 Mb/s

（1）局域网

局域网是将较小地理区域内的计算机或数据终端设备连接在一起的通信网络。局域网覆盖的地理范围比较小，一般在几十米到几千米之间。它常用于组建一个办公室、一栋楼、一个楼群、一个校园或一个企业的计算机网络。局域网可以由一个建筑物内或相邻建筑物的几百台至上千台计算机组成，也可以小到连接一个房间内的几台计算机、打印机和其他设备。局域网主要用于实现短距离的资源共享。

（2）城域网

城域网是一种大型的局域网，它的覆盖范围介于局域网和广域网之间，一般为几千米至几万米，城域网的覆盖范围在一个城市内，它将位于一个城市之内不同地点的多个计算机局域网连接起来实现资源共享。城域网所使用的通信设备和网络设备的功能要求比局域网高，以便有效地覆盖整个城市的地理范围。一般在一个大型城市中，城域网可以将多个学校、企事业单位、公司和医院的局域网连接起来共享资源。

（3）广域网

广域网是在一个广阔的地理区域内进行数据、语音、图像信息传输的计算机网络。由于远距离数据传输的带宽有限，因此广域网的数据传输速率比局域网要慢得多。广域网可以覆盖一个城市、一个国家甚至于全球。Internet 是广域网的一种，但它不是一种具体独立性的网络，它将同类或不同类的物理网络（局域网、广域网与城域网）互联，并通过高层协议实现不同类网络间的通信。

2. 广播式网络与点对点网络

根据所使用的传输技术，可以将网络分为广播式网络和点对点网络。

（1）广播式网络

在广播式网络中仅使用一条通信信道，该信道由网络上的所有结点共享。在传输信息时，任何一个结点都可以发送数据分组，传到每台机器上，被其他所有结点接收。这些机器根据数据包中的目的地址进行判断，如果是发给自己的则接收，否则便丢弃它。总线型以太网就是典型的广播式网络。

（2）点对点网络

与广播式网络相反，点对点网络由许多互相连接的结点构成，在每对机器之间都有一条专用的通信信道，因此在点对点的网络中，不存在信道共享与复用的情况。当一台计算机发送数据分组后，它会根据目的地址，经过一系列中间设备的转发，直至到达目的结点，这种传输技术称为点对点传输技术，采用这种技术的网络称为点对点网络。

6.1.6 网络互联硬件

构建一个实际的网络，需要网络的传输介质、网络互联设备作为支持。在网络互联时，一般不能简单地直接相连，而是需要通过一个中间设备来实现。按照 ISO/OSI 的分层原则，这个中间设备要实现不同网络之间的协议转换功能，根据它们工作的协议层不同进行分类，网络互联设备可以有中继器（实现物理层协议转换、在电缆间转发二进制信号）、网桥（实现物理层和数据链路层协议转换）、路由器（实现网络层和以下各层协议转换）、网关（提供从最低层到传输层或以上层的协议转换）、交换机等。

1. 网络的传输介质

传输介质是信号传输的媒体，常用的介质分为有线介质和无线介质。有线介质有双绞线、同轴电缆和光纤等；无线传输是指利用地球空间和外层空间作为传播电磁波的通路。由于信号频谱和传输技术的不同，无线传输的主要方式包括无线电传输、地面微波通信、卫星通信、红外线通信和激光通信等。现在比较流行的使用方式为局域网由双绞线连接到桌面，光纤作为通信干线，卫星通信用于跨国界传输。

（1）有线介质

① 双绞线。双绞线是最常用的一种传输介质，它由两条具有绝缘保护层的铜导线相互绞合而成。把两条铜导线按一定的密度绞合在一起，可增强双绞线的抗电磁干扰能力。一对双绞线形成一条通信链路。在双绞线中可传输模拟信号和数字信号。双绞线通常有非屏蔽式和屏蔽式两种。图 6-7 是一段非屏蔽双绞线 UTP。

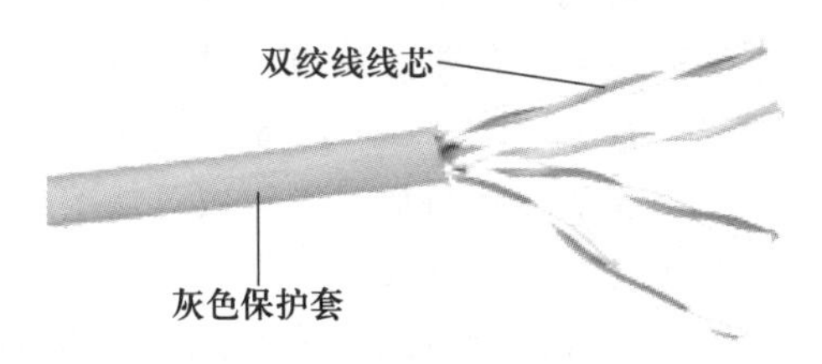

图 6-7　非屏蔽双绞线 UTP

双绞线分为屏蔽双绞线 STP 和非屏蔽双绞线 UTP，非屏蔽双绞线的线缆外皮为屏蔽层，适用于网络流量不大的场合。屏蔽式双绞线有一个金属套，对电磁干扰具有较强的抵抗能力，适用于网络流量较大的高速网络。但屏蔽式双绞线由于存在接地要求高、安装复杂、弯曲半径大、成本高的缺点，尤其是如果安装不规范，实际效果会更差。因此，屏蔽式双绞线的实际应用并不普遍。双绞线又可分为 3 类、4 类、5 类、6 类和 7 类双绞线，现在常用的是 5 类 UTP，其频率带宽为 100 MHz。6 类、7 类双绞线可分别工作于 200 MHz 和 600 MHz 的频率带宽之上，且采用特殊设计的 RJ-45 插头。

双绞线大多应用于 10BASE-T 和 100 BASE -T 的以太网中，具体规定为：一段双绞线的最大长度为 100 m，只能连接一台计算机；双绞线的每端需要一个 RJ-45 插头，各段双绞线通过集线器相连，利用双绞最多可连接 64 个站点到中继器。

② 同轴电缆。同轴电缆由圆柱形金属网导体（外导体）及其所包围的单根金属芯线（内导体）组成，外导体与内导体之间由绝缘材料隔开，外导体外部也是一层绝缘保护套。同轴电缆有粗缆和细缆之分，如图 6-8 所示为细同轴电缆段。

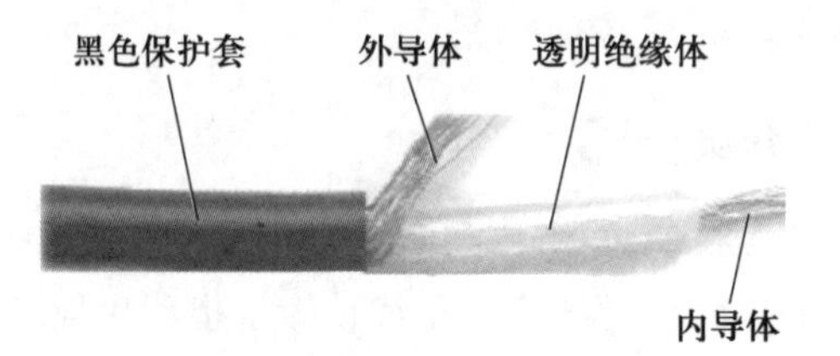

图 6-8　细同轴电缆段

粗缆传输距离较远，适用于比较大型的局域网。其传输衰减损耗小，标准传输距离长，可靠性高。由于粗缆在安装时不需要切断电缆，因此可以根据需要灵活调整计算机接入网络的位置。但使用粗缆时必须安装收发器和收发器电缆，安装难度大，总体成本高。而细缆由于功率损耗较大，一般传输距离不超过 185 m。细缆安装比较简单，造价低，但安装时要切断电缆，电缆两端要装上网络连接头（BNC），然后连接在 T 型连接器两端。所以，当接头多时容易出现接触不良，这是细缆局域网中最常见的故障之一。

同轴电缆有两种基本类型，基带同轴电缆和宽带同轴电缆。基带同轴电缆一般只用来传输数据，不使用 Modem，因此较宽带同轴电缆经济，适合传输距离较短、速度要求较低的局域网。基带同轴电缆的外导体是用铜做成网状的，特性阻抗为 50 Ω（型号为 RG-8、RG-58 等）。宽带同轴电缆传输速率较高，距离较远，但成本较高。它不仅能传输数据，还可以传输图像和语音信号。宽带同轴电缆的特性阻抗为 75 Ω（如 RG-59 等）。

无论是由粗同轴电缆还是细同轴电缆构成的计算机局域网络，它们都是总线型结构，即一根电缆上连接多台计算机。这种拓扑结构适合于计算机较密集的环境，但当总线上某一触点发生故障时，会串联影响到整根电缆所连接的计算机，故障的诊断和恢复也很麻烦。因此，在某些场合，同轴电缆将被非屏蔽双绞线或光缆取代。

③ 光纤。光导纤维（Optical Fiber，简称光纤）是目前发展最为迅速、应用广泛的传输介质。它是一种能够传输光束、细而柔软的通信媒体。光纤通常是由石英玻璃拉成细丝，由纤芯和包层构成的双层通信圆柱体，其结构一般是由双层的同心圆柱体组成，中心部分为纤芯。常用的多模纤芯直径为 62 μm，纤芯以外的部分为包层，一般直径为 125 μm。

分析光在光纤中传输的理论一般有两种，即射线理论和模式理论。射线理论是把光看作射线，引用几何光学中反射和折射原理解释光在光纤中传播的物理现象。模式理论则把光波当作电磁波，把光纤看作光波导，用电磁场分布的模式来解释光在光纤中的传播现象。这种理论相同于微波波导理论，但光纤属于介质波导，与金属波导管有所区别。模式理论比较复杂，一般使用射线理论来解释光在光纤中的传输。光纤的纤芯用来传导光波，包层有较低的折射率。当光线从高折射率的介质射向低折射率的介质时，其折射角将大于入射角。因此，如果折射角足够大，就会出现全反射，光线碰到包层时就会折射回纤芯，这个过程不断重复，光线就会沿着光纤传输下去，如图 6-9 所示。光纤就是利用这一原理传输信息的。

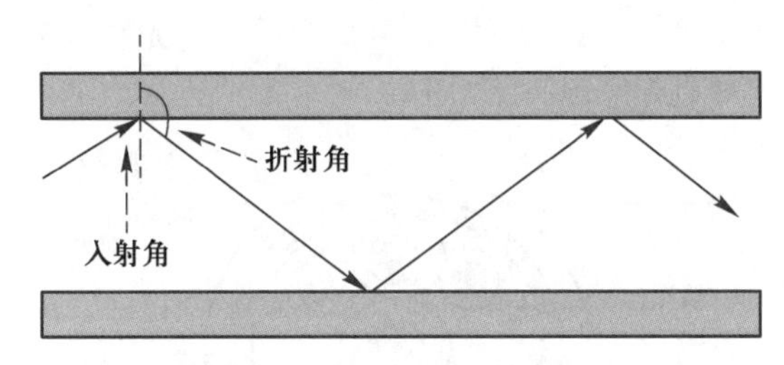

图 6-9　光波在纤芯中的传输

在光纤中，只要射入光纤的光线的入射角大于某一临界角度，就可以产生全反射，因此可存在许多角度入射的光线在一条光纤中传输，这种光纤称为多模光纤。但若光纤的直径减小到只能传输一种模式的光波，则光纤就像一个波导一样，可使得光线一直向前传播，而不会有多次反射，这样的光纤称为单模光纤。单模光纤在色散、效率及传输距离等方面都要优于多模光纤。图 6-10 是光在多模光纤和单模光纤中的传输示意图，表 6-2 列出了两者的特性对比。

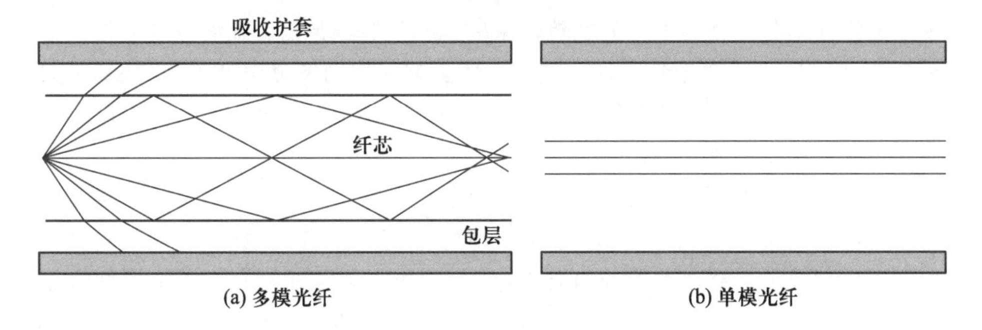

图 6-10　多模光纤和单模光纤

表 6-2　单模光纤和多模光纤特性对比表

单 模 光 纤	多 模 光 纤
用于高速率，长距离	用于低速率，短距离
成本高	成本低
窄芯线，需要激光源	宽芯线，聚光好
耗损极小，效率高	耗损大，效率低

光纤具有很多优点，如频带宽、传输速率高、传输距离远、抗冲击和电磁干扰性能好、数据保密性好、损耗和误码率低、体积小和重量轻等。但它也存在连接和分支困难、工艺和技术要求高、需配备光/电转换设备、单向传输等缺点。由于光纤是单向传输的，要实现双向传输就需要两根光纤或一根光纤上有两个频段。

因为光纤本身脆弱，易断裂，直接与外界接触易于产生接触伤痕，甚至被折断。因此在实际通信线路中，一般都是把多根光纤组合在一起形成不同结构形式的光缆。随着通信事业的不断发展，光缆的应用越来越广，种类也越来越多。按用途分，可分为中继光缆、海底光缆、用户光缆、局内光缆，此外还有专用光缆、军用光缆等；按结构区分，可分为层绞式光缆、单元式光缆、带状式和骨架式光缆，四芯光缆剖面图如图 6-11 所示。

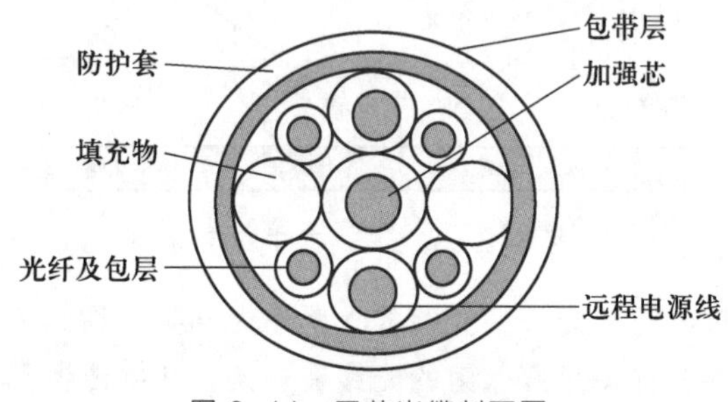

图 6-11　四芯光缆剖面图

（2）无线传输

前面介绍的 3 种传输介质为有线传输介质，而对应的传输属于有线传输。但是，如果通信线路要通过一些高山或岛屿，有时就很难施工，这时使用无线传输进行通信就成为必然。无线传输主要包括无线电传输、地面微波通信、卫星通信、红外线和激光通信等，各种通信类型使用的电磁波谱范围如图 6-12 所示。其中，地面微波通信和卫星通信使用的主要波段是微波波段，因而卫星通信也称卫星微波通信。

不同的通信类型使用的电磁波的频率也不相同，图 6-12 给出了电磁波谱与通信类型的关系。从图 6-12 中的电磁波谱中可以看出，按照频率由低向高排列，不同频率的电磁波可以分为无线电（Radio）、微波（Microwave）、红外线（Infrared）、可见光（Visible Light）、紫外线（Ultraviolet，UV）、X 射线（X Rays）和γ射线（γ Rays）。目前，用于通信的主要有无线电、微波、红外线与可见光。国际电信联盟 ITU 根据不同的频率（或波长），将不同的波段进行了划分与命名，无线电频率与带宽的对应关系见表 6-3。不同的传输介质可以传输不同频率的信号。例如，普通双绞线可以传输低频与中频信号，同轴电缆可以传输低频到特高频信号，光纤可以传输可见光信号。由双绞线、同轴电缆与光纤作为传输介质的通信系统，一般只用于固定物体之间的通信。

目前，计算机网络的无线通信主要方式有地面微波通信、卫星通信、红外线通信和激光通信。

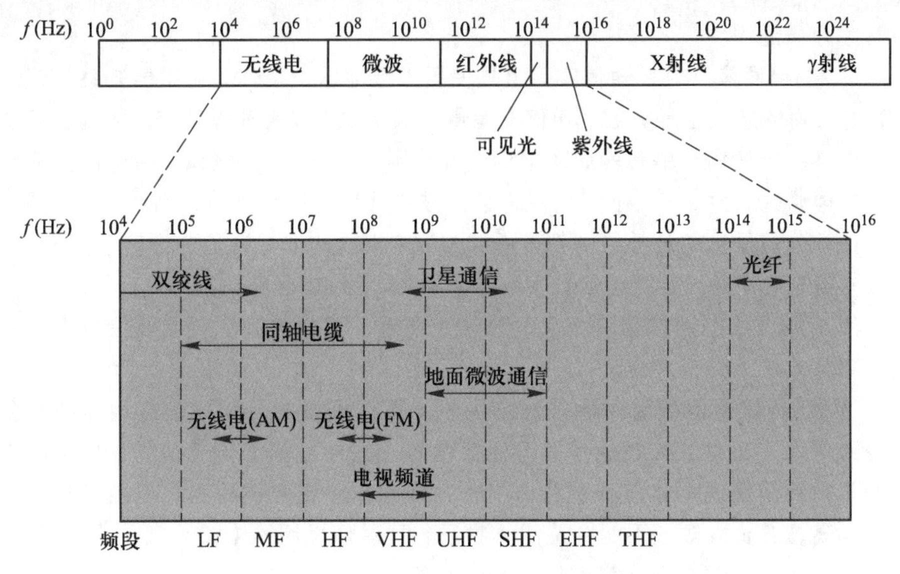

图 6-12 各通信类型使用的电磁波谱范围

表 6-3 无线电频率与带宽的对应关系

频段划分	低频（LF）	中频（MF）	高频（HF）	甚高频（VHF）	特高频（UHF）	超高频（SHF）	极高频（EHF）
频率范围	30 Hz～300 kHz	300 kHz～3 MHz	3 MHz～30 MHz	30 MHz～300 MHz	300 MHz～3 GHz	3 GHz～30 GHz	>30 GHz

① 地面微波通信。地面微波通信常用于电缆（或光缆）铺设不便的特殊地理环境或作为地面传输系统的备份和补充。地面微波通信在数据通信中占有重要地位。

微波是一种频率很高的电磁波，其频率范围为 300 MHz～300 GHz，地面微波通信主要使用的是 2 GHz～40 GHz 的频率范围。地面微波一般沿直线传输。由于地球表面为曲面，所以，微波在地面的传输距离有限，一般为 40 km～60 km。但这个传输距离与微波的发射天线的高度有关，天线越高传输距离就越远。为了实现远距离传输，就要在微波信道的两个端点之间建立若干个中继站，中继站把前一个站点送来的信号经过放大后再传输到下一站。经过这样的多个中继站点的“接力”，信息就被从发送端传输到接收端，如图 6-13 所示。

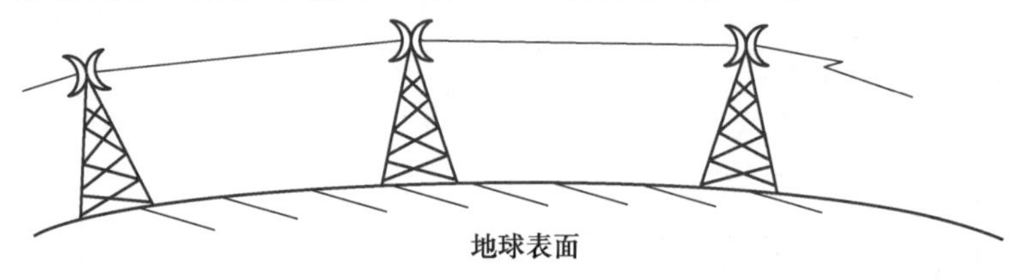

图 6-13 微波地面中继通信

微波通信具有频带宽、信道容量大、初建费用低、建设速度快、应用范围广等优点，其缺点是保密性能差、抗干扰性能差，两个微波站天线间不能被建筑物遮挡。这种通信方式逐渐被很多计算机网络所采用，有时在大型互联网中与有线介质混用。

② 卫星通信。卫星通信实际上是使用人造地球卫星作为中继器来转发信号的，它使用的波段也是微波。通信卫星通常被定位在几万千米高空，因此，卫星作为中继器可使信息的传输距离很远（几千至上万千米）。例如，每个同步卫星可覆盖地球的三分之一表面。卫星通信已被广泛用于远程计算机网络中。如国内很多证券公司显示的证券行情都是通过 VSAT 接收的卫星通信广播信息。而证券的交易信息则是通过延迟小的数字数据网 DDN 专线或分组交换网进行转发的。

卫星通信具有通信容量极大、传输距离远、可靠性高、一次性投资大、传输距离与成本无关等特点。

③ 红外线通信和激光通信。应用于计算机网络的无线通信除地面微波及卫星通信外，还有红外线通信和激光通信等。红外线和激光通信的收发设备必须处于视线范围内，均有很强的方向性，因此，防窃取能力强。但由于它们的频率太高，波长太短，不能穿透固体物质，且对环境因素（如天气）较为敏感，因而，只能在室内和近距离使用。

知识链接：

红外线通信和激光通信也像微波通信一样，有很强的方向性，都是沿直线传播的。这 3 种技术都需要在发送方和接收方之间有一条视线（Line of Sight）通路，故它们统称为视线媒体。不同的是，红外线通信和激光通信把要传输的信号分别转换为红外线信号和激光信号直接在空间传播。由于它们不需要铺设电缆，对于连接在不同建筑物内的局域网特别有用。它们对环境气候较为敏感，如雷、电和雨等。

2. 网络互联设备

网络的体系结构是分层的，因此网络互联也存在互联层次的问题。根据网络层次的结构模型，网络互联的层次可分为物理层互联、数据链路层互联、网络层互联和高层互联。表 6-4 给出了网络互联的层次与网络互联设备之间的关系。如图 6-14 所示为各种典型的网络互联设备。

表 6-4　网络互联的层次与网络互联设备之间的关系

ISO/OSI 模型	网络互联设备
应用层	网关
表示层	
会话层	
传输层	
网络层	路由器、三层交换机
数据链路层	网桥、交换机
物理层	中继器、集线器

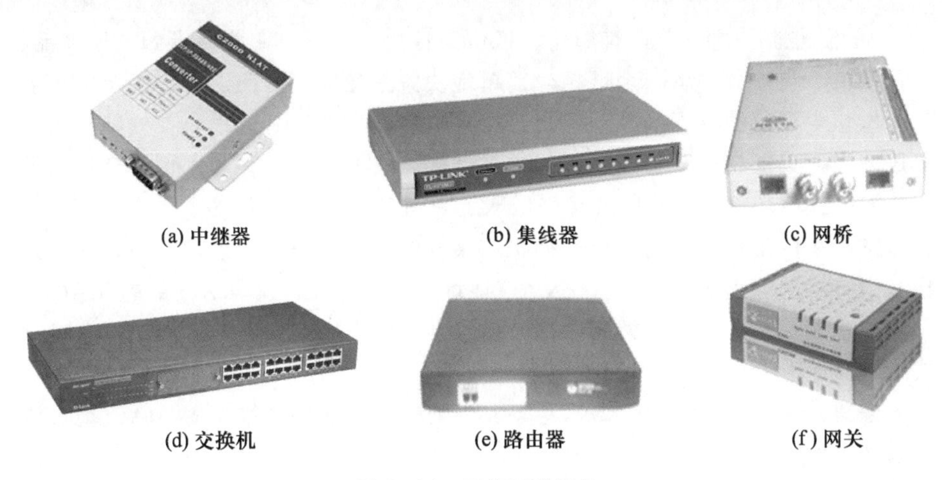

(a) 中继器　(b) 集线器　(c) 网桥

(d) 交换机　(e) 路由器　(f) 网关

图 6-14　网络互联设备

（1）物理层的互联设备

物理层的互联设备有中继器（Repeater）和集线器（Hub）。

1）中继器，由于传输线路噪声的影响，承载信息的数字信号或模拟信号只能传输有限的距离，中继器的功能是对接收信号进行再生和发送，从而增加信号传输的距离。它是最简单的网络互联设备，连接同一个网络的两个或多个网段。如以太网常常利用中继器扩展总线的电缆长度，标准细缆以太网的每段长度最大 185 m，最多可有 5 段，因此增加中继器后，最大网络电缆长度则可提高到 925 m。一般来说，中继器两端的网络部分是网段，而不是子网。中继器的主要优点是安装简便、使用方便、价格便宜。

2）集线器，是一种特殊的中继器，可作为多个网段的转接设备，因为几个集线器可以级联起来。智能集线器，还可将网络管理、路径选择等网络功能集成于其中。随着网络交换技术的发展，集线器正逐步为交换机所取代。

（2）数据链路层的互联设备

数据链路层的互联设备有网桥（Bridge）和交换机（Switch）。

1）网桥，用于连接两个局域网段，工作于数据链路层。网桥要分析帧地址字段，以决定是否把收到的帧转发到另一个网段上。确切地说，网桥工作于 MAC 子层，只要两个网络 MAC 子层以上的协议相同，都可以用网桥互联。

网桥检查帧的源地址和目的地址，如果目的地址和源地址不在同一个网段上，就把帧转发到另一个网段上，若两个地址在同一个网段上，则不转发，所发网桥能起到过滤帧的作用。网桥的帧过滤特性很有用，当一个网络由于负载很重而性能下降时，可以用网桥把它分成两个网段并使得网段间的通信量保持最小。例如，把分布在两层楼上的网络分成每层一个网段，网段中间用网桥相连，这样的配置可以最大限度地缓解网络通信繁忙的程度，提高通信效率。同时由于网桥的隔离作用，一个网段上的故障不会影响到另一个网段，从而提高了网络的可靠性。

2）交换机，是一个具有简化、低价高性能和高端口密集特点的交换产品，它是按每个包中的 MAC 地址相对简单地决策信息转发。而这种转发决策一般不考虑包中隐藏的更深的其他信息，交换机转发数据的延迟很小，性能接近单个局域网，远远超过了普通桥接的转发性能。交换技术允许共享型和专用型的局域网段进行带宽调整，以减轻局域网之间信息流通的瓶颈问题。

交换机的工作过程为：当交换机从某一结点收到一个以太网帧后，将立即在其内存中的地址表（端口号—MAC 地址）进行查找，以确认该目的 MAC 网卡连接在哪一个结点上，然后将该帧转发至该结点。如果在地址表中没有找到该 MAC 地址，交换机就将数据包广播到所有结点。拥有该 MAC 地址的结点在接收到该广播帧后，将立即做出应答，从而使交换机将其结点的 MAC 地址添加到其 MAC 地址表中。

交换机的 3 种交换技术：

① 端口交换：用于将以太网模块的端口在背板的多个网段之间进行分配、平衡。

② 帧交换：其处理方式又分为直通交换、存储转发和碎片丢弃 3 种方法。

- 直通交换：提供线速处理能力，交换机只读出网络帧的前 14 个，便将网络帧送到相应的端口上。
- 存储转发：通过对网络帧的读取进行验错和控制。
- 碎片丢弃：检查数据包的长度是否够 64 字节，如果小于 64 字节，说明是假包，则丢弃该数据包，否则发送该包。

③ 信元交换：采用长度固定的信元交换。

（3）网络层互联设备

路由器是网络层互联设备。它是用于连接多个逻辑上分开的网络。逻辑网络是指一个单独的网络或一个子网，当数据从一个子网传转输到另一个网时，可通过路由器来完成。

路由器具有很强的异种网互联能力，互联网络最低两层协议可以互不相同，通过驱动软件接口在第三层得到统一。对于互联网络的第三层协议，如果相同，可使用单协议路由器进行互联；如果不同，则应使用多协议路由器。多协议路由器同时支持多种不同的网络层协议，并可以设置为允许或禁止某些特定的协议。所谓支持多种协议是指支持多种协议的路由，而不是指不同类型协议的相互转换。

通常把网络层地址信息称为网络逻辑地址，把数据链路层地址信息称为物理地址，路由器最主要的功能是选择路径。路由器的存储器中维护着一个路径表，记录各个网络的逻辑地址，用于识别其他网络。在互联网络中，当路由器收到从一个网络向另一个网络发送的信息包时，将剥离信息包的外层，解读信息包中的数据，获得目的网络的逻辑地址，使用复杂的算法来决定信息经由哪条路径发送最合适，然后重新打包并转发出去。路由器的功能还包括过滤、存储转发、流量管理、介质转换等。一些功能较强的路由器还可有加密、数据压缩、优先、容错管理等功能。由于路由器工作于网络层，它处理的信息量比网桥要多，因而处理速度比网桥慢。

（4）应用层互联设备

网关（Gateway）是应用层的互联设备，在一个计算机网络中，当连接不同类型而协议差别又较大的网络时，则要选用网关设备。网关的功能体现在 OSI 模型的最高层，它将协议进行转换，将数据重新分组，以便在两个不同类型的网络系统之间进行通信。由于协议转换是一件复杂的事，一般来说，网关只能进行一对一的转换，或是少数几种特定应用协议的转换，网关很难实现通用的协议转换。

除上述连接设备外，网络线路与用户节点具体衔接时，还需要使用网络传输介质的互联设备，如 T 型头（细同轴电缆连接器）、收发器、RJ-45 接口（屏蔽或非屏蔽双绞线连接器），RS232 接口（目前微机与线路接口的常用方式）、DB-15 接口（连接网络接口卡的 AUI 接口）、VB35 同步接口（连接远程的高速同步接口）、网络接口单元、调制解调器（数字信号与模拟信号转换器）等。

6.2 Internet 的接入

Internet 的接入

6.2.1 Internet 概述

Internet 起源于美国国防部高级计划研究局的 ARPANET，在 20 世纪 60 年代末，出于军事需要计划建立一个计算机网络，当网络中部分网络被摧毁时，其余部分会很快建立新的联系，当时在美国 4 个地区进行互联实验，采用 TCP/IP 作为基础协议。Internet 最初的宗旨是用来支持教育和科研活动。但是随着 Internet 规模的扩大，应用服务的发展，以及市场全球化需求的增长，Internet 开始了商业化服务。在 Internet 引入商业机制后，准许以商业为目的的网络连入 Internet，使 Internet 得到迅速发展，很快便达到了今天的规模。

Internet 对社会的发展产生了巨大的影响，在网上可以从事电子商务、远程教学、远程医疗，可以访问电子图书馆、电子博物馆、电子出版物，可以进行网上聊天、家庭娱乐、博客等，几乎渗透到人们的生活、学习、工作、交往的各个方面，同时促进了电子文化的形成和发展。

Internet 并没有一个确切的定义，一般认为，Internet 是多个网络互联而成的网络的集合。从网络技术的观点来看，Internet 是一个以 TCP/IP（传输控制协议/网际协议）通信协议连接各个国家、各个部门、各个机构计算机网络的数据通信网。从信息资源的观点来看，Internet 是一个集各个领域、各个学科的各种信息资源为一体，并供上网用户共享的数据资源网。

1. Internet 中的几个基本概念

（1）IP 地址

在 Internet 世界中有两种主要的地址识别形式：一种是机器可识别的地址，

称为IP地址，用数字表示，如210.38.128.33；另一种是便于记忆的地址，用字符表示，称为域名（domain name），如jxnu.edu.cn。

Internet中有许多的复杂网络和许多不同类型的计算机，将它们连接在一起又能互相通信，依靠的是TCP/IP协议。按照这个协议，接入Internet上的每一台计算机都必须有一个唯一的地址标识，这个地址称为IP地址。也就是说，IP地址是通过数字来表示一台计算机在Internet中的位置。

IP地址具有固定、规范的格式，一个IP地址包含32位二进制数，被分为4段，每段8位，段与段之间用圆点"."分开。IP地址在设计时将这32位二进制数分成网络号和主机号两部分，为了确保一个IP地址对应一台主机，网络地址由Internet注册管理机构网络信息中心（NIC）分配，主机地址由网络管理员负责分配。由于网络的规模有大有小，有的主机多，有的主机少，需要区别对待。因此，TCP/IP根据网络规模的大小将IP地址分为3类。

- A类：0.0.0.0—127.255.255.255
- B类：128.0.0.0—191.255.255.255
- C类：192.0.0.0—233.255.255.255

① A类网络地址：A类网络地址占有1字节（8位），定义最高位为"0"来标识此类地址，余下7位为真正的网络地址，A类地址的数量最少，只有128个，用于超大型的网络，每个地址能容纳1600多万台主机。A类网络地址第1个字节的十进制值为000～127。

② B类网络地址：B类网络地址占有2字节，使用最高两位为"10"来标识此类地址，其余14位为真正的网络地址，主机地址占后面的2字节（16位），B类地址用于中等规模的网络，有16000多个，每个地址可容纳6万多台主机。B类网络地址第1个字节的十进制值的范围为128～191。

③ C类网络地址：C类网络地址占有3个字节，它是最通用的Internet地址。使用最高3位为"110"来标识此类地址，其余21位为真正的网络地址，C类地址用于小型的网络，C类地址最多，总计达200多万个。但每个地址仅能容纳256台主机。C类网络地址第1个字节的十进制值的范围为192～223。

IP地址具有唯一性，即连接到Internet上的不同计算机不能具有相同的IP地址。

（2）域名

IP地址用数字表示，不便于记忆，另外从IP地址上看不出拥有该地址的组织的名称或性质，同时也不能根据公司或组织名称或组织类型来确定其IP地址。由于IP地址的这些缺点，人们希望用字符来表示一台主机的通信地址，因而设计出了域名，域名地址更能直接地体现出层次型的管理方法，其通用的格式如下：

第四级域名.第三级域名.第二级域名.第一级域名

第一级域名往往是国家或地区的代码；第二级域名往往表示主机所属的网络性质，如属于教育界还是政府部门等。如用cn代表中国的计算机网络，cn

就是一个域。域下面按领域又分子域，子域下面又有子域。在表示域名时，自右到左结构越来越小，用圆点“.”分开。例如 jxnu.edu.cn 是一个域名，edu 表示网络域 cn 下的一个子域，jxnu 则是 edu 的一个子域。同样，一台计算机也可以命名，称为主机名。在表示一台计算机时把主机名放在其所属域名之前，用圆点分隔开，形成主机地址，便可以在全球范围内区分不同的计算机了。例如，center.jxnu.edu.cn 表示 jxnu.edu.cn 域内名为 center 的计算机。

访问 Internet 上的主机可以使用域名或用数字表示的 IP 地址，如通过 www.263.com.cn 或 211.100.31.96 都可以访问 263 的主页。Internet 上有很多负责将主机地址转为 IP 地址的服务系统——域名服务器（DNS），这个服务系统会自动将域名翻译。当访问一个站点的时候，输入欲访问主机的域名后，由本地机向 DNS 服务器发出查询指令，DNS 服务器在整个域名管理系统中查询对应的 IP 地址，如找到则返回相应的 IP 地址，反之则返回错误信息。例如在浏览网页时，浏览器左下角的状态条上会有这样的信息“正在查找××××××”，其实这就是域名通过 DNS 服务器转化为 IP 地址的过程。

（3）URL

URL 就是“统一资源定位器”（Uniform Resource Locator，URL），通俗地说，它是用来指出某一项信息所在位置及存取方式。例如，要上网访问某个网站，在 IE 或其他浏览器里的地址一栏中所输入的就是 URL。URL 是 Internet 上用来指定一个位置（Site）或某一个网页（Web Page）的标准方式，它的语法结构如下：

协议名称：//主机名称[:端地址/存放目录/文件名称]

例如，http://www.microsoft.com:23/exploring/exploring.html，其中，http 为协议名称，www.microsoft.com 为主机名称，23 为端口地址，exploring 为存放目录，exploring.html 为文件名称。

在 URL 语法格式中，除了协议名称及主机名称是必须有的，其余的如端口地址、存放目录等都可以省略。常用协议名称见表 6-5。

表 6-5　常用协议名称

协议名称	协议说明	示　　例
http	www 上的存取服务	http://www.yahoo.com
telnet	代表使用远端登录的服务	telnet://bbs.nstd.edu
ftp	文件传输协议，通过互联网传输文件	ftp://ftp.microsoft.com

（4）TCP/IP 协议

TCP/IP 即传输控制协议/网际协议，它是 Internet 的基础。TCP/IP 是网络中使用的基本通信协议。

虽然从名字上看 TCP/IP 包括两个协议：传输控制协议（TCP）和网际协议（IP），而实际上 TCP/IP 是一组协议，它包括上百个协议，如远程登录、文件传输和电子邮件协议等，而 TCP 和 IP 是保证数据完整传输的两个基本的重要协议。通常来说，TCP/IP 是 Internet 协议簇，而不单单是 TCP 和 IP。

TCP/IP 协议的基本传输单位是数据包（Datagram），TCP 协议负责把数据分成若干个数据包，并给每个数据包加上包头（就像给一封信加上信封），包头上有相应的编号，以保证在数据接收端能将数据还原为原来的格式；IP 协议在每个包头上再加上接收端主机地址，这样数据可以找到自己要去的地方。如果传输过程中出现数据丢失、数据失真等情况，TCP 协议保证数据传输的质量。TCP/IP 协议数据的传输基于 TCP/IP 协议的应用层、传输层、网络层和接口层 4 层结构。数据在传输时，每通过一层就要在数据上加个包头，其中的数据供接收端同一层协议使用；而在接收端，每经过一层要把用过的包头去掉，这样来保证传输数据的格式完全一致。

2．Internet 接入硬件设备

计算机在接入 Internet 之前，首先要根据自己的实际情况选择装备必要的网设备。常用的 Internet 接入硬件设备有以下几种。

（1）调制解调器

调制解调器（Modem）是一种进行数字信号与模拟信号转换的设备，俗称“猫”。因为计算机处理的是数字信号，而电话线传输的是模拟信号，因此，在计算机和电话线之间需要一个连接设备即调制解调器将计算机输出的数字信号转换为适合电话线传输的模拟信号，在接收端再将接收到的模拟信号转换为数字信号交由计算机处理。如图 6-15 所示为常见的 ADSL 调制解调器。

（2）网卡

网络接口卡（Network Interface Card）又称网络适配器，简称网卡，如图 6-16 所示。用于实现联网计算机和网络电缆之间的物理连接。在局域网中，每一台联网计算机都需要安装一块或多块网卡。可完成包括网卡与网络电缆的物理连接、介质访问控制（如 CSMA/CD）等功能。

（3）路由器

目前使用较多的是无线路由器，如图 6-17 所示，无线路由器既具备有线功能，也能够把信号转为无线信号，使多台计算机通过无线连接到网络。对于普通用户，只需要一个无线路由器、还有支持无线的终端（如便携式计算机），就可以进行无线上网了。

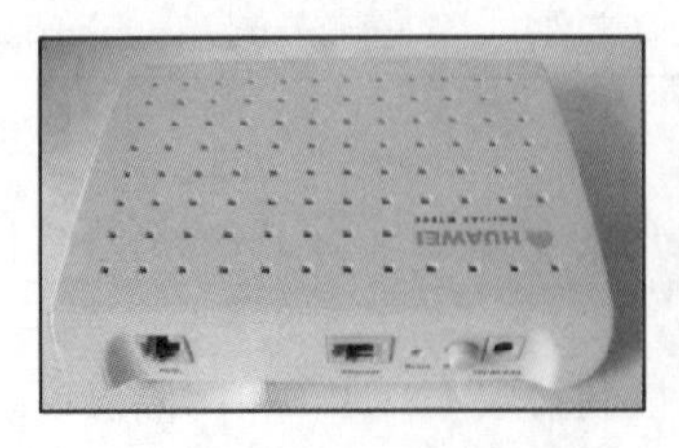

图 6-15　ADSL 调制解调器

图 6-16　网卡

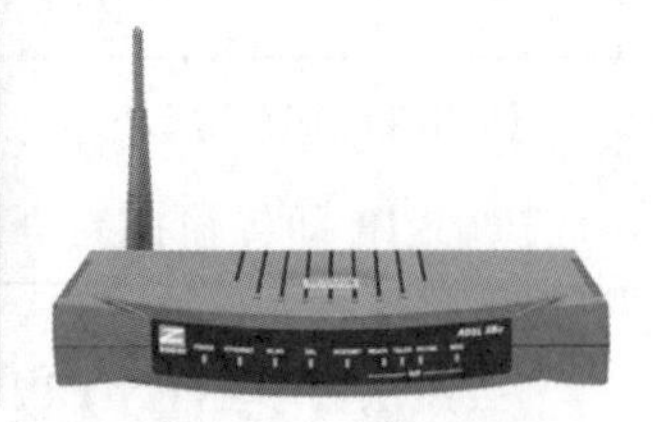

图 6-17　无线路由器

3. 常见的上网方式

Internet（因特网）是由全世界各国、各地区的成千上万台计算机网互联起来而形成的一种全球性网络。Internet 可以连接各地的计算机系统和网络，不管它们处于哪里、具有何种规模，只要遵守共同的 TCP/IP 网络通信协议，都可以加入到 Internet 大家庭中。它向接入 Internet 的用户提供各种信息和服务，成为推动社会信息化的主要工具。

目前常见的上网方式有 ADSL 接入、DDN 专线接入和 Cable Modem 接入等几种。

（1）ADSL

ADSL（Asymmetric Digital Subscriber Line）即非对称数字用户环路，俗称"网络快车"，它利用数字编码技术从现有铜质电话线上获取最大数据传输容量，其下行速率的最高理论值为 8 Mbit/s，上行速率的理论值最高可达到 1.5 Mbit/s，同时又不干扰在同一条线上进行的常规话音服务。可以在普通的电话铜缆上提供 1.5 Mbit/s～8 Mbit/s 的下行和 10 Kbit/s～64 Kbit/s 的上行传输，可进行视频会议和影视节目传输，非常适合中、小企业。但其有一个致命的弱点：用户距离电信的交换机房的线路距离不能超过 4 km～6 km，限制了它的应用范围。

（2）DDN 专线

DDN 是利用数字信道传输数据信号的数据传输网，其主要作用是向用户提供永久性和半永久性连接的数字数据传输信道，既可用于计算机之间的通信，也可用于传送数字化传真、数字话音、数字图像信号或其他数字化信号。这种方式适合对带宽要求比较高的应用，如企业网站。它的特点也是速率比较高，范围从 64 Kbit/s～2 Mbit/s。但是，由于整个链路被企业独占，所以费用很高，因此中小企业较少选择。

这种线路优点很多，如有固定的 IP 地址、可靠的线路运行、永久的连接等，但是性能价格比太低，除非用户资金充足，否则不推荐使用这种方法。

（3）Cable Modem 接入

Cable Modem 是一种适用于 HFC 的调制技术，具有专线上网的连接特点，允许用户通过有线电视网进行高速数据接入的设备。目前，我国有线电视网遍布全国，很多城市提供 Cable Modem 接入 Internet 方式，速率可以达到 10 Mbit/s 以上，但是 Cable Modem 的工作方式是共享带宽的，所以有可能在某个时间段出现速率下降的情况。

6.2.2 多用户共享宽带上网

如果能将家中、宿舍中的几台计算机连起来组成一个小型局域网，就能实现共享一条宽带接入，还可以共享别人计算机中的资源。共享宽带上网有如下两种方式。

① 使用交换机共享宽带上网：通过交换机连接各台计算机，局域网中的其中一台计算机作为宽带接入主机，然后共享 Internet。该种方式的缺点是主机必须开启，网络中的其他计算机才能访问 Internet。

② 使用路由器共享宽带上网：随着无线路由器的普及，使用无线路由器作为宽带接入主机，然后其他计算机通过连接无线路由器访问 Internet。无线路由器既具备有线功能，也能够把信号转为无线，使多台计算机通过无线连接到网络。对于普通用户，只需要一个无线路由器，还有支持无线的终端（如便携式计算机），就可以充分享受无线带来的乐趣了。

下面以第 2 种方式为例，介绍如何配置多用户宽带上网。在配置前，用户首先需要购置一个无线路由器以及若干条五类双绞网线。

1. 硬件连接

无线路由器的后面板基本接口如图 6-18 所示。用户需要把从 ADSL 调制解调器连接的网线插入到无线路由器的 WAN 端口；其他需要连接的计算机分别使用网线连接到 LAN 端口。最终连接效果如图 6-19 所示。依次打开路由器、ADSL Modem 和计算机。

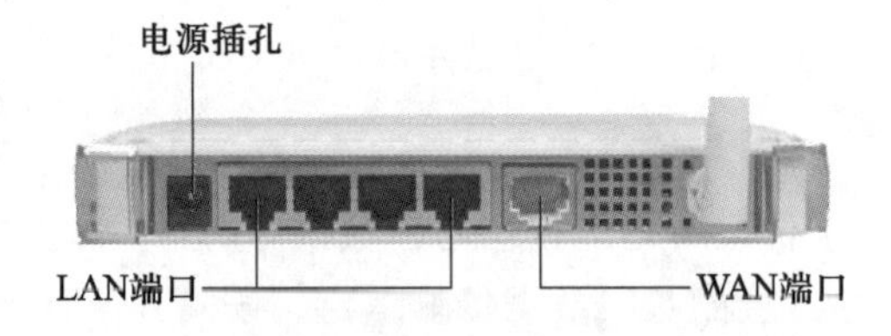

图 6-18　无线路由器后面板示意图

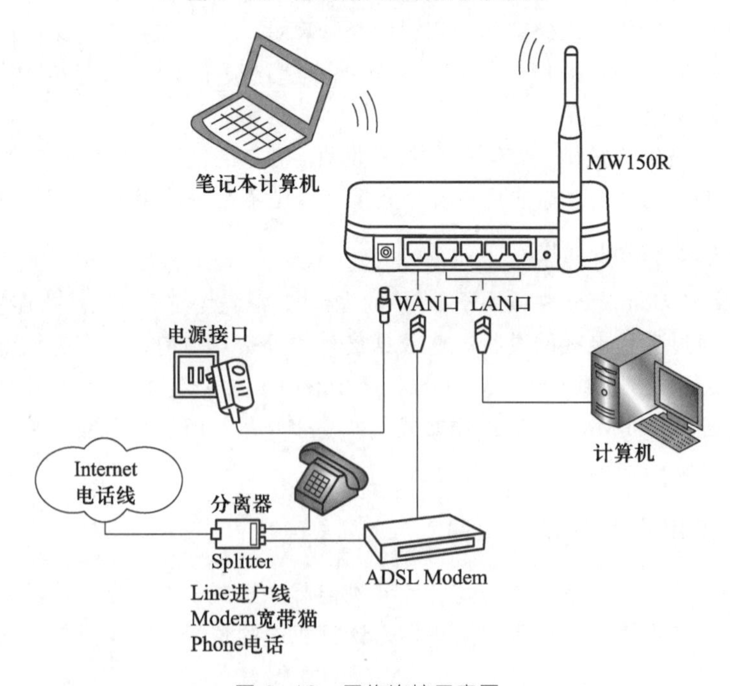

图 6-19　网络连接示意图

● WAN 端口：广域网端口，提供有线的 XDSL Modem/Cable Modem 或以太网接口。

● LAN 端口：4 个局域网端口，用于有线连接计算机或者以太网设备，如集线器、交换机和路由器；

● Power 端口：电源插孔，提供接插电源适配器。

2．路由器的调试

① 在网络中一台开启的计算机中，右击桌面上的“网络”图标，在快捷菜单中选择“属性”命令，在打开的“网络和共享中心”窗口中单击“更改适配器设置”超链接，在打开的“网络连接”窗口中右击“本地连接”图标，在快捷菜单中选择“属性”命令，如图 6-20 所示。

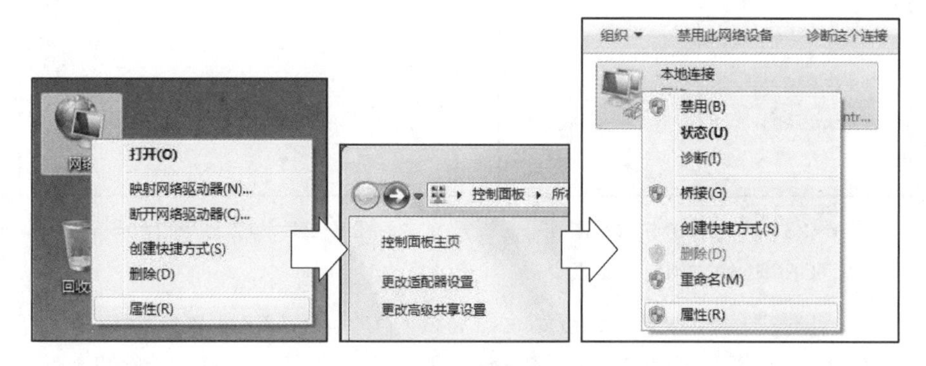

图 6-20 选择本地连接的属性命令

② 在打开的如图 6-21 所示的“本地连接 属性”对话框中，双击“Internet 协议版本 4（TCP/IPv4）”复选框，打开“Internet 协议版本 4（TCP/IPv4）属性”对话框，如图 6-22 所示。

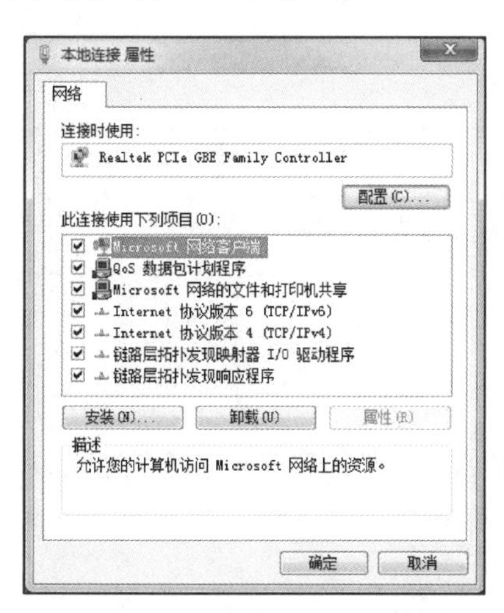

图 6-21 “本地连接 属性”对话框

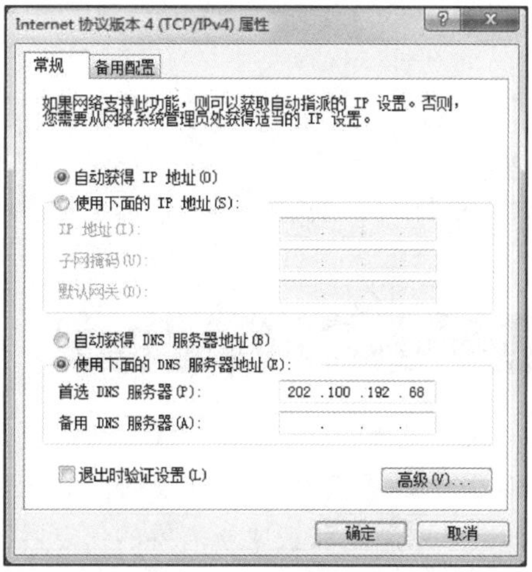

图 6-22 自动获得 IP 地址

③ 在“Internet 协议版本 4（TCP/IPv4）属性”对话框中，分别设置 IP 地

址、子网掩码、默认网关、首选 DNS 服务器地址，如图 6-23 所示。

④ 经过以上步骤后，在浏览器的“地址栏”中输入“http://192.168.1.1”，按照路由器说明书的提示输入账号和密码，就可以访问路由器配置界面，如图 6-24 所示。进入路由器配置界面，选择“WAN 设置”选项，可以根据网络接入环境，设置相关的宽带上网账号和密码。

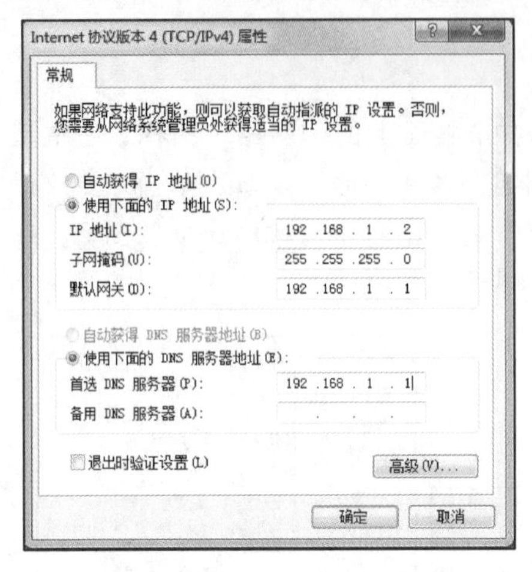

图 6-23 “Internet 协议版本 4（TCP/IPv4）属性”对话框

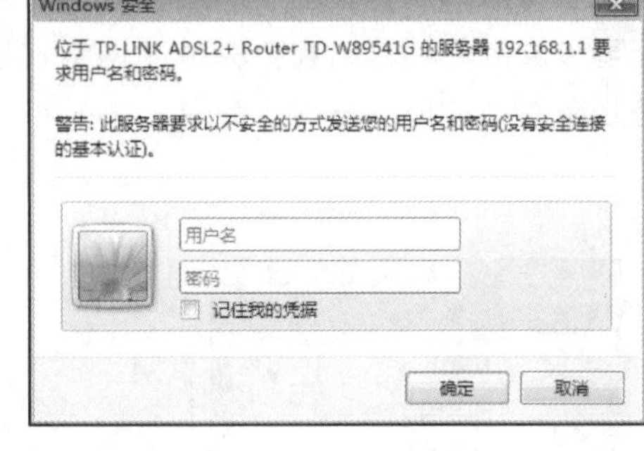

图 6-24 输入账号和密码

⑤ 通过“LAN 配置”设置路由器局域网 IP 地址（LAN 端口的 IP 地址）和 DHCP 服务器，启用“DHCP Server”可自动给网络上的每台计算机分配一个 IP 地址，单击“应用”按钮，确定设置。

⑥ 在其他连接该局域网的计算机中，重复步骤①、②，在“Internet 协议版本 4（TCP/IPv4）属性”对话框中选中“自动获得 IP 地址”和“自动获得 DNS 服务器地址”单选按钮。这样，网络中的所有计算机将能通过该台路由器共享 Internet 连接。

提示

由于无线路由器的生产厂家不同，可能每个品牌路由器的设置略有不同，但基本的方法是一致的。要获得更加详细的设置说明，需浏览无线路由器的使用说明书及生产厂家的主页。

6.3 网上信息的浏览和检索

网上信息的浏览和检索

人们把当今时代称之为信息时代，信息的重要性已得到社会的普遍认识。然而，什么是信息，它与数据、知识有怎样的关系，人们又如何在 Internet Explorer 中浏览和获取所需要的信息呢?

6.3.1 数据、信息、知识以及它们之间的关系

1998 年，世界银行推出了《1998 年世界发展报告——知识促进发展》报告，

对数据、信息和知识之间的区别进行了阐述，报告指出：数据是未经组织的数字、词语、声音、图像等，是原始的、不相关的事实；信息是以有意义的形式加以排列和处理的数据（有意义的数据），是被给予一定的意义和相互联系的事实。韦伯字典对信息的解释是：在观察或研究过程中获得的数据、消息。数据是形成信息的基础，也是信息的组成部分，数据只有经过处理、建立相互关系并给予明确的意义后才形成信息。要使数据提升为信息，需要对其进行采集与选择、组织与整序、压缩与提炼、归类与导航；而将信息提升为知识，还需要根据用户的实际需求，对信息内容进行提炼、比较、挖掘、分析、概括、判断和推论。知识是用于生产的信息（有意义的信息）。信息经过加工处理、应用于生产，才能转变成知识。但是这 3 个概念之间的差别并不能提供一种可用的方法，用于很容易地确定信息将在何时变成知识。这一问题看来似乎是一个假定的等级结构，从数据到信息再到知识，三者在语境、有用性和可解释性等不同的维度上都具有差异。以上论述能帮助人们认清什么是数据、什么是信息、什么是知识，把信息转化成知识，就是信息素养的基本要求和基本目标。

所以，仅有信息是远远不够的，信息只是原材料，其重要性在于它可以被提炼成为知识，从而在知识中进一步产生策略来解决问题。解决问题要靠策略，而策略来源于知识，知识来源于信息，所以信息的价值在于它能够被提炼成知识，生成策略。信息转化成知识之后，根据解决问题的目的，把知识转变成为智能策略，从而达到在信息素养中获取所需信息，使信息为人们所用的目标。

6.3.2 网上信息的浏览

网络应用的基础是掌握上网的技能，也就是知道如何访问网站、浏览网页，然后知道如何设置浏览器便于日后使用，如何保存网络上对自己有用的信息等。Internet Explorer 浏览器，简称 IE 浏览器，能够完成站点信息的浏览、搜索信息等功能。

IE 浏览器具有亲切、友好的用户界面，另外，IE 浏览器还具有多项人性化的特色功能，使上网冲浪变得更加轻松自如，省时省力。

1. Internet Explorer 浏览器的启动方法

启动 IE 浏览器的方法有很多种，其中两种如下：

方法 1：双击桌面 Internet Explorer 快捷图标。

方法 2：选择“开始”→“所有程序”→“Internet Explorer”命令。

2. Internet Explorer 浏览器窗口

IE 浏览器的工作界面主要由标题栏，菜单栏、地址栏、网页浏览窗口和状态栏等部分组成，如图 6-25 所示，地址栏主要用于输入网址，网页浏览窗口则用于显示当前打开的网页内容。

图 6-25　IE 浏览器工作界面

3. 使用 Internet Explorer 浏览器浏览网上信息

（1）直接输入网址访问网站

启动 IE 浏览器后，要使用 Internet Explorer 浏览器浏览网上信息，用户只需在浏览器地址栏中直接输入需要访问的网站网址即可，具体操作步骤如下：

① 打开 IE 浏览器这窗口，在地址栏中输入要打开的网址（如 http://www.sina.com.cn/）单击右侧的“转至”按钮，或按 Enter 键，如图 6-26 所示。

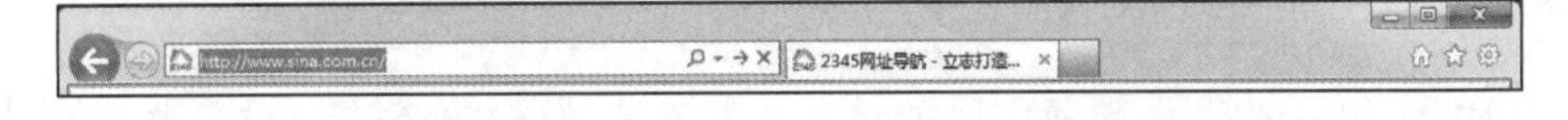

图 6-26　在浏览器地址栏输入网站网址访问网页

② 稍等片刻后，在网页浏览窗口中会出现该网页内容，如图 6-27 所示。

（2）使用超链接打开网页

超链接是指从一个网页指向一个目标的链接关系，这个目标可以是另一个网页，也可以是相同网页上的不同位置，还可以是一张图片、一个电子邮件地址、一个文件甚至是一个应用程序。而在一个网页中用来实现超链接的对象，可以是一段文本，也可以是一个图片。当浏览者单击已经设置超链接的文字或图片后，链接目标将显示在浏览器上，并且根据目标的类型来打开或运行。具体操作方法为：将鼠标指针放置在超链接处，待指针形状变成“手形”后单击（如单击上述新浪网网页上方的“博客”文字链接），页面即自动跳转到链接的网页，如图 6-28 所示。

（3）回访最近浏览过的网页

用户在浏览网页过程中，若要从某一目标页面返回原网页，可以直接单击工具栏的“后退”按钮，此时页面自动跳转到该页面链接的前一页。

图 6-27 浏览网站

图 6-28 利用超链接打开网页

（4）使用收藏夹收藏网页

IE 浏览器为用户提供了“收藏夹”功能，在浏览网页时，用户若遇到喜欢的网站或网页，可以将经常访问的网页地址保存起来，在需要访问时，单击收藏夹中的地址即可，这样就免去了记录网址的烦琐，其操作方法如下：

① 在网页浏览窗口切换至需要收藏的页面，单击“收藏夹”按钮，如图 6-29 所示。

② 窗口右侧弹出“收藏夹”活动窗格，单击“添加到收藏夹”按钮，如图 6-30 所示。

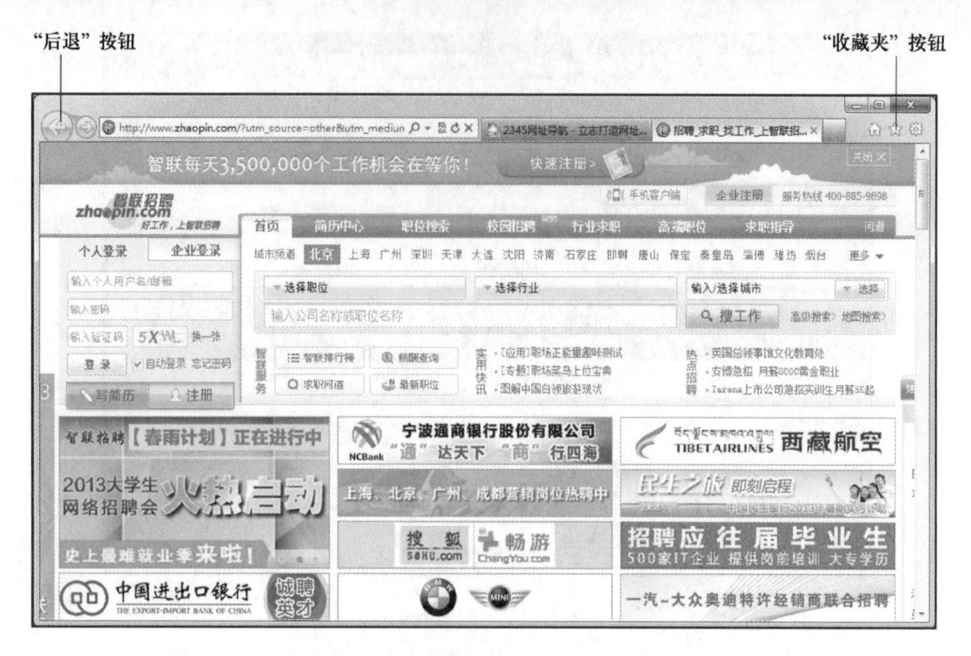

图 6-29　单击"收藏夹"按钮

图 6-30　单击"添加到收藏夹"按钮

③ 打开"添加收藏"对话框，如图 6-31 所示，在"名称"文本框中出现的是默认的网页名称。

④ 单击右侧的"新建文件夹"按钮，在打开的"新建文件夹"对话框中的"文件夹名"文本框中输入新建文件夹的名称，如"资源下载"，单击"创建"按钮。

⑤ 返回到"添加收藏"对话框，可在"名称"文本框中修改为易记的名称，在"创建位置"列表框中选择要保存的文件夹，如刚创建的"资源下载"

文件夹，单击“添加”按钮，如图 6-32 所示。

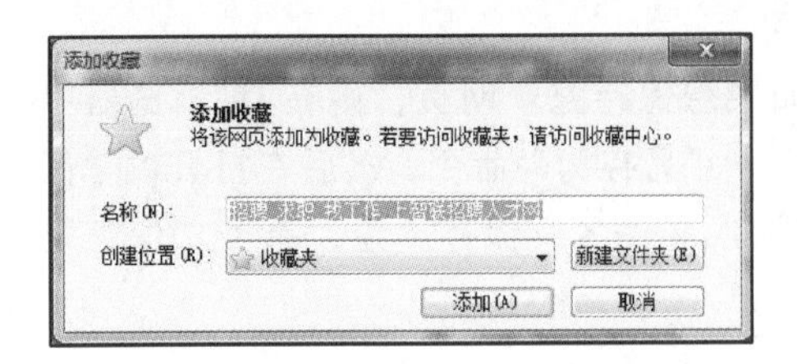

图 6-31　“添加收藏”对话框

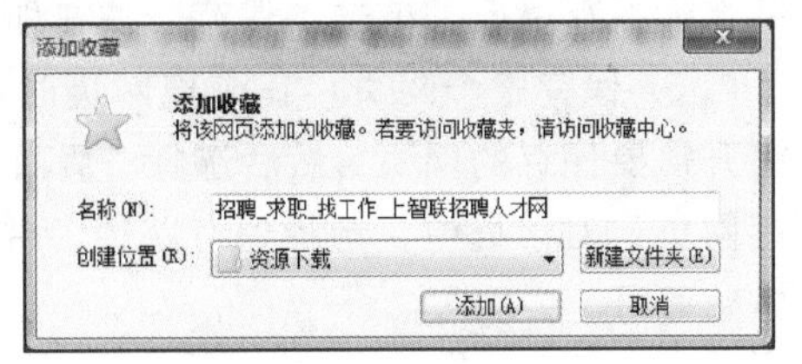

图 6-32　将网址收藏到“资源下载”文件夹

⑥ 对话框关闭后，返回到 IE 窗口中，可以查看到要收藏的页面已经被收藏在“资源下载”文件夹中，单击即可访问。

提示

在该例中，步骤④的目的是把网址按文件夹的方式进行分类管理，使收藏网址更加一目了然。在添加收藏时也可以直接把网址收藏在一级目录中。

（5）保存网页中的信息

网络资源丰富多样，并且为用户提供了在线视频教程、在线练习操作等。在浏览网页时，如果遇到有价值的网页或信息，可以将网页保存下来，也可根据需要将相关信息下载到计算机中，以供随时调用。

① 保存网页文本信息：打开网页，如果只想保存网页中的文本信息，则右击已经选择的网页信息，在弹出的快捷菜单中选择“复制”命令，如图 6-33 所示；打开记事本、WPS 或其他文字处理软件，选择“编辑”→“粘贴”命令，即可把网页中的文字复制下来。

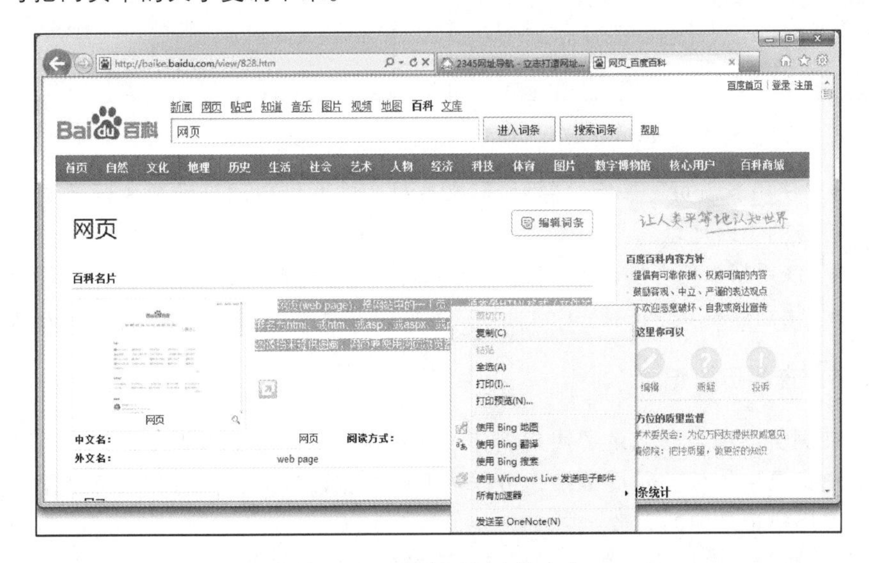

图 6-33　复制网页中的文字

② 保存网页中的图片：如果只想保存网页中的图片，则右击需要保存的

图片，在弹出的快捷菜单中选择“图片另存为”命令， 然后输入新的文件名，并选择保存路径，单击“保存”按钮即可。

③ 保存整个网页：在浏览网页时如果想保存整个网页，则在 IE 浏览器中打开需要保存的网页，然后选择“页面”→“另存为”命令，然后在打开的“保存网页”对话框中，选择保存路径，并输入文件名及保存类型，单击“保存”按钮即可。

4. 设置浏览器主页

主页是指在启动浏览器时首次默认显示的网页。该网页可以是空白页，也可以由用户自定义设置，其设置方法如下：

启动浏览器，选择“工具”→“Internet 选项”命令，如图 6-34 所示。在打开的“Internet 选项”对话框中，选择“常规”选项卡，在“主页”选项区域的“地址”文本框中输入需设为主页的网址，如图 6-35 所示。

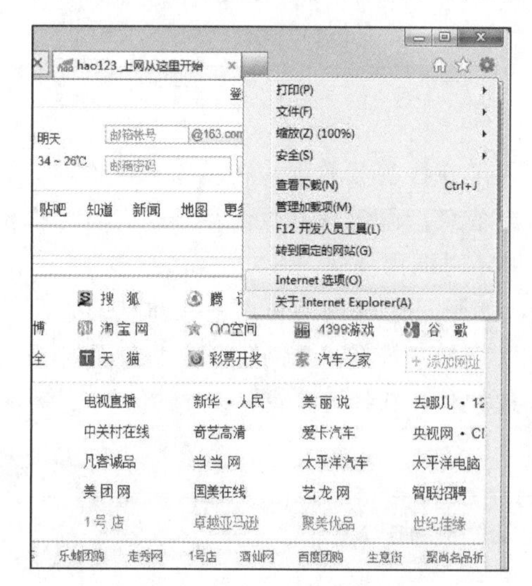

图 6-34　选择“Internet 选项”命令

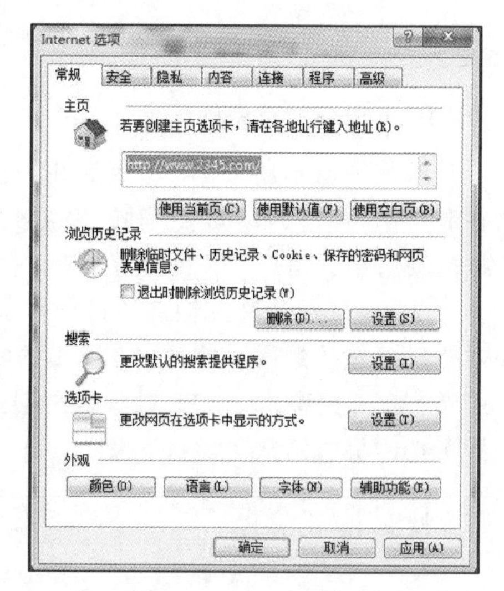

图 6-35　更改主页

- “使用当前页”按钮：“地址”文本框中的网址自动被设置为开启浏览器默认打开的页面地址。
- “使用默认值”按钮：“地址”文本框中的网址自动设置为微软公司网址。
- “使用空白页”按钮：“地址”文本框中没有网址，显示为“about:blank”。

5. 查看历史记录

在浏览器中自动记录了用户浏览过的网页信息，也称为历史记录。通过单击历史记录中的相关网页链接，可以再返回浏览过的网页。用户还可设置网页保存在历史记录中的天数。

① 查看历史记录：单击“收藏夹”按钮，再选择“历史记录”，在窗口右侧出现“历史记录”活动窗格，如图 6-36 所示。单击“今天”文件夹，弹出用户当天访问的网页信息。

② 设置网页保存在历史记录中的天数：选择“工具”→“Internet 选项”命令，打开“Internet 选项”对话框，如图 6-35 所示。单击“浏览历史记录”选项组中的“设置”按钮，打开“Internet 临时文件和历史记录设置”对话框，如图 6-37 所示。在该对话框中的“历史记录”选项区域设置网页保存在历史记录中的天数。

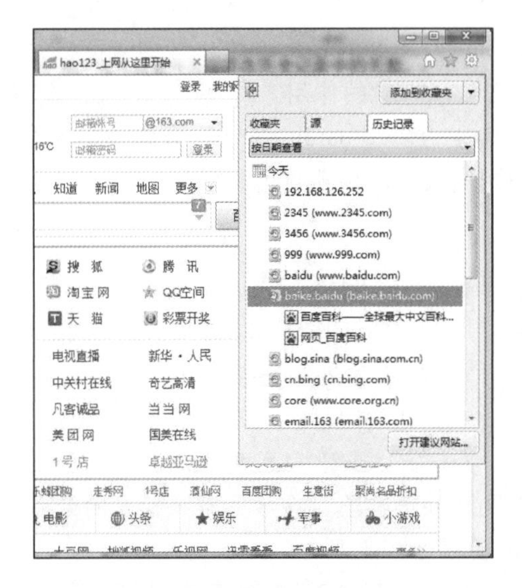

图 6-36　查看历史记录

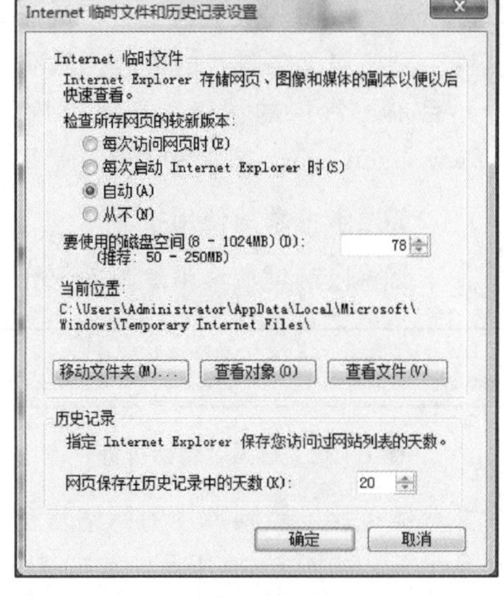

图 6-37　设置查看历史记录

提示

随着互联网的高速发展，为满足不同用户的使用习惯，除了 IE 浏览器外，还涌现出了多种网络浏览工具，如基于 IE 内核的傲游浏览器、世界之窗浏览及 GreenBrowser 和非 IE 内核的 Opera、Mozilla Firefox 等。这些浏览器在操作上与 IE 浏览器基本一致，但在功能上各有特色，如具有多标签浏览、网络收藏夹等功能。读者不妨下载试用，找到适合自己的“冲浪”工具。

6.3.3　信息检索

信息检索（Information Retrieval）是指知识有序化识别和查找的过程。广义的信息检索包括信息存储与检索；狭义的信息检索则仅指该过程的后半部分，即根据用户查找信息的需要，借助于检索工具，从信息集合中找出所需信息的过程。常用的信息检索包括 Internet 信息检索、文献信息检索与图书资源检索等。

1. Internet 信息检索

Internet（因特网）是一个巨大的信息库，其信息分布在全世界各个角落的计算机上。要快速地从网上获取信息，比较便捷的方式就是使用信息检索工具帮助查询。

搜索引擎（Search Engine）是随着 Web 信息的迅速增加而逐渐发展起来的技术，它是一种浏览和检索数据集的工具。

（1）搜索引擎的基本工作原理

通常，“搜索引擎”是一些 Internet 上的站点：它们有自己的数据库，保存了 Internet 上很多网页的检索信息，并且不断地更新。当用户查找某个关键词时，所有在页面内容中包含了该关键词的网页都将作为搜索结果被搜索出来，再经过复杂的算法进行排序后按照与搜索关键词的相关度高低，依次排列，呈现在结果网页中。最终网页是罗列了指向一些相关网页地址的超链接网页。这些网页可能包含要查找的内容，从而起到信息导航的作用。

目前，常用的搜索引擎有百度（http：//www.baidu.com）、搜狗（http：//www.sogou. .com)等，其中百度是目前国内最大的商业化全文搜索引擎。

（2）搜索引擎的使用技巧

下面将以百度搜索引擎为例，介绍搜索的方法和技巧。

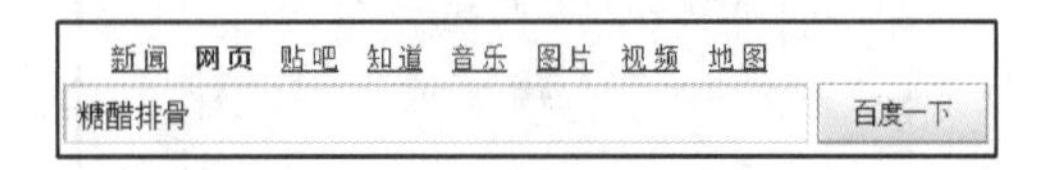

图 6-38　搜索“糖醋排骨”

① 搜索入门：在百度主页的检索栏内输入关键字串（如“糖醋排骨”），如图 6-38 所示，单击“百度一下”按钮，百度搜索引擎会搜索中文分类条目、资料库中的网站信息以及新闻资料库，搜索完毕将检索的结果显示出来，如图 6-39 所示。单击某一链接可查看详细内容。

图 6-39　搜索结果

② 百度快照：每个未被禁止搜索的网页，在百度上都会自动生成临时缓存页面，称为“百度快照”。当用户遇到网站服务器暂时故障或网络传输堵塞时，可以通过单击搜索结果列表中的某一个结果摘要右下角的“百度快照”超链接即可快速浏览页面文本内容。百度快照只会临时缓存网页的文本内容，而那些图片、音乐等非文本信息，仍存储于原网页。当原网页进行了修改、删除或者屏蔽后，

百度搜索引擎会根据技术安排自动修改、删除或者屏蔽相应的网页快照。

③ 相关搜索：搜索结果不佳，有时候是因为选择的查询词不是很妥当。这时可以通过参考别人是如何搜索的来获得一些启发。百度的“相关搜索”，就是和用户的搜索很相似的一系列查询词。百度相关搜索排布在搜索结果页的下方，按搜索热门度排序。如图 6-40 所示是“糖醋排骨”的相关搜索。单击这些词，可以直接获得它们的搜索结果。

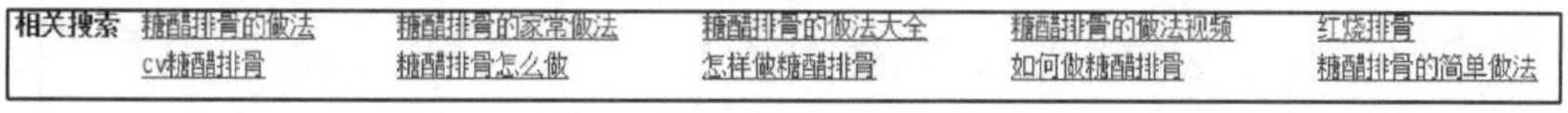

相关搜索	糖醋排骨的做法	糖醋排骨的家常做法	糖醋排骨的做法大全	糖醋排骨的做法视频	红烧排骨
	cv糖醋排骨	糖醋排骨怎么做	怎样做糖醋排骨	如何做糖醋排骨	糖醋排骨的简单做法

图 6-40 相关搜索

④ 英汉互译词典：百度网页搜索内嵌英汉互译词典功能。如果想查询英文单词或词组的解释，用户可以在搜索框中输入想查询的“英文单词或词组”+“是什么意思”，搜索结果第一条就是英汉词典的解释，如 received 是什么意思；如果想查询某个汉字或词语的英文翻译，可以在搜索框中输入想查询的“汉字或词语”+“的英语”，搜索结果第一条就是汉英词典的解释，如龙的英语。另外，也可以通过单击搜索框右上方的“词典”超链接，到百度词典中查看想要的词典解释。

⑤ 专业文档搜索：很多有价值的资料，在互联网上并非是普通的网页，而是以 Word、PowerPoint、PDF 等格式存在。百度支持对 Office 文档（包括 Word、Excel、PowerPoint）、Adobe PDF 文档、RTF 文档进行全文搜索。要搜索这类文档，只需在普通的查询词后面，增加一个“Filetype:”文档类型限定。“Filetype:”后可以跟 DOC、XLS、PPT、PDF、RTF、ALL 等文件格式。其中，ALL 表示搜索所有这些文件类型。例如，查找张五常关于交易费用方面的经济学论文。在百度主页的检索栏内输入关键字串“交易费用 张五常 filetype:doc”搜索后，单击结果标题，直接下载该文档，也可以单击标题后的“HTML 版”超链接快速查看该文档的网页格式内容。用户也可以通过百度文档搜索界面（http://file.baidu.com/），直接使用百度专业文档搜索功能进行搜索。

⑥ 股票、列车时刻表和飞机航班查询：在百度搜索框中输入股票代码、列车车次或者飞机航班号，就能直接获得相关信息。例如，输入深发展的股票代码“000001”，搜索结果上方将显示深发展的股票实时行情。当然也可以在百度常用搜索中，进行上述查询。

⑦ 高级搜索和个性设置：百度搜索的功能十分强大，如果在百度首页中单击页面右上角的“搜索设置”链接，在弹出的页面中单击“帮助中心”链接，即可进入如图 6-41 所示的“帮助中心”页面，了解更多的搜索方法和技巧，或进行各种特色搜索等。

2. 中文期刊检索工具——CNKI 数字图书馆

《中国知识资源总库》（简称《总库》）是具有完整知识体系和规范知识管理功能的、由大量知识信息资源构成的学习系统和知识挖掘系统。《总库》是一个大型动态知识库、知识服务平台和数字化学习平台。目前，《总库》拥有国内 8 200 多种期刊、700 多种报纸、600 多家博士培养单位的优秀博士、硕士学位论文、数百家出版社已出版的图书、全国各学会/协会的重要会议论文、百科全书、中小学多媒体教学软件、专利、年鉴、标准、科技成果、政府文件、互联网信息汇总，以及国内外上千个各类加盟数据库等知识资源。《总库》中数据库的种类不断增加，数据库中的内容每日更新，每日新增数据上万条。

图 6-41　百度搜索的“帮助中心”

在 CNKI 数字图书馆查找文献的操作步骤如下：

① 在 IE 浏览器地址栏中输入 http://www.cnki.net，打开“中国知网”首页，单击“资源总库”超链接，选择某一类型的搜索链接（如中国学术期刊网络出版总库），然后输入检索条件，如图 6-42 所示，单击“检索”按钮，搜索结果随即生成，如图 6-43 所示。

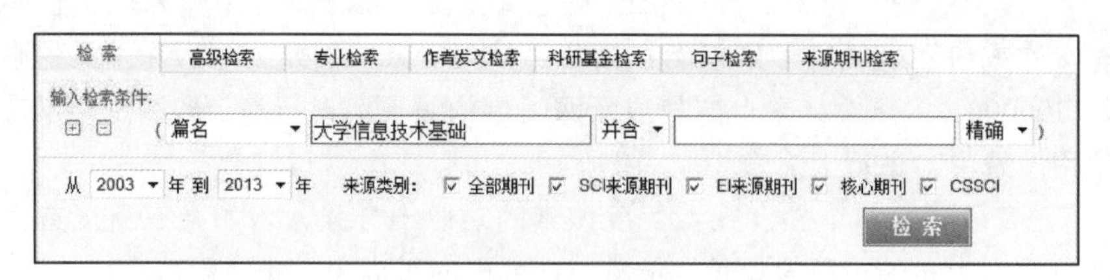

图 6-42　输入搜索条件

② 在搜索结果页面中，可以在“输入检索条件”文本框中重新输入关键词，并单击“结果中检索”超链接，对结果进行二次搜索。

③ 在结果列表中，单击文章标题，可以获得文章的基本信息及相关文献链接。

④ 如果搜索结果符合要求，单击结果列表前的图标，输入用户名和密码后，可下载文献到本机中。CAJ 文档格式需要下载 CAJViewer 阅读器浏览，PDF 文档格式需要下载 Adobe Reader 阅读器浏览。

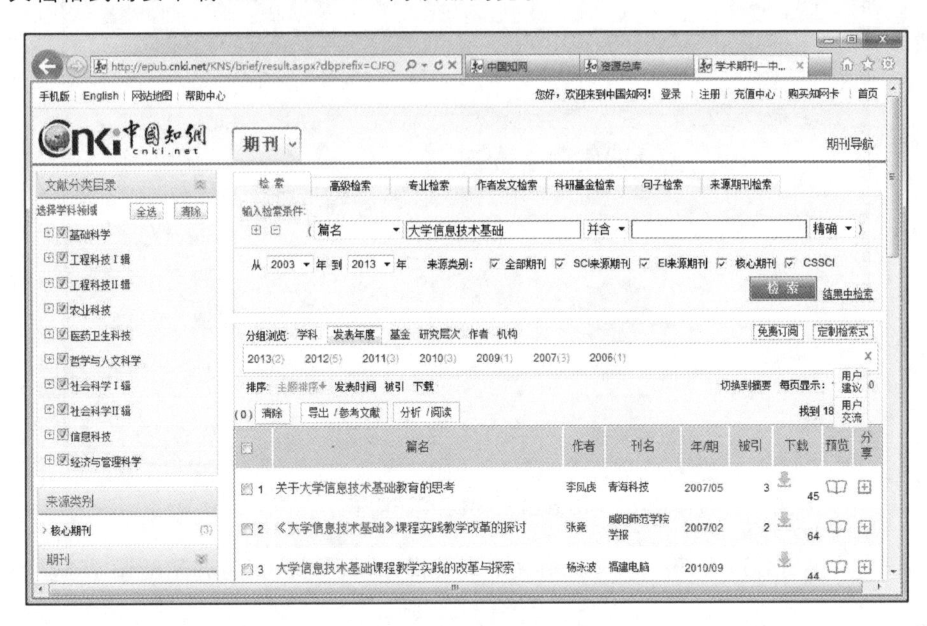

图 6-43 搜索结果

3. 图书信息检索工具——超星数字图书馆

超星数字图书馆（www.ssreader.com）是国家“863”计划中国数字图书馆示范工程，是由中国国家图书馆联合国内数十家地方图书馆和高校图书馆以及出版社共同组建的数字图书馆工程。超星数字图书馆开通于 1999 年，是全球最大的中文数字图书馆，向互联网用户提供数十万种中文电子书的阅读、下载和打印等服务。同时，还向所有用户、作者免费提供原创作品发布平台、读书社区、博客等服务。

超星数字图书馆的电子图书包括文学、经济、计算机等几十大类，其内容每天都在不断地增加与更新。数字图书馆中的图书不仅可以直接在线阅读，还可以下载（借阅）和打印。除了强大的检索功能与在线找书专家等功能可以帮助用户及时、准确地查找到要阅读的书籍外，它还提供有书签、交互式标注和全文检索等实用功能，并提供 24 小时在线服务，用户只要上网便可随时随地进入超星数字图书馆，不受地域和时间的限制。

在超星数字图书馆查找并阅读电子图书的操作步骤如下：

① 在其官方网站上下载超星浏览器，在计算机中安装该软件。

② 启动超星浏览器，输入用户名和密码，切换到“搜索”页面，如图 6-44 所示。在“搜索”文本框中输入图书信息，就可查找到相应的电子图书。

图 6-44　搜索电子图书

③ 找到合适书籍后，单击相关图书条目，单击书名即可开始阅读。

提示

目前很多院校与超星数字图书馆都有合作关系，任何一台接入校园网的计算机都可通过图书馆主页电子图书的超链接，登录到超星数字图书馆数据库检索、阅读或下载电子图书。

文件的下载与上传

6.4　文件的下载与上传

所谓“下载”就是从远程服务器中将需要的音频/视频文件、文字、图片或其他资料，通过网络远程传输的方式保存到用户的本地计算机中。而“上传”就是“下载”的逆过程。用户在熟悉了上网操作后，可以利用网络下载来获取自己需要的各种资源，也可以利用网络上传各种资源与别人分享。

6.4.1　常用的下载方式

通常，可以将下载方式分为 Web 下载和使用下载软件下载两种类型。

1. Web 下载

Web 下载方式分为 HTTP 与 FTP 两种类型，分别是 HyperText Transfer Protocol（超文本传输协议）与 File Transfer Protocol（文件传输协议）的缩写，是计算机之间交换数据的方式，也是两种最经典的下载方式。该下载方式的原理是用户使用两种协议规则和提供文件的服务器取得联系并将文件搬到自己的计算机中，从而实现下载功能。

（1）HTTP 方式

HTTP 是一种为了将位于全球各个地方的 Web 服务器中的内容发送给不特定多数用户而制定的协议。也就是说，可以把 HTTP 看作向不特定多数的用户“发放”文件的协议。对于这种方式，一般可以通过 IE 浏览器直接下载。

（2）FTP 方式

FTP 也是一种很常用的网络下载方式。FTP 方式具有限制下载人数、屏蔽指定 IP 地址、控制用户下载速度等优点，所以 FTP 更显示出易控性和操作灵活性，比较适合于大文件的传输，如影片、音乐等。

FTP 是为了在特定主机之间“传输”文件而开发的协议。因此，在 FTP 通信的起始阶段，必须运行通过用户 ID 和密码确认通信对方的认证程序。FTP 下载与 HTTP 下载的主要区别就在于此。在下载站点的 FTP 服务器中，如果用户是匿名（anonymous），那么任何人都可以进行访问，用户无须输入用户名和密码也可以进行访问。

2. 使用下载软件下载

常见下载软件有《迅雷》《电驴》等，最常使用的下载模式为 P2P 模式。

P2P（Point to Point，点对点下载）是一种对等互联网技术，是点对点的文件共享交换。该种下载方式与 Web 方式正好相反。该种模式不需要服务器，而是在用户机与用户机之间进行传播。也可以说，每台计算机都是服务器，是一种讲究“人人平等”的下载模式，每台计算机在自己下载其他用户机上文件的同时，还有提供被其他用户下载的作用，所以使用该下载方式的用户越多，其下载的速度就越快。

P2P 使得本地计算机可以直接连接到其他用户的计算机并交换文件，而不是像过去那样连接到服务器去浏览与下载。所以说，P2P 改变了互联网现在的以大网站为中心的状态，重返了“非中心化”，并把权利真正交还给了用户。

6.4.2 使用 HTTP 下载和上传文件

1. 使用 HTTP 下载文件

使用 HTTP 下载文件的操作方法比较简单，只需在网站的下载链接上直接单击文件，通常都会弹出如图 6-45 所示的“文件下载”对话框，在该对话框中单击“保存”按钮，就会打开如图 6-46 所示的“另存为”对话框，选择保存目录后直接单击“保存”按钮即可下载文件到本地计算机磁盘。

2. 使用 HTTP 上传文件

使用 HTTP 上传文件，用户可以把需要共享的文件上传到网上存储空间，然后把下载地址告诉好友，就可以实现文件的共享。

纳米盘以及 QQ 空间等为用户提供完全免费的网上存储空间，方便了广大用户共享资源。下面以 QQ 空间为例，演示文件共享的具体操作。

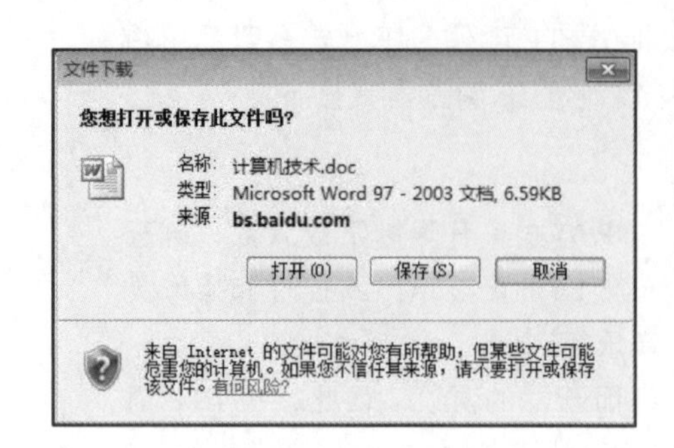

图 6-45 “文件下载”对话框

图 6-46 “另存为”对话框

① 进入 QQ 界面，单击“QQ 空间”按钮，如图 6-47 所示，进入 QQ 空间。

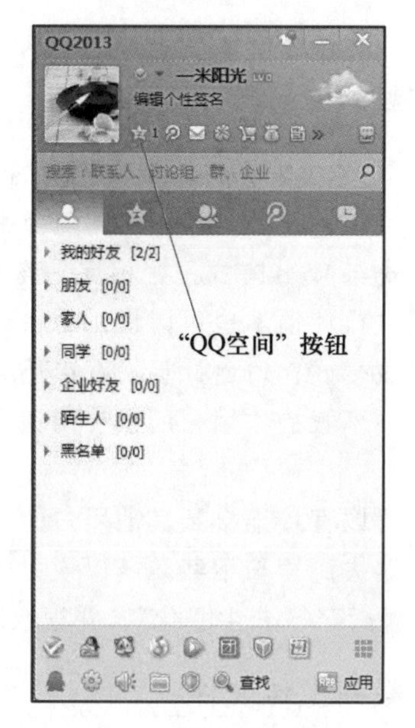

图 6-47 QQ 界面

② 单击“QQ 空间”界面的“相册”超链接，然后单击“上传照片”按钮，如图 6-48 所示，然后根据提示操作即可上传。

③ 文件上传完成后，用户可以把下载地址告诉好友访问该地址下载文件。

6.4.3 使用 FTP 上传和下载文件

1. 用浏览器访问 FTP 站点

使用 FTP 上传和下载文件首先要访问 FTP 服务器，其通常的使用方法是：打开浏览器，在地址栏上输入服务器地址（如 ftp://ftp.pku.edu.cn/），便可进入指定服务器的匿名 FTP 文件夹中。一旦登录到 FTP 服务器，用户就可以在该服务器不同层次的文件夹之间（允许访问范围内）查找文件。找到所需的文件后，选定文件右击，然后从弹出的快捷菜单中选择“复制到文件夹”命令，如图 6-49 所示。系统会弹出对话框提问保存的位置和文件名，用户回答后便可将服务器上的文件下载到本地机。

图 6-48　“上传照片”按钮

提示

FTP 站点的地址类似于 Web 地址，如果 www.puk.edu.cn 是一个 Web 地址（http://www.puk.edu.cn），则 ftp://ftp.pku.edu.cn 是一个 FTP 地址（ftp:// www.puk.edu.cn）。这一规则有助于用户查找有关的 FTP 地址。

上述操作与浏览网页非常相似，有时用户根本不会注意到正在进行的是 FTP 操作。由于操作直观方便，因此受到越来越多的用户的欢迎。许多 Web 站点都在自己的主页上加入下载文件的超链接。但采用浏览器访问，通常只可下载文件，不可上传文件。

2. 使用 FTP 软件传输文件

使用 IE 浏览器的方式访问 FTP 并不能支持自动文件续传功能。因此，对于大批量的文件上传和下载，通常使用 FTP 软件进行处理。这类软件打开后，其工作窗口会分成左、右窗格，就像 Windows 的资源管理器一样。左窗格为本地系统，即用户计算机磁盘上的文件和文件夹；右窗格为远程主机，即用户已经连接的 FTP 服务器下的文件和文件夹。当要下载文件时，先在左窗格中选定目标位置，再从右窗格中选定源对象（文件或文件夹），然后把原对象拖放到左窗格中。上传过程刚好相反，但上传内容到 FTP 服务器通常必须具有写的权限。

以下以 FlashFXP 软件为例，具体说明其使用方法。

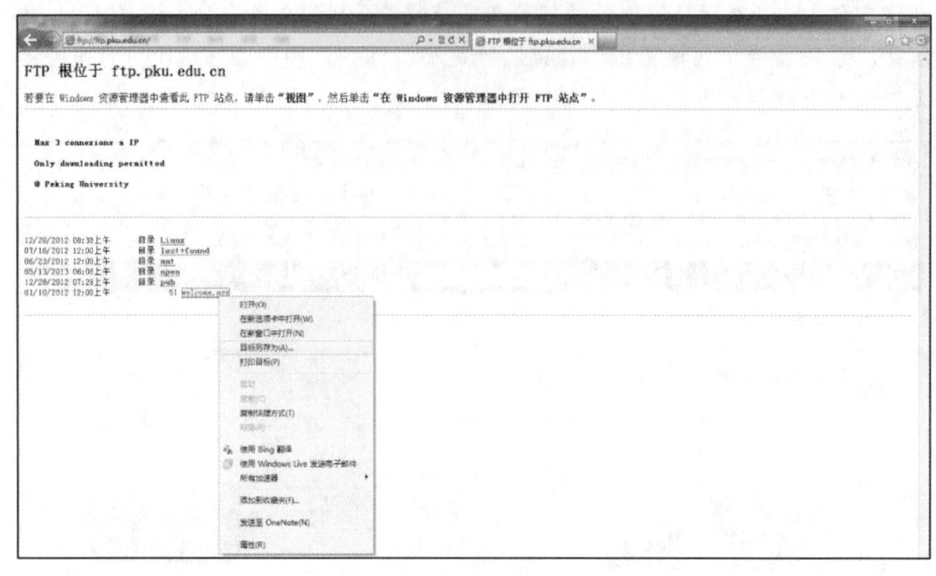

图 6-49　FTP 下载快捷菜单

FlashFXP 是一个功能强大的 FTP 软件，支持文件夹（带子文件夹）的文件传送、删除；支持文件上传、下载及第三方文件续传等功能。

提示

与 FlashFXP 具有相似功能的软件还有 CuteFTP、FTPRush 等，其操作方法与 FlashFXP 相似。

FlashFXP 启动后，界面如图 6-50 所示，具体操作方法如下。

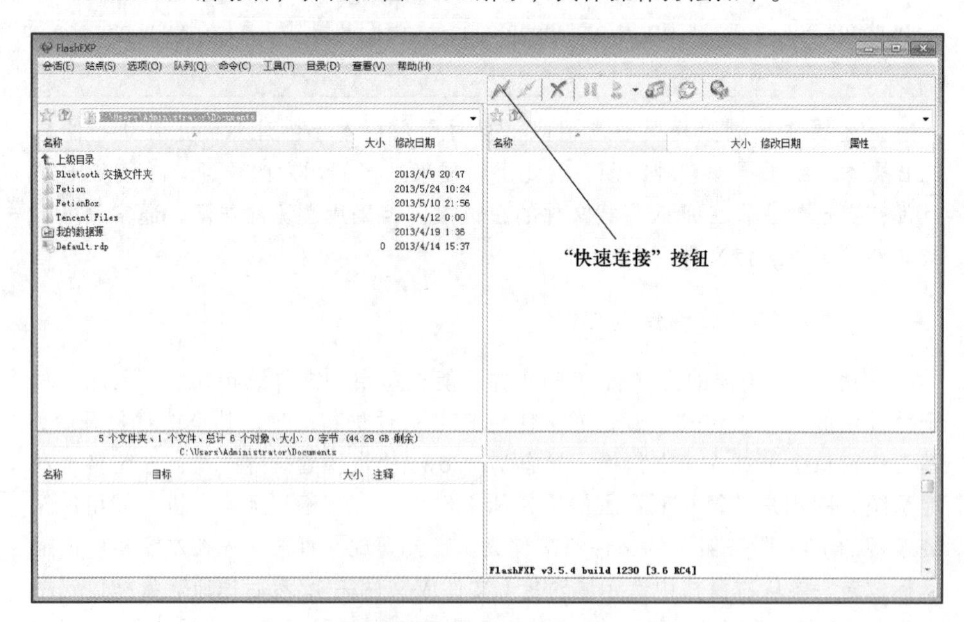

图 6-50　FlashFXP 界面

① 单击服务端窗口上的“快速连接”按钮，打开“快速连接”对话框，如图 6-51 所示。

② 在该对话框中，输入服务器的 IP 地址或域名以及服务器端口号，如不允许匿名访问，还要输入用户名和密码，单击“连接”按钮。

③ 连接成功后，服务器端窗口中将会显示 FTP 服务器上的文件及文件夹，如图 6-52 所示。

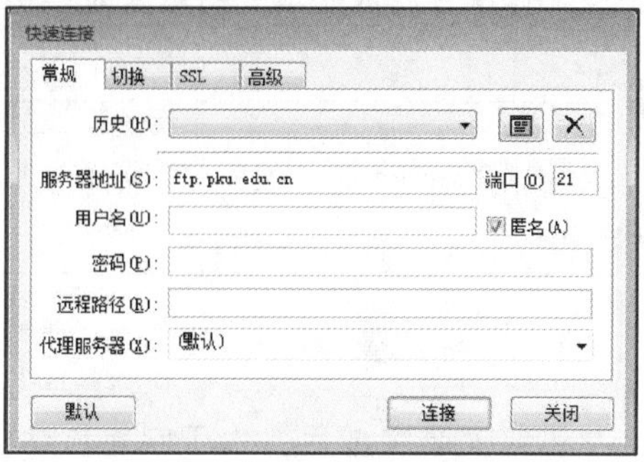

图 6-51 “快速连接”对话框

④ 如果要从服务器下载文件到本地，则首先在本地磁盘窗口（即左窗格）中打开需要保存下载文件的目录，然后用鼠标拖动需要下载的文件或文件夹到左下方传输列表区，选择“队列”→“传送队列”命令，即可从服务器下载文件。

⑤ 如果要从本地传输文件到服务器，那就把本地文件拖动到传输列表框中，然后在服务器端窗口中选择传输的目录，再选择“队列”→“传送队列”命令，就可以把文件传送到服务器中。

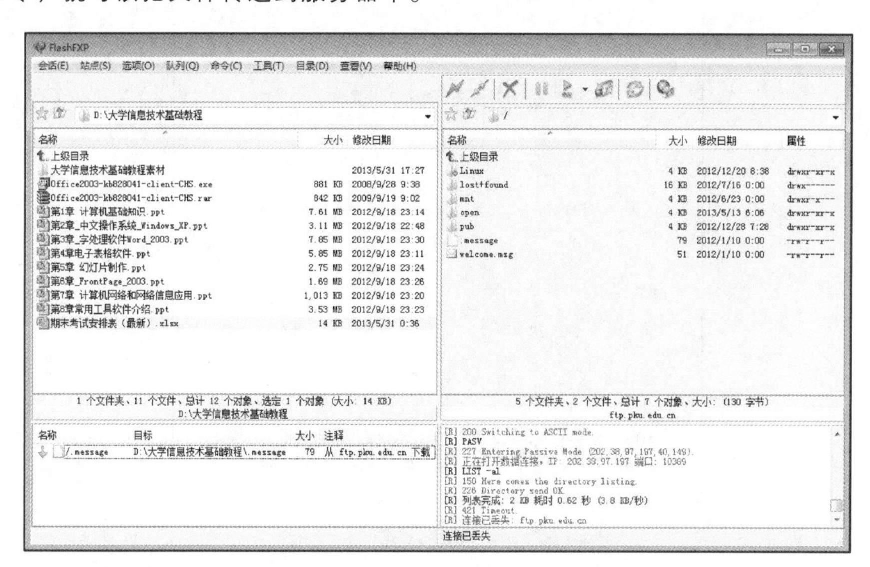

图 6-52 使用 FlashFXP 软件传输文件

6.4.4 使用迅雷下载

迅雷是目前较为流行的一款下载软件，迅雷使用的多资源超线程技术基于网格原理，能够将网络上存在的服务器和计算机资源进行有效地整合，构成独特的迅雷网络，通过迅雷网络，各种数据文件能够以很快的速度进行传输。多资源超线程技术还具有互联网下载负载均衡功能，在不降低用户体验的前提下，迅雷网络可以对服务器资源进行均衡，有效降低了服务器负载。同时，迅雷能兼容目前主流的下载方式。也就是说，只要用户安装了迅雷，计算机中的所有下载工作就可以放心地交给它来处理了。

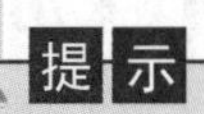

访问网址 http://dl.xunlei.com/，可以下载最新版本的迅雷软件，并按照默认设置在计算机中安装该软件。

1．启动迅雷

迅雷安装完成后，由于它能自动监测用户计算机中的所有下载行为，当用户需要下载时，它便会自动启动，并弹出提示下载的对话框。以下载 QQ 聊天工具为例，可先在 IE 浏览器中打开网页 http://im.qq.com/，进入下载超链接页面，单击“立即下载”超链接，即弹出如图 6-53 所示的“新建任务”对话框，在该对话框中指定下载存储目录后单击“立即下载”按钮即可开始下载。

图 6-53　“新建任务”对话框

2．管理下载文件

开始下载后，将启动如图 6-54 所示的迅雷主界面，待下载任务完成时，下载文件将自动转移到左侧的“已完成”目录中。

若想了解更加详细的迅雷使用帮助，可查看网址 http://help.xunlei.com/help.html。

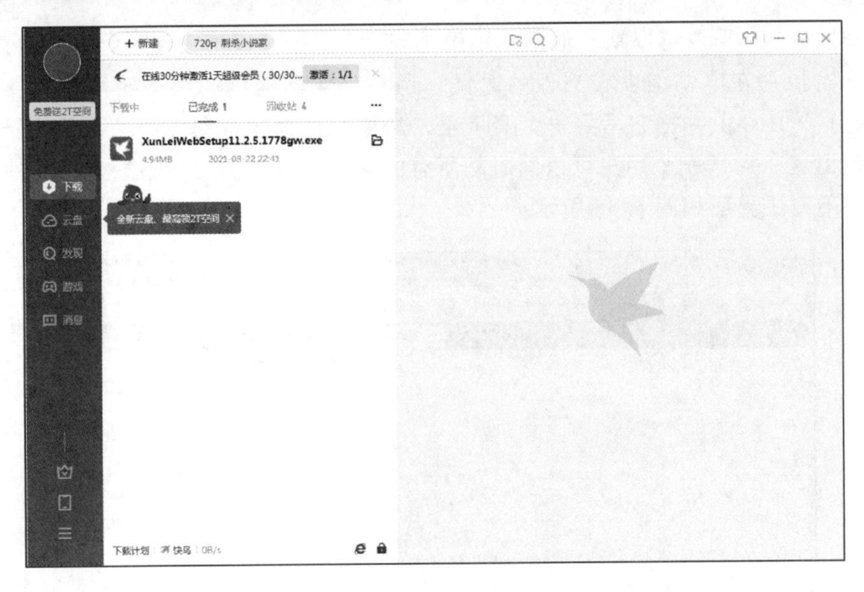

图 6-54　迅雷主界面

3．使用迅雷资源搜索引擎

迅雷不仅仅是一个下载工具，它还是一个强大的资源搜索引擎，能有针对性地查找软件、视频、音乐等资源。迅雷资源搜索引擎的访问地址为 http://www.gougou.com/。

6.4.5　使用 P2P 模式下载和发布文件

P2P 就是本地计算机可以直接连接到其他用户的计算机并交换文件，而不是像过去那样连接到服务器去浏览与下载，BT 和电驴是目前较流行的两款 P2P 软件。

1．BT 简介及资源发布站点

BT 是一种互联网上新兴的 P2P 传输协议，全称为 bittorren（比特流），现在已独立发展成一个有广大开发群体的开放式传输协议。

整个 BT 发布体系包括包含发布资源信息的 torrent 文件、作为 BT 客户软件中介者的 tracker 服务器、遍布各地的 BT 软件用户（通常称为 peer）。发布者只需使用 BT 软件为自己的发布资源制作 torrent 文件，将 torrent 提供给其他人下载，并保证自己的 BT 软件正常工作，就能轻松完成发布。下载者只要用 BT 软件打开 torrent 文件，软件就会根据在 torrent 文件中提供的数据分块、检验信息和 tracker 服务器地址等内容和其他运行着 BT 软件的计算机取得联系，并完成传输。

2．电驴简介及资源发布站点

电驴（eMule）是被称为“点对点”（P2P）的客户端软件，用来在 Internet

上交换数据。用户可以从其他用户那里得到文件，也可以把文件发给其他用户。

当用户在电驴上发布文件的时候，用户从实际连接的服务器得到文件的"身份"（hash）并把它写到一个清单里，如果文件被多个用户共享，服务器会意识到这一点，一个用户可以同时从所有的该文件拥有者那里下载这个文件，电驴下载主界面如图 6-55 所示。

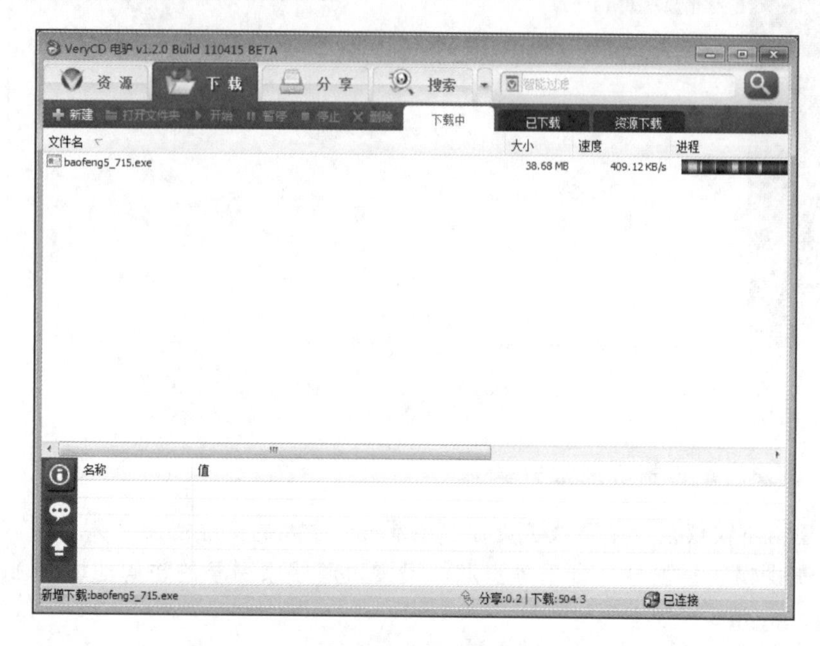

图 6-55　电驴下载主界面

提 示

使用 BT 和电驴下载方式，可以使用专门的对应下载软件，软件下载地址请查看资源发布站点中的链接。迅雷已经可以兼容这两种下载方式。同时，通过 P2P 资源网站不仅可以下载资源，还可以作为资源的提供者让别人分享自己的资源。

即时通信与网络交流

PPT

6.5　即时通信与网络交流

网络的最大功能之一是实现了"天涯若比邻"。目前，网络上最常用的交互方式包括电子邮件、即时通信、个人博客（空间）等。

6.5.1　电子邮件的使用

1. 电子邮件的基本概念

电子邮件（E-mail）是指发送者和指定的接收者使用计算机通信网络发送信息的一种非即时交互式的通信方式。它是 Internet 应用最广泛的服务之一。由于电子邮件具有使用简易、投递迅速、收费低廉、容易保存、全球畅通无阻等特点，因而被人们广泛使用。

电子邮件服务器是 Internet 邮件服务系统的核心。用户将邮件提交给邮件服务器，由该邮件服务器根据邮件中的目的地址，将其传送到对方的邮件服务器；另一方面它负责将其他邮件服务器发来的邮件，根据地址的不同将邮件转发到收件人各自的电子邮箱中。这一点和邮局的作用相似。

用户发送和接收电子邮件时，必须在一台邮件服务器中申请一个合法的账号，其中包括账号名和密码，以便在该台邮件服务器中拥有自己的电子邮箱，即一块磁盘空间，用来保存自己的邮件。每个用户的邮箱都具有一个全球唯一的电子邮件地址。

电子邮件地址由用户名和电子邮件服务器域名两部分组成，中间由“@”分隔，其格式为：用户名@电子邮件服务器域名。例如，电子邮件地址 eitcsenu@163.com 中，eitcsenu 指用户名；163.com 为电子邮件服务器域名。

2. 电子邮箱的申请

免费邮箱是大型门户网站常见的网络服务之一，网易、新浪、搜狐、QQ 等网站均提供免费邮箱申请服务。申请免费邮箱首先要考虑的是登录速度，作为个人通信应用，需要一个速度较快、邮箱空间较大且稳定的邮箱，其他需要考虑的功能还有邮件检索、POP3 接收、垃圾邮件过滤等。另外，还有一些可以与其他互联网服务同时使用的免费邮箱，如 Hotmail 免费邮箱可作为 MSN 的账号。在便于个人多重信息管理的同时，也减少了种类繁多的注册过程。

申请电子邮箱的过程一般分为三步：登录邮箱提供商的网页；填写相关资料；确认申请。下面以申请 163 的免费电子邮箱为例进行介绍，申请步骤如下。

① 打开 IE 浏览器，在地址栏中输入 http://email.163.com，打开 163 网易免费邮网页。单击“注册新账号”按钮，打开填写资料的网页，在其中按照提示输入合法的用户名、设置密码、验证码等。

② 按照网页上的提示填写好各项信息后，输入验证码，并选中“同意《服务条款》《隐私政策》和《儿童隐私政策》”复选框，单击“立即注册”按钮。

③ 当出现如图 6-56 所示的注册成功窗口时，即表明申请成功。可以继续获取手机验证服务，或直接跳过这一步，进入邮箱。

3. 电子邮箱的使用

有了自己的电子邮箱以后，就可以登录邮箱收发邮件了，下面继续以 163 的免费电子邮箱为例介绍其使用方法。

（1）登录邮箱

在浏览器地址栏中输入邮箱首页地址 http://email.163.com，打开 163 网易免费邮箱的登录窗口，在其中输入账号和密码，单击“登录”按钮，便可登录到如图 6-57 所示的邮箱界面。

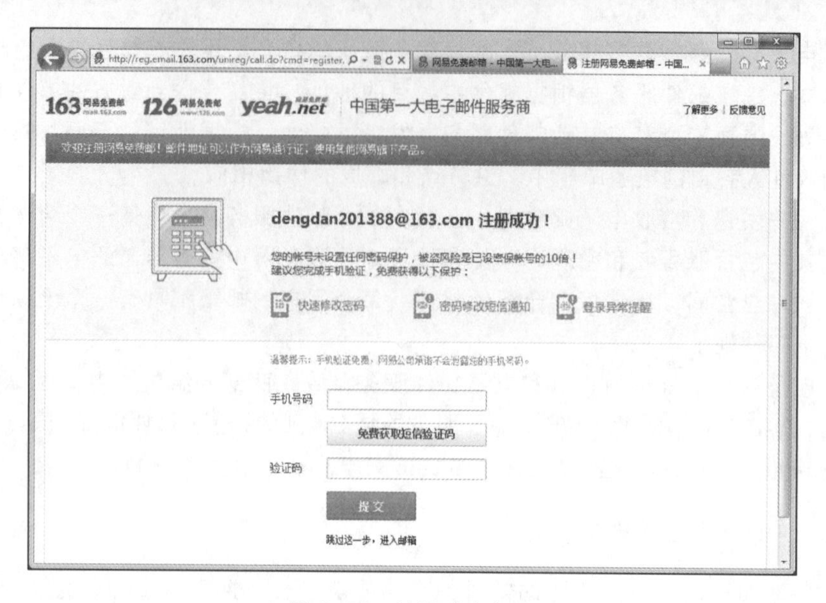

图 6-56　注册成功窗口

图 6-57　邮箱界面

提示

虽然电子邮件提供商很多，但基本上其 Web 界面的邮箱结构是一致的。接收、发送电子邮件的操作也基本一致。

（2）邮件的接收

登录邮箱主界面后，可以在“收件箱”文件夹旁边看到未读的邮件个数。单击“收件箱”超链接可查看邮件以及所收到邮件的发件人、主题等信息。单击邮件的主题，可以打开邮件查看详细内容。

(3)邮件的发送

单击功能区中的“写信”按钮，打开“写信”界面，在其中填写好收件人邮箱、邮件主题，以及邮件内容后，如果需要，还可以添加附件。单击“发送”按钮，便可把邮件发送到指定的地址。

如果要发送给多个人，可在收件人文本框中，使用“;”(英文状态)隔开每个邮箱地址，这样邮件就可以同时发送给多人。

(4)管理电子邮箱

邮箱开始启用后，收到的邮件会日益增多，对已经阅读过的邮件需要作相应的处理。常用的处理包括分类管理邮件和管理通讯录等。

① 分类管理电子邮件。

单击文件夹切换区中的按钮，界面将切换至文件夹管理界面。用户可以根据需要新建文件夹对邮件进行分类管理，文件夹建立完毕后，在“收件箱”界面中，用户就可以打开邮件再单击界面上方或下方的“移动到”下拉列表选择文件夹把邮件移动到相应的文件夹中。

② 管理通讯录。

将发件人的邮件地址收藏到自己邮件的通讯录中，不仅可以免除记录其邮件地址的麻烦，还方便调用，只要登录邮箱后查找通讯录即可。单击左侧功能区中的“通讯录”标签，界面将切换到通讯录管理界面，如图 6-58 所示，在其中可以对联系人进行分组、编辑联系人信息等操作。

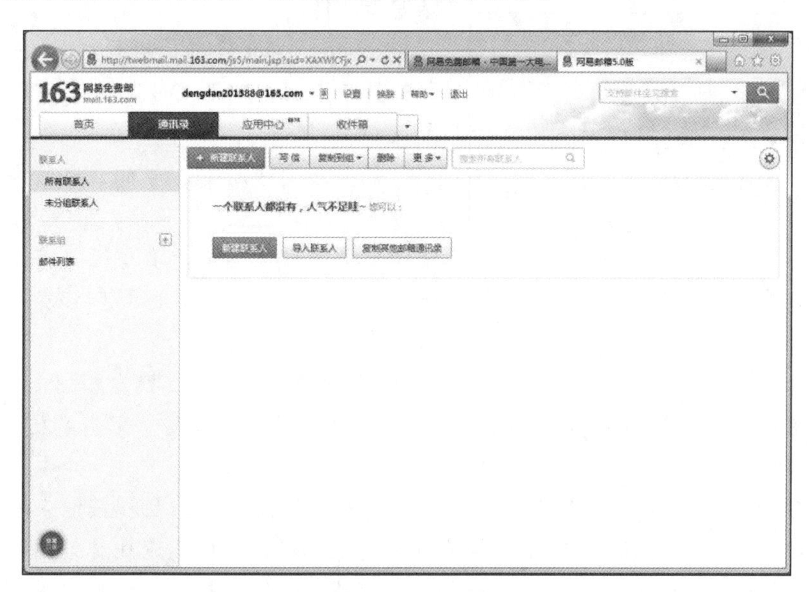

图 6-58　邮箱界面

4. 使用客户端软件收发电子邮件

使用客户端软件收发的电子邮件都会保存在计算机的硬盘中，这样不需要通过浏览器也可以对邮件进行阅读和管理，如 Foxmail。首先需要从 Foxmail 官网将 Foxmail 邮件客户端软件包下载至本地，安装 Foxmail 到个人计算机上，选择安装好的“Foxmail”选项双击打开即可，正常打开 Foxmail 客户端登录入口后根据提示依次填入账号和密码。

6.5.2 即时通信软件

即时通信（Instant Messaging，IM）是一种使人们能在网上识别在线用户并与他们实时交换消息的技术。即时通信工作方式是当好友列表中的某人在登录上线后并试图通过你的计算机联系你时，IM 通信系统会发送一个提醒消息，然后双方就能建立一个聊天会话进行交流。目前有多种 IM 通信服务，但没有统一的标准，所以 IM 通信用户之间进行对话时，必须使用相同的通信系统。目前，比较常用的网络即时通信方式有 QQ、MSN 等。

1. 腾讯 QQ

腾讯 QQ 是一款基于 Internet 的即时通信（IM）软件。腾讯 QQ 支持在线聊天、视频电话、点对点断点续传文件、共享文件、网络硬盘、自定义面板、QQ 邮箱等多种功能，并可与移动通信终端等多种通信工具相连。

（1）QQ 的申请与使用

① 访问 http://im.qq.com/index.shtml，下载 QQ 软件并根据安装向导的提示安装软件。

图 6-59 登录界面

② 运行 QQ 软件，打开如图 6-59 所示的登录界面，输入 QQ 账号和密码即可登录 QQ。

如果还没注册 QQ 号码，在登录界面中单击“注册账号”超链接，在弹出的 QQ 注册界面中，根据提示填写相关信息，单击“立即注册”按钮，即可申请免费 QQ 号码（账号）。

③ 登录后，QQ 主界面如图 6-60 所示，双击好友头像，在如图 6-61 所示的聊天窗口中输入消息，单击“发送”按钮，即可向好友发送即时消息。

④ 添加好友：新号码首次登录时，好友名单是空的，要和其他人联系，首先要添加好友。QQ 提供了多种方式来查找好友，如精确查找、条件查找、朋友网查找，单击 QQ 主界面右下角的“查找”按钮，打开“查找联系人”窗口，如图 6-62 所示。

- 精确查找：需要用户输入对方的 QQ 号码、辅助账号或昵称。
- 按条件查找：可输入查找条件查找符合特定条件的好友，适合与陌生人成为好友。

图 6-60 QQ 主界面

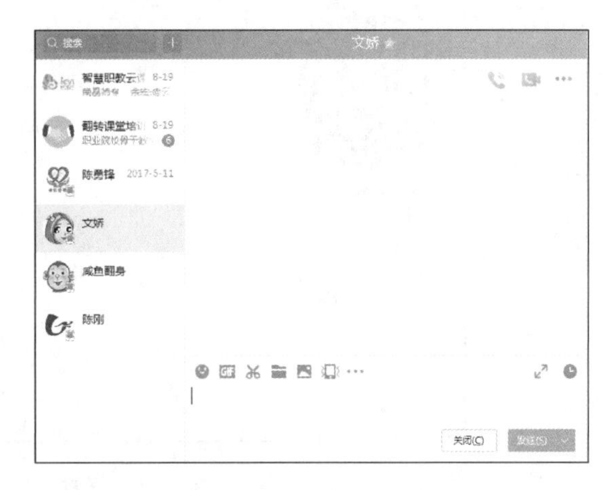

图 6-61 聊天窗口

图 6-62 QQ 查找窗口

● 朋友网查找：可按姓名、所在省份、所在城市、性别等条件中的一个或多个查找朋友网中的好友。

⑤ 选择合适的查找方式后，单击“查找”按钮，可以在查找联系人窗口中看到符合条件的联系人。

⑥ 选择想与之成为好友的 QQ 用户，单击“加为好友”按钮，打开“添加好友”窗口。在其中输入验证信息后，单击“下一步”按钮，根据提示在如

图 6-63 所示“添加好友”窗口的“备注姓名”文本框中输入对方的真实姓名或其他易记的名字，在“分组”下拉列表中选择某一分类，根据好友的类型将其加入不同的分组，然后单击“下一步”按钮，等待对方回复，如果对方同意成为好友，该好友便添加成功。

图 6-63 “添加好友”窗口

⑦ QQ 个人属性设置：单击 QQ 主界面左上角的头像，在弹出的个人资料窗口中，单击“更换头像”按钮可以更换头像，单击“编辑资料”按钮，可设置个性签名、昵称等个人信息和资料，如图 6-64 所示；单击“权限设置”超链接，打开系统设置窗口，可以实现基本设置、安全设置和权限设置。在“权限设置”对话框中可对个人资料、空间权限、圈子权限等多项权限的设置。

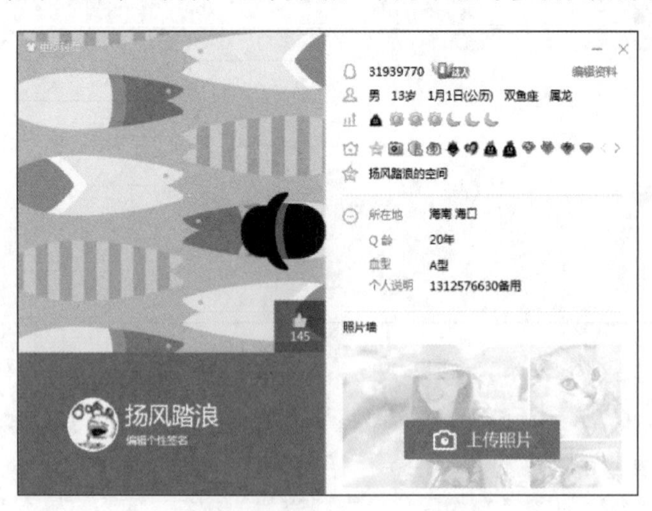

图 6-64 “我的资料”窗口

⑧ 分组管理：随着 QQ 好友的日渐增多，需要对好友实施管理策略。系统默认的分组包括“我的好友”“朋友”“陌生人”和“黑名单”等。通常“我的

好友”人数很多，可以考虑增加分组，对好友进行分组管理。其操作方法是在QQ 主界面右击，在弹出的快捷菜单中选择“添加分组”命令，此时 QQ 主界面添加了一个新的分组，输入分组的名称“新分组”，按 Enter 键确认。右击好友头像，在弹出的快捷菜单中选择“移动联系人至”级联菜单中的目标分组，单击即可把联系人移到目标分组。

⑨ 删除好友：如果要删除好友，在 QQ 主界面右击该好友头像，从弹出的快捷菜单中选择“删除好友”命令，打开“删除好友”对话框，单击“确定”按钮，即可完成对好友的删除。

（2）利用 QQ 进行语音、视频聊天

要实现语音、视频聊天，需要通信双方的计算机配备相关设备，如麦克风、摄像头、耳机等，其操作步骤如下：

① 在 QQ 主界面双击好友头像打开聊天窗口，在工具栏中单击“开始视频会话”按钮，请求视频聊天，如图 6-65 所示。

图 6-65 请求视频聊天

② 发出“开始视频会话”命令后，窗口如图 6-66 所示，进入等待对方响应状态。被邀方窗口如图 6-67 所示，如果单击“接受”按钮，通信双方开始建立 UDP 连接。

③ 双方建立通信后，视频聊天接通，通信双方即可以开始“面对面”聊天。

④ 如果只想进行音频聊天，在聊天窗口工具栏中，单击“开始语音会话”下拉按钮，发出语音请求，等待对方响应，如图 6-68 所示。如果是对方呼叫，则 QQ 弹出如图 6-69 所示的请求界面，可以接受或拒绝对方的语音聊天请求。

⑤ 如果同意被请求方语音聊天，单击“接受”按钮，双方建立语音连接，

如图 6-70 所示。

图 6-66 QQ 视频聊天等待窗口

图 6-67 QQ 视频邀请窗口

图 6-68 语音聊天主叫等候界面

图 6-69 语音聊天被叫等候界面

图 6-70 语音聊天对话框

（3）利用 QQ 进行文件传输

① QQ 提供了多种方式来传输文件：发送文件/文件夹、发送离线文件、发送微云文件。在聊天窗口工具栏中，单击“发送文件”下拉按钮，选择“发送文件”命令，如图 6-71 所示。

② 在弹出的“选择文件/文件夹”对话框中，选择需要传送的文件，单击“发送”按钮，等待好友选择接收文件。此时，文件接收方聊天窗口如图 6-72 所示，好友可以选择“接收”“另存为”“存到微云”或者“拒绝”该文件的传输。

当好友单击“接收”超链接同意接收文件后，文件即开始通过 QQ 进行传输，传输过程中好友的 QQ 界面如图 6-73 所示。

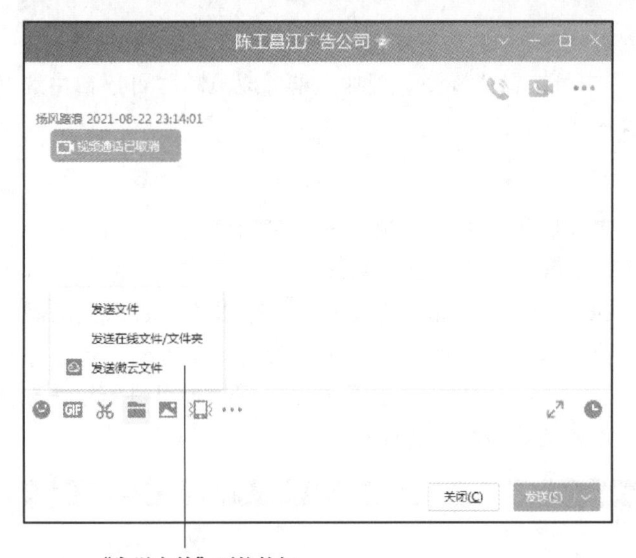

图 6-71 传送文件

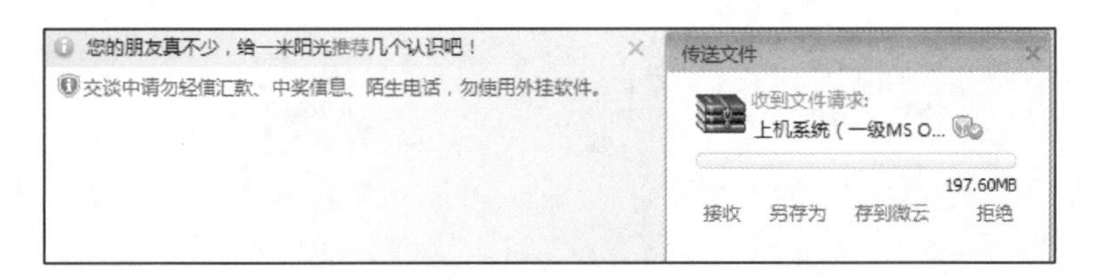

图 6-72 文件传送接收端

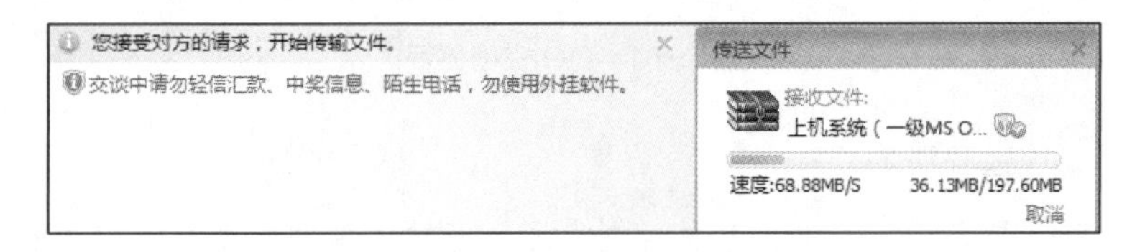

图 6-73 文件传送过程好友的 QQ 界面

提示

除了传输文件外，如果好友不在线，还可以通过发送 QQ 邮件，把文件发送到好友的 QQ 邮箱。

（4）利用 QQ 群进行多人互动

QQ 群功能的实现，改变了网络的生活方式，使用户可以在一个拥有密切关系的群内，共同体验网络带来的精彩。QQ 群打破了传统 QQ 用户一对一的交流模式，实现了多人讨论、聊天的群体交流模式。还可以通过登录 QQ 校友录，创建一个校友录，再将其转换为 QQ 中的一个群。群中的成员分创建者、管理者和普通成员 3 种，前两者有添加成员和删除成员的权限，创建者除了上述权限外，还有设置管理者的权限。

加入 QQ 群和添加好友类似，通过查找群、提交加入请求，管理员同意请求后即可加入群。被动加入是由管理员将成员加入群，系统同时向成员发送“接受选择信息”，成员选择“接受”可加入群。成员随时可以自由选择退出群，群管理员也可以将成员删除。

（5）QQ 空间

QQ 除了实现聊天之外，还提供一个撰写博文的地方——QQ 空间。开通 QQ 空间可以写日志、分享相册、音乐。让朋友分享你的欢乐。首先在 QQ 主界面，单击“QQ 空间”按钮，进入 QQ 空间首页，进入空间后，将会有以下选项卡，如主页、日志、相册、留言板、说说、个人档、音乐、时光轴等，如图 6-74 所示，其中日志可供个人撰写日志，好友们可进行留言交流等；相册则提供了上传图片和查看图片的功能。

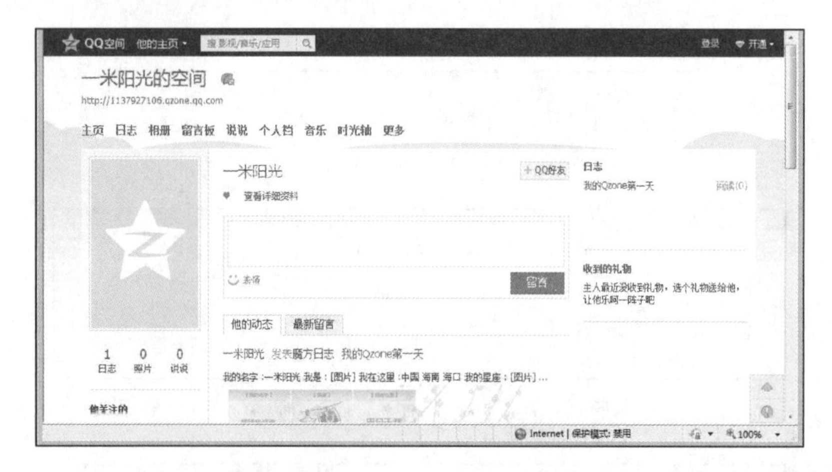

图 6-74　QQ 空间界面

（6）QQ 远程协助

QQ 除了具备以上介绍的功能之外，还新开发了其他许多方便实用的功能，QQ 的远程协助就是其中一项。通过远程协作，用户可以远程控制好友的计算机。

① 要与 QQ 好友使用远程协助功能，可首先打开与好友聊天的窗口，选择“远程桌面”按钮，如图 6-75 所示。单击“邀请对方远程协助”按钮，提出“远程协助”申请后，申请方的界面如图 6-76 所示，申请方可随时单击“取消”按钮取消远程协助申请。

② 提出“邀请对方远程协助”申请的同时，接收方的窗口如图 6-77 所示，接收方只需在自己的聊天窗口中单击“接受”按钮，接收方就会出现申请协助方的桌面了，并且是实时刷新的，这时申请方的每一步动作都尽收眼底，不过现在还不能直接控制申请方的计算机。

③ 接收方单击“接受”按钮后，申请方的 QQ 界面如图 6-78 所示，如果申请方想中断“邀请对方远程协助”，则在自己的聊天界面单击“断开”按钮即可。如果接收方想控制申请方的计算机，可向申请方提出申请，此时，申请方

弹出“控制申请”对话框，申请方在“控制申请”对话框单击“是”按钮，接收方即可控制申请方的计算机。申请方也可以在申请远程协助的同时选中“允许对方控制计算机”复选框，这样接收方无须申请即可直接控制申请方的计算机。

图 6-75 选择“远程桌面”

图 6-76 提出申请

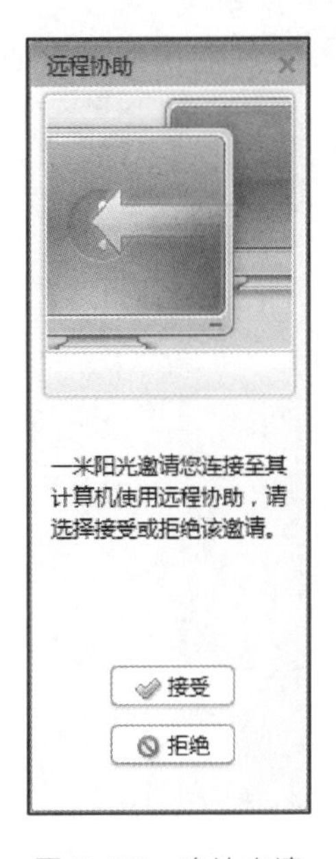

图 6-77 确认申请

图 6-78 申请方界面

需要注意的是：QQ 程序并没有在远程协助控制的时候锁住申请方的鼠标和键盘，所以双方要协商好，以免造成冲突。

④ 受控过程中，如果申请方想中断受控，则在自己的聊天界面单击“断开”按钮即可。

2. Windows Live Messenger

Windows live messenger（MSN）是微软公司提供的免费即时通信软件，其功能与QQ相似。MSN可以通过文本、语音、视频等方式实时和对方聊天，也可以传送文件，撰写自己的MSN空间。

MSN的使用无须申请账号，可以使用自己任意的一个电子邮箱账号在MSN窗口中单击“获取新的账户”超链接，注册passport便可登录。

6.5.3 网上讨论区——BBS

BBS（Bulletin Board System，电子公告板）是Internet上最知名的服务之一，它开辟了一块“公共空间”供所有用户读取和讨论其中的信息。BBS通常会提供一些多人实时交谈、游戏服务、公布最新消息甚至提供各类免费软件。各个BBS站点涉及的主题和专业范围各有侧重，用户可根据自己的需要选择站点进入BBS，参与讨论、发表意见、征询建议、结识朋友。“论坛”“网上社区”是BBS发展到今天的别称。

BBS起源于20世纪80年代初，最早的BBS只提供消息投递和阅读功能，用户通常是计算机爱好者。随后，系统允许用户分享软件、文件，进行实时网络对话、信件传输等。目前，通过BBS可随时取得各种最新的信息，也可以通过BBS系统来和别人讨论计算机软件、硬件、多媒体、程序设计，以及生物学、医学等各种有趣的话题，还可以利用BBS来发布一些“招聘人才”及“求职应聘”等启事。

第 7 章　新一代信息产业技术

本章要点

- 大数据技术的基本知识及应用。
- 人工智能的基本知识及应用。
- 区块链的基本知识及应用。

当今时代，信息技术的发展方向主要有信息安全、项目管理、机器人流程自动化、程序设计基础、大数据、人工智能、云计算、现代通信技术、物联网、数字媒体、虚拟现实、区块链等新技术，了解这些技术将为职业能力的发展奠定坚实的基础。

本章简单介绍大数据、人工智能、区块链 3 种新兴信息技术。

大数据

7.1 大数据

7.1.1 大数据简介

对于“大数据”（Big Data），研究机构 Gartner 给出了这样的定义：“大数据”是需要新处理模式才能具有更强的决策力、洞察力和流程优化能力来适应海量、高增长率和多样化的信息资产。

由于规模大到在获取、存储、管理、分析方面大大超出了传统数据库软件工具能力范围，所以大数据技术具有海量的数据规模、快速的数据流转、多样的数据类型和价值密度低四大特征。大数据技术掌握庞大的数据信息，这些数据需要进行专业化处理，也就是数据的“加工能力”，通过“加工”实现数据的“增值”。

大数据与云计算密不可分。大数据必然无法用单台的计算机进行处理大量非结构化数据和半结构化数据，必须采用分布式架构，将数十台、数百台甚至数千台的计算机通过框架结构分配工作。大数据必须依托云计算的分布式处理、分布式数据库和云存储、虚拟化技术。

大数据技术，包括大规模并行处理（MPP）数据库、数据挖掘、分布式文件系统、分布式数据库、云计算平台、互联网和可扩展的存储系统。

7.1.2 大数据的结构

大数据包括结构化、半结构化和非结构化数据，而且非结构化数据越来越成为数据的主要部分。有调查报告显示：企业中 80%的数据都是非结构化数据，这些数据每年都按 60%增长。在以云计算为代表的技术下，这些原本看起来很难收集和使用的数据被利用起来了，通过各行各业的不断创新，大数据会逐步为人类创造更多的价值。

想要系统地认知大数据，必须全面而细致地分解它，着手从以下 3 个维度来展开：

第一个维度是理论。理论是认知的必经途径，也是被广泛认同和传播的基线。这里从大数据的特征定义理解行业对大数据的整体描绘和定性；从对大数据价值的探讨来深入解析大数据的珍贵所在；洞悉大数据的发展趋势；从大数据隐私这个特别而重要的视角审视人和数据之间的长久博弈。

第二个维度是技术。技术是大数据价值体现的手段和前进的基石。这里分别从云计算、分布式处理技术、存储技术和感知技术的发展来说明大数据从采集、处理、存储到形成结果的整个过程。

第三个维度是实践。实践是大数据的最终价值体现。这里分别从互联网的大数据，政府的大数据，企业的大数据和个人的大数据 4 个方面来描绘大数据已经展现的美好景象及即将实现的蓝图。

大数据技术的结构如图 7-1 所示。

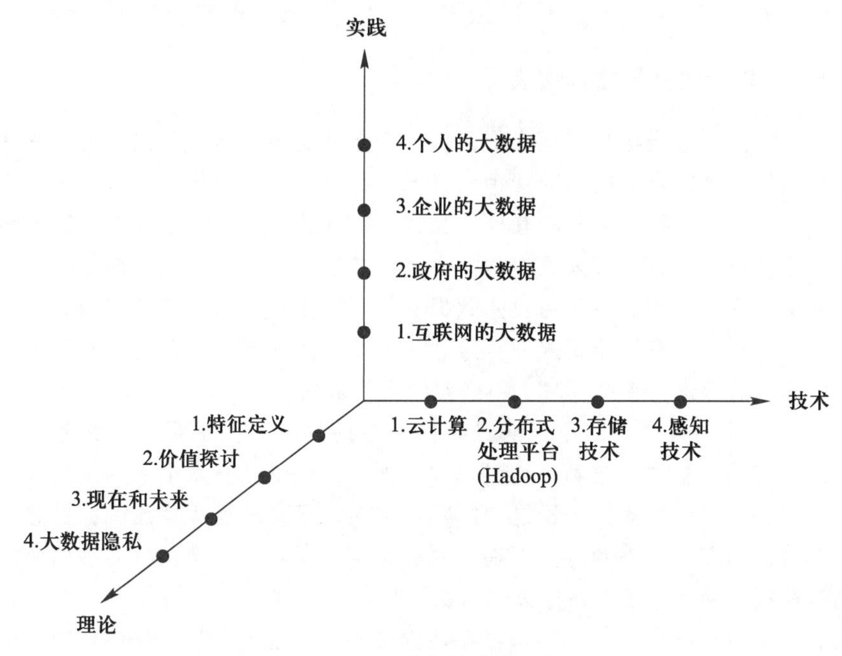

图 7-1 大数据技术的结构

7.1.3 大数据的应用

大数据计算技术完美地解决了移动互联网、物联网产生了海量数据的收集、存储、计算、分析的问题。大数据的应用范围越来越广，涉及生活的许多方面，以下是一些大数据应用案例。

1. 医疗大数据使看病更高效

除了较早就开始利用大数据的互联网公司，医疗行业是让大数据分析最先发扬光大的传统行业之一。医疗行业拥有大量的病例、病理报告、治愈方案、药物报告等。如果这些数据可以被整理和应用将会极大地帮助医生和病人。人们面对的数目及种类众多的病菌、病毒以及肿瘤细胞，其都处于不断进化的过程中。在发现诊断疾病时，疾病的确诊和治疗方案的确定是最困难的。

在未来，借助于大数据平台，人们可以收集不同病例和治疗方案以及病人的基本特征，可以建立针对疾病特点的数据库。如果未来基因技术发展成熟，可以根据病人的基因序列特点进行分类，建立医疗行业的病人分类数据库。在医生诊断病人时可以参考病人的疾病特征、化验报告和检测报告，参考疾病数据库来快速帮助病人确诊，明确定位疾病。在制定治疗方案时，医生可以依据病人的基因特点，调取相似基因、年龄、人种、身体情况相同的有效治疗方案，制定出适合病人的治疗方案，帮助更多人及时进行治疗。同时这些数据也有利于医药行业开发出更加有效的药物和医疗器械。

医疗行业的数据应用一直在进行，但是数据没有打通，都是孤岛数据，没有办法进行大规模应用。未来需要将这些数据统一收集起来，纳入统一的大数据平台，为人类健康造福。政府和医疗行业是推动这一趋势的重要动力。

2. 零售大数据最懂消费者

零售行业大数据应用有两个层面：一个层面是零售行业可以了解客户消费喜好和趋势，进行商品的精准营销，降低营销成本；另一层面是依据客户购买产品，为客户提供可能购买的其他产品，扩大销售额，也属于精准营销范畴。另外，零售行业可以通过大数据掌握未来消费趋势，有利于热销商品的进货管理和过季商品的处理。零售行业的数据对于产品生产厂家是非常宝贵的，零售商的数据信息将会有助于资源的有效利用，降低产能过剩，厂商依据零售商的信息按实际需求进行生产，减少不必要的生产浪费。

未来考验零售企业的不再只是零供关系的好坏，而是要看挖掘消费者需求，以及高效整合供应链满足其需求的能力，因此信息技术水平的高低成为获得竞争优势的关键要素。不论是国际零售巨头，还是本土零售品牌，要想顶住日渐微薄的利润率带来的压力，在这片红海中立于不败之地，就必须思考如何拥抱新科技，并为顾客带来更好的消费体验。

想象一下这样的场景：当顾客在地铁候车时，墙上有某一零售商的巨幅数字屏幕广告，可以自由浏览产品信息，对感兴趣的或需要购买的商品用手机扫描下单，约定在晚些时候送到家中。而在顾客浏览商品并最终选购商品后，商家已经了解顾客的喜好及个人详细信息，按要求配货并送达顾客家中。未来，甚至顾客都不需要有任何购买动作，商家就已利用顾客之前的购买行为产生的大数据，把顾客需要的商品送达其手上。例如，当用户的沐浴露剩下最后一滴时，用户中意的沐浴露就已送到用户的手上，而虽然顾客和商家从未谋面，但已如朋友般熟识。

3. 农牧大数据使产品量化生产

大数据在农业的应用主要是指依据未来商业需求的预测来进行农牧产品生产，降低菜贱伤农的概率。同时大数据的分析将会更精确地预测未来的天气，帮助农牧民做好自然灾害的预防工作。大数据同时也会帮助农民依据消费者的消费习惯决定增加哪些品种的种植，减少哪些品种农作物的生产，提高单位种植面积的产值，同时有助于快速销售农产品，完成资金回流。牧民可以通过大数据分析来安排放牧范围，有效利用牧场。渔民可以利用大数据安排休渔期、定位捕鱼范围等。

由于农产品不容易保存，因此合理种植和养殖农产品十分重要。如果没有规划好，容易产生菜贱伤农的悲剧。过去出现的猪肉过剩、卷心菜过剩、香蕉过剩的原因就是农牧业没有规划好。借助于大数据提供的消费趋势报告和消费习惯报告，政府将为农牧业生产提供合理引导，建议依据需求进行生产，避免产能过剩，造成不必要的资源和社会财富浪费。农业关乎国计民生，科学的规划将有助于社会整体效率提升。大数据技术可以帮助政府实现农业的精细化管理，实现科学决策。在数据驱动下，结合无人机技术，农民可以采集农产品生长、病虫害等信息。相对于过去雇用飞机，成本将大大降低，同时精度也将大大提高。

4. 教育大数据有助于因材施教

随着技术的发展，信息技术已在教育领域有了越来越广泛的应用。考试、课堂、师生互动、校园设备使用、家校关系……只要技术达到的地方，各个环节都被数据包裹。

在课堂上，数据不仅可以帮助改善教育教学，在重大教育决策制定和教育改革方面，大数据更有用武之地。大数据还可以帮助家长和教师甄别出孩子的学习差距和有效的学习方法。

在国内，尤其是北京、上海、广东等城市，大数据在教育领域已有了非常多的应用，如慕课、在线课程、翻转课堂等，其中就应用了大量的大数据工具。

毫无疑问，在不远的将来，无论是针对教育管理部门，还是校长、教师，以及学生和家长，都可以得到针对不同应用的个性化分析报告。通过大数据的分析来优化教育机制，也可以做出更科学的决策，这将带来潜在的教育革命。不久的将来，个性化学习终端将会更多地融入学习资源云平台，根据每个学生的不同兴趣爱好和特长，推送相关领域的前沿技术、资讯、资源乃至未来职业发展方向等，并贯穿每个人终身学习的全过程。

7.1.4 大数据的发展趋势

大数据的发展趋势主要体现在如下方面。

1. 数据的资源化

数据资源化是指大数据成为企业和社会关注的重要战略资源，并已成为大家争相抢夺的新焦点。因而，企业必须提前制订大数据营销战略计划，抢占市场先机。

2. 与云计算的深度结合

大数据离不开云处理，云处理为大数据提供了弹性可拓展的基础设备，是产生大数据的平台之一。自 2013 年开始，大数据技术已开始和云计算技术紧密结合，预计未来两者关系将更为密切。除此之外，物联网、移动互联网等新兴计算形态，也将一齐助力大数据革命，让大数据营销发挥出更大的影响力。

3. 科学理论的突破

随着大数据的快速发展，就像计算机和互联网一样，大数据很有可能是新一轮的技术革命。随之兴起的数据挖掘、机器学习和人工智能等相关技术，可能会改变数据世界里的很多算法和基础理论，实现科学技术上的突破。

4．数据科学和数据联盟的成立

未来，数据科学将成为一门专门的学科，被越来越多的人所认知。各大高校将设立专门的数据科学类专业，也会催生一批与之相关的新的就业岗位。与此同时，基于数据这个基础平台，也将建立起跨领域的数据共享平台，之后，数据共享将扩展到企业层面，并且成为未来产业的核心一环。

5．数据泄露泛滥

未来几年数据泄露事件会不断增多，除非数据在其源头就能够得到安全保障。在未来，每个企业都可能会面临数据攻击，无论是否已经做好安全防范。对于所有企业，无论规模大小，都需要重新审视今天的安全定义。企业需要从新的角度来确保自身以及客户的数据安全，所有数据在创建之初便需要获得安全保障，而并非在数据保存的最后一个环节，仅仅加强后者的安全措施已被证明于事无补。

6．数据管理成为核心竞争力

数据管理成为核心竞争力，直接影响财务表现。当“数据资产是企业核心资产”的概念深入人心之后，企业对于数据管理便有了更清晰的界定：将数据管理作为企业的核心竞争力，企业持续发展的战略性规划与运用的数据资产，企业数据管理的核心。数据资产管理效率与主营业务收入增长率、销售收入增长率显著正相关。此外，对于具有互联网思维的企业而言，数据资产的管理效果将直接影响企业的财务表现。

人工智能

7.2　人工智能

7.2.1　人工智能简介

人工智能（Artificial Intelligence，AI）作为计算机学科的一个分支，是 20 世纪 70 年代以来被称为世界三大尖端技术（空间技术、能源技术、人工智能）之一，也被认为是 21 世纪三大尖端技术（基因工程、纳米科学、人工智能）之一。随着计算机技术的发展，人工智能得到了进一步的应用。尽管目前人工智能在发展过程中还面临着很多困难和挑战，但人工智能已经创造出了许多智能“产品”，并将在越来越多的领域制造出更多的甚至超过人类智能的产品，为改善人类的生活做出更大贡献。

1．人工智能的定义

人类的自然智能伴随着人类活动无时不在、无处不在。人类的许多活动，如解题、下棋、猜谜、写作、编制计划和编程，甚至驾车、骑车等，都需要智能。如果机器能够完成这些任务的一部分，那么就可以认为机器已经具有某种程度的“人工智能”。

什么是人的智能？什么是人工智能？人的智能与人工智能有什么区别和联系？这些都是广大科技工作者十分感兴趣且值得深入探讨的问题。

众所周知，人类具有智能。因为人类能记忆事物，能有目的地进行一些活动，能通过学习获得知识，并能在后续的学习中不断地丰富知识，还有一定的能力运用这些知识去探索未知的东西，去发现、去创新。那么，智能的含义究竟是什么？如何刻画它呢？粗略地讲，智能是个体有目的的行为、合理的思维以及有效的适应环境的综合能力。也可以说，智能是个体认识客观事物和运用知识解决问题的能力。人工智能的出现不是偶然的。从思维基础上讲，它是人们长期以来探索研制能够进行计算、推理和其他思维活动的智能机器的必然结果；从理论基础上讲，它是信息论、控制论、系统工程论、计算机科学、心理学、神经学、认知科学、数学和哲学等多学科相互渗透的结果；从物质和技术基础上讲，它是电子计算机和电子技术得到广泛应用的结果。

人工智能，顾名思义，即用人工制造的方法，实现智能机器或在机器上实现智能。从学科的角度去认知，所谓人工智能是一门研究构造智能机器或实现机器智能的学科，是研究模拟、延伸和扩展人类智能的科学。从学科地位和发展水平来看，人工智能是当代科学技术的前沿学科。

2. 人工智能的发展

人工智能诞生以来走过了一条坎坷和曲折的发展道路。回顾历史，按照人工智能在不同时期的主要特征，可以将其产生和发展过程分为以下 6 个阶段。

（1）孕育期（1956 年之前）

孕育期指 1956 年以前。人工智能可以在顷刻间爆发，而孕育这个学科却需要经历一个相当漫长的历史过程。从古希腊伟大的哲学家亚里士多德（Aristotle，前 384—前 322）创立的演绎法，到德国数学和哲学家莱布尼茨（G. W. Leibnitz，1646—1716）奠定的数理逻辑的基础；再到 1936 年艾伦·图灵（Alan Turing）提出“图灵测试”，再到 1946 年美国数学家、电子数字计算机的先驱莫克利（J. W. Mauchly，1907—1980）等人研制成功世界上第一台通用电子计算机，这些都为人工智能的诞生奠定了重要的思想理论和物质技术基础。1950 年，图灵发表了题为《计算机能思维吗》的著名论文，明确提出了“机器能思维”的观点。

以上这一切都为人工智能学科的诞生在理论和实验工具方面所做出的巨大贡献。1956 年夏季，在美国达特茅斯（Dartmouth）大学举行了一个长达两个月的学术研讨会，在会上第一次正式使用人工智能这一术语，从而开创了人工智能这个研究学科。

（2）人工智能基础技术的形成时期（1956—1965 年）

1956—1965 年为 AI 基础技术的形成时期。1957 年，纽厄尔和西蒙等人的心理学小组研制了一个称为逻辑理论机（Logic Theory machine，LT）的数学定理证明程序。该程序可以模拟人类用数理逻辑证明定理时的思维规律，去证明如不定积分、三角函数、代数方程等数学问题。该程序是第一个处理符号而不是处理数字的计算机程序，是机器证明数学定理的最早尝试。

1956 年，另一项重大的开创性工作是塞缪尔研制成功了具有自学习、自组织和自适应能力的西洋跳棋程序。该程序可以从棋谱中学习，也可以在下棋过程中积累经验，提高棋艺。这是模拟人类学习和智能的一次突破，该程序于 1959 年击败了它的设计者，1963 年又击败了美国的一个州的跳棋冠军。

1960 年，纽厄尔和西蒙又研制成功“通用问题求解程序系统”，用来解决不定积分、三角函数、代数方程等十几种性质不同的问题。

1960 年，麦卡锡又研制成功表处理语言 LISP，它不仅能处理数据，而且可以很方便地处理符号，适用于符号微积分计算、数学定理证明、数理逻辑中的命题演算、博弈、图像识别以及人工智能研究等领域，是人工智能程序设计语言的里程碑，至今仍然是研究人工智能的良好工具。

（3）低潮发展期（1966—1976 年）

正当人们在为人工智能所取得的成就而高兴的时候，人工智能却遇到了许多困难，遭受了很大的挫折。20 世纪 60 年代，由于计算机计算能力的限制，人工智能一时无法在计算机上模仿人脑的思考，加上原来的期望与实际需求的差距过远，使得人工智能研究一时走入低谷。

然而，在困难和挫折面前，人工智能的先驱者们并没有退缩，他们在反思中认真总结了人工智能发展过程中的经验教训，从而开创了一条以知识为中心、面向应用开发的新的发展道路。

（4）新一轮高潮发展期（1977—1988 年）

正当人工智能发展遭受挫折，处于十分困难的紧要关头，斯坦福大学年轻的教授 E.A.Feigenbaum 结合多年的攻关成果，把特定的知识表示与处理加入到人工智能的研究中，于 1977 年在第五届国际人工智能大会上展示了专家系统和知识工程的研究成就，从而在世界上掀起了新一轮人工智能研究热潮。因此专家系统成为人工智能第一发展里程碑。

20 世纪 80 年代初，日本政府批准了第五代计算机 KIPS（知识信息处理系统）的十年研究计划，并投入巨资加以支持。这一举动最终虽然没有达到理想目标，但在世界上形成了人工智能发展的竞争热潮，有人称之为人工智能发展的第二个里程碑。

20 世纪 80 年代以来，人们从问题求解、逻辑推理与定理证明、自然语言理解、博弈、自动程序设计、专家系统、学习以及机器人学等多个角度展开了研究，并先后建立了一些具有不同程度人工智能的计算机系统。例如，能够求解微分方程，能设计分析集成电路，能合成人类自然语言，提供语音识别、手写体识别的多模式接口，控制太空飞行器和水下机器人的研究等。尤其应用于疾病诊断的专家系统，更加贴近了人们的生活。

（5）高潮迭起发展时期（1989—2000 年）

人们把人工神经元网络（ANN）誉为人工智能发展的第三个里程碑。从此，人工智能发展又进入了计算智能发展时期。

进入 20 世纪 90 年代以后，随着计算机和人工智能科学的蓬勃发展与进步，人机博弈游戏引起了人们的极大兴趣。直到 1997 年，超级计算机“深蓝”问世，并在国际象棋人机大战中击败世界国际象棋大师卡斯帕罗夫，第一次与人类智能博弈决战中摘取了世界国际象棋的桂冠。

这一时期，机器学习与计算智能、遗传算法及其进化计算、互联网智能（又称为 Web 智能），尤其机器人技术等，纷纷取得了进步与发展。

20 世纪 90 年代中期以来，日本的 Sony 公司、美国的 Tiger 电子公司和微软公司等分别推出了各种玩具机器人，更加贴近了人类的生活。例如，日本松下公司开发的“宠物机器人”可以用于帮助独身老人在发生紧急情况时同外界进行联系。

（6）21 世纪——人工智能发展的新时代（2001 年至今）

进入 21 世纪初，人工智能依赖的计算环境、计算资源和学习模型发生了巨大变化，云计算为人工智能提供了强大的计算环境，大数据为人工智能提供了丰富的数据资源，深度学习为人工智能提供了有效的学习模型。机器学习和深度学习在一个新的背景下异军突起，以机器学习和深度学习为引领是这一时期人工智能发展的一个主要特征。除了上述主要特征外，这一时期的人工智能发展还呈现出了明显的多样性，如国家战略需求、企业应用推动、类脑智能引导、群体智能支撑、数据知识融合、混合增强协调、跨媒体感知理解及跨媒体推理决策等。

2002 年，iRobot 公司打造出全球首款家用自动扫地机器人。2008 年，谷歌在 iPhone 上发布了一款语音识别应用，开启了后来数字化语音助手（Siri、Alexa、Cortana）的热潮。在 2010 年的上海世博会上，NAO 公司的 20 个跳舞机器人献上了一段长达 8 分钟的完美舞蹈。2014 年，聊天机器人开始试用。

7.2.2 人工智能的研究目标

人工智能的研究目标可以分为远期目标和近期目标。

人工智能的近期目标是研究如何使现有的计算机更聪明，即使它能够运用知识去处理问题，能够模拟人类的智能行为，如推理、思考、分析、决策、预测、 理解、规划、设计和学习等。

人工智能的远期目标是研究如何利用机器去模拟人的某些思维过程和智能行为，最终造出智能机器系统。使系统能代替人，去完成诸如感知、学习、联想、推理。让机器能够去理解并解决各种复杂困难的问题，代替人去巧妙地完成各种具有思维劳动的任务，成为人类最聪明最忠实的助手和朋友。

实际上，人工智能的远期目标与近期目标是相互依存的。远期目标为近期目标确立了方向，而近期目标为远期目标奠定了理论和技术基础。同时，近期目标和远期目标之间并无严格界限，近期目标将不断地调整和改变，最终达到实现远期目标。

7.2.3 人工智能的应用

1. 语音识别与自然语言处理

语音识别与自然语音处理是机器能够“听懂”用户语言的主要技术基础。其中语音是最注重对用户语言的感知，目前在中文语音识别方面，国内已经达到 97%的语音识别准确率。语音识别是机器感知用户的基础，在听到用户的指令之后，更重要的是如何让机器懂得指令的意义，这就需要自然语言处理将用户的语音转换为机器能够理解的机器指令。

语音识别技术已趋于成熟。语音识别的目标是将人类语音中的内容转换为机器可读的输入，用于构建机器的“听觉系统”。近年来，随着机器学习和深度神经网络的引入，语音识别的准确率已经提升到足以在实际场景中应用。语音识别作为一类重要的基础技术，应用十分广泛，并且已经有不少产品为人们所熟知，包括语音助手、语音拨号、语音导航、语音输入、语音搜索等，可应用于各类移动 App 应用和终端应用等对人机交互有较高要求的领域。

自然语言处理（Natural Language Processing）一直是人工智能的一个重要分支，主要研究如何采用人工智能的理论和技术将设定的自然语言机理用计算机程序表达出来，构造能理解自然语言的系统。实现人机间自然语言通信意味着要使机器既能理解自然语言文本的意义，也能以自然语言文本来表达给定的意图、思想等，主要包括自然语言理解、机器翻译及自然语言生成等。自然语言是人类进行信息交流的主要媒介，但由于它的多义性和不确定性，使得人类与计算机系统之间的交流还主要依靠那种受到严格限制的非自然语言。要真正实现人机之间的直接自然语言交流，还有待于自然语言处理研究的突破性进展。一般来说，自然语言处理系统至少需要达到如下三个目标之一：

① 机器能正确理解人用自然语言输入的信息，并能正确回答输入信息中的有关问题。

② 机器能对输入的信息进行概括综合，能产生相应的摘要，能用不同词语复述输入信息的内容。

③ 具有把一种语言转换成另一种语言的能力，即机器翻译功能。

在自然语言处理方面。尽管目前已取得了很大的进展，如机器翻译、自然语言生成等，但离计算机完全理解人类自然语言的目标还有一定距离。实际上，自然语言处理的研究不仅对智能人机接口有着重要的实际意义，还对不确定性人工智能的研究具有重大的理论价值。

2. 机器学习

人工智能、机器学习、深度学习是人们经常听到的 3 个热词。关于三者的关系，简单来说，机器学习是实现人工智能的一种方法，深度学习是实现机器学习的一种技术，如图 7-2 所示。机器学习使计算机能够自动解析数据、从中学习，然后对真实世界中的事件做出决策和预测；深度学习是利用一系列“深层次”的神经网络模型来解决更复杂问题的技术。

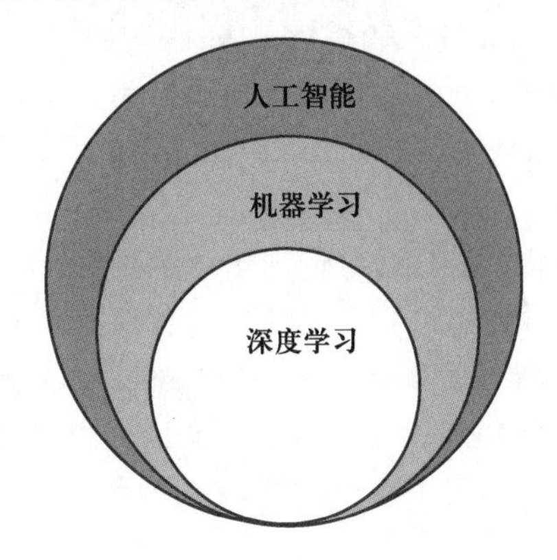

图 7-2 人工智能、机器学习和深度学习的包含关系

人工智能的核心是通过不断地进行机器学习，让自己变得更加智能。机器学习利用大量的数据来“训练”，通过各种算法从数据中学习如何完成任务，使用算法来解析数据、从中学习，然后对真实世界中的事件做出决策和预测。

深度学习是机器学习的重要分支，作为新一代的计算模式，深度学习力图通过分层组合多个非线性函数来模拟人类神经系统的工作过程，其技术的突破掀起了人工智能的新一轮发展浪潮。深度学习的人工神经网络算法与传统计算模式不同，本质上是多层次的人工神经网络算法，即模仿人脑的神经网络，从最基本的单元上模拟了人类大脑的运行机制，它能够从输入的大量数据中自发地总结出规律，再举一反三，应用到其他的场景中。因此，它不需要人为地提取所需解决问题的特征或者总结规律来进行编程。

3. 智能机器人

机器人（Robots）是一种可以自动执行人类指定工作的机器装置。智能机器人则指具有一定感知、学习、思维和行为能力的机器人。智能机器人能认知工作环境、工作对象机器状态，能根据人的指令和“自身”认识外界的结果来独立地决定工作方法，实现任务目标，并能适应工作环境的变化。更进一步，还有人把情感也作为智能机器人的一种重要能力。

智能机器人既是人工智能的一个重要研究对象和应用领域，也是人工智能研究的一个很好的试验场，几乎所有的人工智能技术都可以在机器人上实现和验证。智能机器人的类型可有多种分类方法，如工业机器人、农业机器人、医疗机器人、军用机器人、服务机器人等。

通常情况下，一个真正的智能机器人应该具有如下功能。

① 环境感知能力。环境感知能力是机器人感知外界环境的必要手段和重要途径，相对于人的感觉器官，智能机器人应具有对视觉、听觉、触觉等信息的感知能力。其实现方法通常是增加相应的传感装置，如摄像机、麦克风等。

② 自学习能力。学习能力应该是智能机器人的基本功能，能够将感知到的环境信息加工为知识，以作为机器人思维和环境自适应的基础。

③ 思维能力。思维能力是智能机器人智力的主要体现，主要包括推理能力和决策能力。其中，推理是让智能机器人能够利用知识去解决问题，决策是让机器人在现有约束条件下根据推理结果给出行为方案。

④ 行为能力。行为能力是指机器人对外界做出反应的能力，相当于人类器官的能力，如走、跑、跳、说、唱等。

⑤ 情感功能。情感功能包括对情感信息的感知、加工和表达。情感作为智慧的重要组成部分，对智能机器人尤其是服务机器人尤为重要。除以上功能，随着人工智能技术的发展，还需要考虑智能机器人的更多功能，如云环境下智能机器人之间的协作交互功能，基于自然语言的人机对话交流功能，以及人与机器人之间的和谐交互及协同工作能力等。

4. 无人驾驶

无人驾驶汽车（Self-Driving Car）也称为无人车、自动驾驶汽车，是指车辆能够依据自身对周围环境条件的感知、理解，自行进行运动控制，且能达到人类驾驶员驾驶水平。无人驾驶汽车主要还是依靠车内的以计算机系统为主的智能驾驶仪来实现无人驾驶的目的。无人驾驶汽车将感知、决策、控制与反馈整合到一个系统中，实现了汽车脱离驾驶员而能保证其驾驶操纵性与安全性。

目前，国内的百度、长安等企业以及国防科技大学、军事交通学院等军事院校的无人驾驶汽车走在国内研发的前列。例如，长安汽车实现了无人驾驶汽车从重庆出发一路北上到达北京的国内无人驾驶汽车长途驾驶记录。2018 年 11 月 1 日，在百度世界大会上，百度与一汽共同发布无人驾驶乘用车。

7.2.4　人工智能的发展展望

在数十年的发展中，人工智能有过高潮，也有过低谷，但是人类的希望之火从未熄灭。当前，我国人工智能发展的总体态势良好，国家高度重视并大力支持发展人工智能。

由清华大学发布的《中国人工智能发展报告 2018》统计，我国已成为全球人工智能投融资规模最大的国家之一，我国人工智能企业在人脸识别、语音识别、安防监控、智能音箱、智能家居等人工智能应用领域处于国际前列。根据 2017 年爱思唯尔文献数据库统计结果，我国在人工智能领域发表的论文数量已居世界第一。虽然目前我国在人工智能前沿理论创新方面总体上尚处于“跟跑”地位，但大部分创新偏重于技术应用，在基础研究、原创成果、顶尖人才、技术生态、基础平台、标准规范等方面距离世界领先水平还存在一定的差距，但我国发展人工智能具有市场规模、应用场景、数据资源、人力资源、智能手机普及、资金投入、国家政策支持等多方面的综合优势。综上所述人工智能的发展前景非常光明。

区块链

PPT

7.3 区块链

区块链（Blockchain）是一个信息技术领域的术语。从本质上讲，它是一个共享数据库，存储于其中的数据或信息，具有“不可伪造”“全程留痕”“可以追溯”“公开透明”“集体维护”等特征。基于这些特征，区块链技术奠定了坚实的“信任”基础，创造了可靠的“合作”机制，具有广阔的运用前景。

7.3.1 区块链简介

1. 区块链概念

从科技层面来看，区块链涉及数学、密码学、互联网和计算机编程等很多科学技术问题。从应用视角来看，简单来说，区块链是一个分布式的共享账本和数据库，具有去中心化、不可篡改、全程留痕、可以追溯、集体维护、公开透明等特点。这些特点保证了区块链的“诚实”与“透明”，为区块链创造信任奠定基础。而区块链丰富的应用场景，基本上都基于区块链能够解决信息不对称问题，实现多个主体之间的协作信任与一致行动。

区块链是分布式数据存储、点对点传输、共识机制、加密算法等计算机技术的新型应用模式。区块链本质上是一个去中心化的数据库，同时作为底层技术，是一串使用密码学方法相关联产生的数据块，每一个数据块中包含了一批次网络交易的信息，用于验证其信息的有效性（防伪）和生成下一个区块。

国家互联网信息办公室2019年1月10日发布《区块链信息服务管理规定》，自2019年2月15日起施行。

作为核心技术自主创新的重要突破口，区块链的安全风险问题被视为当前制约行业健康发展的一大短板，频频发生的安全事件为业界敲响警钟。拥抱区块链，需要加快探索建立适应区块链技术机制的安全保障体系。

2. 区块链的发展

2008年由中本聪第一次提出了区块链的概念，在随后的几年中，区块链成为电子货币的核心组成部分：作为所有交易的公共账簿。通过利用点对点网络和分布式时间戳服务器，区块链数据库能够进行自主管理。

2014年，“区块链2.0”成为一个关于去中心化区块链数据库的术语。对这个第二代可编程区块链，经济学家们认为它是一种编程语言，可以允许用户写出更精密和智能的协议。因此，当利润达到一定程度的时候，就能够从完成的货运订单或者共享证书的分红中获得收益。区块链2.0技术跳过了交易和“价值交换中担任金钱和信息仲裁的中介机构”。它们被用来使人们远离全球化经济，使隐私得到保护，使人们“将掌握的信息兑换成货币”，并且有能力保证知识产权的所有者得到收益。第二代区块链技术使存储个人的“永久数字ID和形象”成为可能，并且对“潜在的社会财富分配”不平等提供解决方案。

2016年1月20日，中国人民银行数字货币研讨会宣布对数字货币研究取得阶段性成果。会议肯定了数字货币在降低传统货币发行等方面的价值，并表示央行在探索发行数字货币。中国人民银行数字货币研讨会的表达大大增强了数字货币行业信心。

2016年12月20日，数字货币联盟——中国FinTech数字货币联盟及FinTech研究院正式筹建。

3. 区块链类型

（1）公有区块链

公有区块链（Public BlockChains）是指：世界上任何个体或者团体都可以发送交易，且交易能够获得该区块链的有效确认，任何人都可以参与其共识过程。公有区块链是最早的区块链，也是应用最广泛的区块链，各大虚拟数字货币均基于公有区块链，世界上有且仅有一条该币种对应的区块链。

（2）联合（行业）区块链

行业区块链（Consortium BlockChains）：由某个群体内部指定多个预选的节点为记账人，每个块的生成由所有的预选节点共同决定（预选节点参与共识过程），其他接入节点可以参与交易，但不过问记账过程（本质上还是托管记账，只是变成分布式记账，预选节点的多少，如何决定每个块的记账者成为该区块链的主要风险点），其他任何人可以通过该区块链开放的API进行限定查询。

（3）私有区块链

私有区块链（Private BlockChains）：仅仅使用区块链的总账技术进行记账，可以是一个公司，也可以是个人，独享该区块链的写入权限，本链与其他的分布式存储方案没有太大区别。传统金融都是想实验尝试私有区块链，而公链的应用已经工业化，私链的应用产品还在摸索当中。

4. 区块链特征

（1）去中心化

区块链技术不依赖额外的第三方管理机构或硬件设施，没有中心管制，除了自成一体的区块链本身，通过分布式核算和存储，各个节点实现了信息自我验证、传递和管理。去中心化是区块链最突出、最本质的特征。

（2）开放性

区块链技术的基础是开源，除了交易各方的私有信息被加密外，区块链的数据对所有人开放，任何人都可以通过公开的接口查询区块链数据和开发相关应用，因此整个系统信息高度透明。

（3）独立性

基于协商一致的规范和协议（类似采用散列算法等各种数学算法），整个区块链系统不依赖其他第三方，所有节点能够在系统内自动安全地验证、交换数据，不需要任何人为的干预。

（4）安全性

只要不能掌控全部数据节点的51%，就无法肆意操控修改网络数据，这使区块链本身变得相对安全，避免了主观人为的数据变更。

（5）匿名性

除非有法律规范要求，单从技术上来讲，各区块节点的身份信息不需要公开或验证，信息传递可以匿名进行。

7.3.2 区块链的组成

1. 区块链架构模型

一般说来，区块链系统由数据层、网络层、共识层、激励层、合约层和应用层组成。

其中，数据层封装了底层数据区块以及相关的数据加密和时间戳等基础数据和基本算法；网络层则包括分布式组网机制、数据传播机制和数据验证机制等；共识层主要封装网络节点的各类共识算法；激励层将经济因素集成到区块链技术体系中来，主要包括经济激励的发行机制和分配机制等；合约层主要封装各类脚本、算法和智能合约，是区块链可编程特性的基础；应用层则封装了区块链的各种应用场景和案例。在该模型中，基于时间戳的链式区块结构、分布式节点的共识机制、基于共识算力的经济激励和灵活可编程的智能合约是区块链技术最具代表性的创新点。

2. 区块链核心技术

（1）分布式账本

分布式账本指的是交易记账由分布在不同地方的多个节点共同完成，而且每一个节点记录的是完整的账目，因此它们都可以参与监督交易合法性，同时也可以共同为其作证。

与传统的分布式存储有所不同，区块链的分布式存储的独特性主要体现在两方面：一是区块链中每个节点都按照块链式结构存储完整的数据，传统分布式存储一般是将数据按照一定的规则分成多份进行存储；二是区块链中每个节点的存储都是独立的、地位等同的，依靠共识机制保证存储的一致性（传统分布式存储一般是通过中心节点往其他备份节点同步数据），没有任何一个节点可以单独记录账本数据，从而避免了单一记账人被控制或者被贿赂而记假账的可能性。也由于记账节点足够多，理论上讲除非所有的节点被破坏，否则账目就不会丢失，从而保证了账目数据的安全性。

（2）非对称加密

存储在区块链上的交易信息是公开的，但是账户身份信息是高度加密的，只有在数据拥有者授权的情况下才能访问到，从而保证了数据的安全和个人的隐私。

（3）共识机制

共识机制就是所有记账节点之间如何达成共识，去认定一个记录的有效性，这既是认定的手段，也是防止篡改的手段。区块链提出了 4 种不同的共识机制，适用于不同的应用场景，在效率和安全性之间取得平衡。

区块链的共识机制具备“少数服从多数”以及“人人平等”的特点，其中“少数服从多数”并不完全指节点个数，也可以是计算能力、股权数或者其他的计算机可以比较的特征量。“人人平等”是当节点满足条件时，所有节点都有权优先提出共识结果、直接被其他节点认同后并最后有可能成为最终共识结果。例如，采用的是工作量证明，只有在控制了全网超过 51%的记账节点的情况下，才有可能伪造出一条不存在的记录。当加入区块链的节点足够多的时候，这基本上不可能，从而杜绝了造假的可能。

（4）智能合约

智能合约是基于这些可信的不可篡改的数据，可以自动化地执行一些预先定义好的规则和条款。以保险为例，如果说每个人的信息（包括医疗信息和风险发生的信息）都是真实可信的，那就很容易在一些标准化的保险产品中去进行自动化的理赔。在保险公司的日常业务中，虽然交易不像银行和证券行业那样频繁，但是对可信数据的依赖是有增无减。因此，笔者认为利用区块链技术，从数据管理的角度切入，能够有效地帮助保险公司提高风险管理能力。

7.3.3　区块链的应用

1．金融领域

区块链在国际汇兑、信用证、股权登记和证券交易所等金融领域有着潜在的巨大应用价值。将区块链技术应用在金融行业中，能够省去第三方中介环节，实现点对点的直接对接，从而在大大降低成本的同时，快速完成交易支付。

2．物联网和物流领域

区块链在物联网和物流领域也可以天然结合。通过区块链可以降低物流成本，追溯物品的生产和运送过程，并且提高供应链管理的效率。该领域被认为是区块链一个很有前景的应用方向。

区块链通过节点连接的散状网络分层结构，能够在整个网络中实现信息的全面传递，并能够检验信息的准确程度。这种特性在一定程度上提高了物联网交易的便利性和智能化。区块链+大数据的解决方案就利用了大数据的自动筛选过滤模式，在区块链中建立信用资源，可双重提高交易的安全性，并提高物联网交易的便利程度。为智能物流模式应用节约时间成本。区块链节点具有十分自由的进出能力，可独立地参与或离开区块链体系，不对整个区块链体系有任何干扰。区块链+大数据解决方案就利用了大数据的整合能力，促使物联网基础用户拓展更具有方向性，便于在智能物流的分散用户之间实现用户拓展。

3．公共服务领域

区块链在公共管理、能源、交通等领域都与民众的生产、生活息息相关，同时其在这些领域的中心化特质也带来了一些问题，但是同样可用区块链来改造。区块链提供的去中心化的完全分布式 DNS 服务通过网络中各个节点之间的点对点数据传输服务就能实现域名的查询和解析，可用于确保某个重要的基础设施的操作系统和固件没有被篡改，可以监控软件的状态和完整性，发现不良的篡改，并确保使用了物联网技术的系统所传输的数据没用经过篡改。

4．数字版权领域

通过区块链技术，可以对作品进行鉴权，证明文字、视频、音频等作品的存在，保证权属的真实、唯一性。作品在区块链上被确权后，后续交易都会进行实时记录，实现数字版权全生命周期管理，也可作为司法取证中的技术性保障。

5．保险领域

在保险理赔方面，保险机构负责资金归集、投资、理赔，往往管理和运营成本较高。通过智能合约的应用，既无须投保人申请，也无须保险公司批准，只要触发理赔条件，即可实现保单自动理赔。

6．公益领域

区块链上存储的数据，高可靠且不可篡改，天然适用于社会公益场景。公益流程中的相关信息，如捐赠项目、募集明细、资金流向、受助人反馈等，均可以存放于区块链上，并且有条件地进行透明公开、公示，方便社会监督。

7.3.4 区块链面临的挑战

从实践进展来看，区块链技术在商业银行的应用大部分仍在构想和测试之中，距离在生活、生产中的运用还有很长的路，而要获得监管部门和市场的认可也面临不少困难。

1．受到现行观念、制度、法律制约

区块链去中心化、自我管理、集体维护的特性颠覆了人们的生产、生活方式，淡化了国家、监管概念，对于这些问题，目前缺少理论准备和制度探讨。

2．在技术层面尚需突破性进展

区块链应用尚在实验室初创开发阶段，没有直观可用的成熟产品。相对于互联网技术，人们可以用浏览器、App 等具体应用程序，实现信息的浏览、传递、交换和应用，但区块链明显缺乏这类突破性的应用程序，面临高技术门槛障碍。例如，区块容量问题，由于区块链需要承载复制之前产生的全部信息，下一个区块信息量要大于之前区块信息量，这样传递下去，区块写入信息会无限增大，所带来的信息存储、验证、容量问题有待解决。

3．竞争性技术挑战

虽然有很多人看好区块链技术，但也要看到推动人类发展的技术有很多种，哪种技术更方便、更高效，人们就会应用哪种。例如，如果在通信领域应用区块链技术，通过发信息的方式是每次发给全网的所有人，但是只有那个有私钥的人才能解密打开信件，这样信息传递的安全性会大大增加。同样，量子技术也可以做到，量子通信，利用量子纠缠效应进行信息传递，同样具有高效安全的特点，近年来更是取得了不小的进展，这对于区块链技术来说，就具有很强的竞争优势。

参考文献

[1] 吴忠秀. 计算机应用基础案例一体化教程[M]. 北京：高等教育出版社，2018.
[2] 梁栋，赵中文. 大学信息技术基础教程（Windows 7+Office 2010）[M].北京：科学出版社，2014.
[3] 吴丽华. 大学信息技术应用基础[M]. 4 版. 北京：人民邮电出版社，2015.
[4] 教育部考试中心. 计算机基础及 WPS Office 应用[M]. 北京：高等教育出版社，2020.
[5] 教育部考试中心. WPS Office 高级应用与设计[M]. 北京：高等教育出版社，2021.
[6] 教育部考试中心. 计算机基础及 MS Office 应用[M]. 北京：高等教育出版社，2021.
[7] 教育部考试中心. 计算机基础及 MS Office 应用上机指导[M]. 北京：高等教育出版社，2020.
[8] 教育部考试中心. MS Office 高级应用与设计[M]. 北京：高等教育出版社，2020.